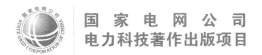

国家电网公司
电力科技著作出版项目

Operation and Control
of Large-Scale Wind-Storage Combined System

大规模风电
储能联合系统运行与控制

王芝茗　主　编

谭洪恩　胡　伟　黎静华　副主编

中国电力出版社
CHINA ELECTRIC POWER PRESS

内 容 提 要

通过总结大规模风电与储能方面多年来取得的研究成果，特别是基于国家"863"课题"储能系统提高间歇式电源接入能力关键技术研究与开发"和国家电网公司科技项目"大规模风电协调控制系统"的研究成果编写了《大规模风电储能联合系统运行与控制》《大规模风电调度技术》《大规模风电场储能电站建设与运行》。

本书为《大规模风电储能联合系统运行与控制》分册，共 7 章，分别是概述、电池储能系统技术特点与数学建模、储能系统规划、风电场储能系统控制策略、大规模风储联合发电系统广域协调调度技术、含风储联合运行系统的电力系统可靠性评估和利用储能提高风电调度入网规模的经济性评价。

本书理论联系实际，可作为电力监管部门和电力企业规划、设计、安装、调试、运行维护、调度人员的学习用书，也可作为大专院校相关专业的教材和广大师生的阅读参考书。

图书在版编目（CIP）数据

大规模风电储能联合系统运行与控制 / 王芝茗主编. —北京：中国电力出版社，2016.11（2022.3 重印）
ISBN 978-7-5123-8081-3

Ⅰ. ①大⋯ Ⅱ. ①王⋯ Ⅲ. ①大规模–风力发电–储能 Ⅳ. ①TM614

中国版本图书馆 CIP 数据核字（2015）第 169184 号

中国电力出版社出版、发行

（北京市东城区北京站西街 19 号 100005 http://www.cepp.sgcc.com.cn）
三河市万龙印装有限公司印刷
各地新华书店经售

*

2016 年 11 月第一版 2022 年 3 月北京第三次印刷
787 毫米×1092 毫米 16 开本 12 印张 278 千字
印数 2301—2600 册 定价 **62.00** 元

《大规模风电储能联合系统运行与控制》
编 写 人 员

主　　编　王芝茗

副主编　谭洪恩　胡　伟　黎静华

参　　编　文劲宇　严干贵　王德琦　董　昱

　　　　　唐茂林　黄　杨　陆秋瑜　李军徽

　　　　　韩杏宁　谢志佳　冯松起　葛维春

　　　　　罗卫华　李建林　邱金辉　郑　乐

　　　　　李　蓓　杨军峰　王　斌　罗治强

　　　　　杨　可　王民昆　余　锐　施毅斌

　　　　　赵　军　陈晓东　李正文　林弘宇

　　　　　罗桓桓　孙云莲　王城钢

序

　　20 世纪 70 年代以来，可再生能源开发利用受到世界各国高度重视，许多国家将开发利用可再生能源作为能源战略的重要组成部分，提出了明确的发展目标。截至 2015 年底，我国风电累计装机容量达到 1.29 亿 kW，光伏发电累计装机容量达到 0.432 亿 kW。由于风能、太阳能等可再生能源发电具有不连续、不稳定的非稳态特性，大规模并网后打破了原有的电力电量平衡格局，造成弃风、弃光现象频频出现，2015 年我国弃风总电量约 339 亿 kWh，弃光总电量约 46.5 亿 kWh。而储能技术是解决风能、太阳能等可再生能源发电非稳态特性的关键技术，其规模化应用后能有效减少弃风、弃光。国家"十三五"规划指出要加快推进大规模储能技术研发应用。中华人民共和国国务院办公厅发布的《能源发展战略行动计划（2014～2020 年）》，要求加强电源与电网统筹规划，科学安排调峰、调频、储能配套能力，切实解决弃风、弃光问题。《关于进一步深化电力体制改革的若干意见》（中发〔2015〕9 号）明确指出应积极发展先进储能技术以促进分布式电源快速发展。截至 2015 年底，中国储能累计装机量达 0.319 亿 kW，增速位居全球第二。

　　由清华大学、华中科技大学、东北电力大学、中国电力科学研究院、国网辽宁省电力有限公司和龙源集团等单位联合编写的丛书《大规模风电储能联合系统运行与控制》《大规模风电场储能电站建设与运行》和《大规模风电调度技术》是作者对大规模风电与储能方面多年来研究成果，特别是基于国家高技术研究发展计划"智能电网关键技术研发"中方向 4——"大容量储能系统"中的课题"储能系统提高间歇式电源接入能力关键技术研究与开发"和国家电网公司"大规模风电协调控制系统"研究成果的总结。

　　参与编写本丛书的作者中，既有教育部聘任的长江学者，也有国内知名的教授，还有科研院所的知名专家、电网企业的技术骨干、电力设计院的精英、施工和运行单位的一线生产人员，使本丛书既有理论高度又有实际应用价值。

　　该丛书的主要特点是：

　　（1）内容新。内容反映了风电、储能领域最新的研究成果。

　　（2）理论价值高。系统阐述了电池储能、风电与储能协调控制方面的理论知识。

　　（3）实用性强。《大规模风电场储能电站建设与运行》系统介绍了风电场储能电站建设的全过程与运行维护知识。

中国科学院院士

2016 年 10 月

前　言

　　近年来，风力发电在中国发展得非常迅猛。截至 2015 年底，我国风电累计装机容量达到 1.29 亿 kW。但由于风能等可再生能源具有不连续、不稳定的非稳态特性，大规模并网后对电网调峰、调频及电能质量均会带来不利影响。因此，随着风电装机容量占电网电力比例的提高，弃风限电现象也频频出现。2015 年，全国风电平均利用小时数 1728h，同比下降 172h；全年弃风电量 339 亿 kWh，同比增加 213 亿 kWh；平均弃风率 15%，同比增加 7%。引入可普及的大容量储能装置与风电结合弥补风电的波动给电网带来的各类影响是一种自然的联想。通过储能系统与风电的协调，可有效减小风电对系统的冲击和影响，保障电源电力供应的可靠性，合理安排备用容量，提高电力系统运行的经济性，提高电力系统接纳风电的能力。

　　2015 年 9 月，习近平总书记在联大峰会上，提出探讨构建全球能源互联网的中国倡议，其实质为"特高压+智能电网+清洁能源"，即利用特高压电网为骨干网架，采用智能电网技术，在全球范围内对清洁能源进行重新优化配置。国家"十三五"规划指出要加快推进大规模储能技术研发应用。国务院办公厅发布的《能源发展战略行动计划（2014—2020 年）》，要求加强电源与电网统筹规划，科学安排调峰、调频、储能配套能力，切实解决弃风、弃光问题。《关于进一步深化电力体制改革的若干意见》明确指出应积极发展先进储能技术以促进分布式电源快速发展，这都将给储能带来发展机会。截至 2015 年底，中国储能累计装机量达 0.319 亿 kW，增速位居全球第二，但全面系统地介绍大规模风电与储能方面的书籍却并不多。

　　为了总结对大规模风电与储能方面多年来的研究成果，特别是基于国家"863"课题"储能系统提高间歇式电源接入能力关键技术研究与开发"和国家电网公司科技项目"大规模风电协调控制系统"研究成果，由清华大学、华中科技大学、东北电力大学、中国电力科学研究院、国网辽宁省电力有限公司和龙源集团等单位联合编写了一套大规模风电与储能丛书，包括《大规模风电储能联合系统运行与控制》《大规模风电场储能电站建设与运行》《大规模风电调度技术》3 个分册。

　　本书是《大规模风电储能联合系统运行与控制》分册。全书分为 7 章，分别是概述、电池储能系统技术特点与数学建模、储能系统规划、风电场储能系统控制策略、大规模风储联合发电系统广域协调调度技术、含风储联合运行系统的电力系统可靠性评估、利用储能提高风电调度入网规模的经济性评价。第 1 章编写人员为王芝茗、谭洪恩、董昱、唐茂林、胡伟、黄杨、罗卫华、陆秋瑜、郑乐、王民昆、杨可、余锐；第 2 章编写人员为谢志佳、李建林、李蓓、邱金辉、杨军峰、王斌、罗治强；第 3 章编写人员为文劲宇、黎静华、韩杏宁、谢志佳、李军徽；第 4 章编写人员为胡伟、李建林、韩杏宁、罗卫华、施毅斌、林弘宇；第 5 章编写人员为黄杨、罗卫华、李蓓、严干贵、陆秋瑜、冯松起、葛维春；第 6 章编写人员为黎静华、李军徽、王德琦、谢志佳、严干贵、孙云莲、王城钢、李正文；第 7 章编写人员为陆秋瑜、韩杏宁、黎静华、李军徽、谢志佳、李蓓、罗卫华、赵军、陈晓东、罗桓桓。王芝茗对本书的总体构架、各章节的内容安排和知识结构进行了统筹，并参与了第 1 章的编写工作，审阅了全书的内容，针对书中的公式、数据和实验方法进行了认真细致地校核工作。谭洪恩审阅了全书的内容，对本书的结构安排和主要论点进行了完善。胡伟参与了本书的总体设计，协助王芝茗校核了书中的公式、数据和实验方法，并参与了本书第 1 章和第 4 章的编写工作。黎静华对第 3 章中的应对风电波动的储能容量鲁棒配置方法，对第 6 章中的含风储联合运行系统的电力系统概率稳定评估以及含风储联合运行系统的充裕度评估模型与方法进行了编写，并对全书进行了修改和校核工作。罗卫华负责了本书的统稿与修正工作。

另外，要感谢国家科技部高技术中心的支持，感谢国家电力调度控制中心的刘金波、常乃超、董存、吕鹏飞和叶俭等同志在本书的编写过程中给予的指导。同时，在书中列出了相应的参考文献，在此对相关作者表示衷心感谢。

限于作者的水平和实践经验，书中难免有不足之处，恳请广大读者批评指正。

编　者

2016 年 10 月

目 录

概　　述

1.1　风力发电与电力系统

风力发电作为目前可再生能源中技术最成熟、最具规模化和商业化开发价值的发电方式之一，在节能减排、能源结构调整等方面作用突出。全球风电装机容量在过去十几年间一直保持强劲的增长势头，2015 年全球新增风电装机容量为 63 013MW，如表 1-1 所示。我国作为目前世界上风电装机容量最大的国家，截至 2015 年底，累计装机容量已达 1.29 亿 kW（其中，2015 年新增 30 500MW）。"十三五"期间，我国还将继续有序推进千万千瓦级大型风电基地的建设。欧盟于 2012 年 10 月通过了《能源效率指令》，明确提出到 2020 年之前，将 CO_2 等温室气体的排放量较 1990 年减少 20%，将以风电为主的可再生能源（不包含水电）的比例提高 20%，将能源最终消耗量较 2005 年减少 20%。可以预见，风电在未来相当长的一段时间内还将继续保持良好的发展态势。

表 1-1　　　　　　　　　　　2015 年全球新增风电装机容量

国别	新增装机容量（MW）	占全球市场份额（%）	国别	新增装机容量（MW）	占全球市场份额（%）
中国	30 500	48.4	法国	1073	1.7
美国	8598	13.6	英国	975	1.5
德国	6013	9.5	土耳其	956	1.5
巴西	2754	4.4	全球其他	6749	10.7
印度	2623	4.2	全球前十	56 264	89.0
加拿大	1506	2.4	全球总计	63 013	100.0
波兰	1266	2.0			

风电等可再生能源发电的一个主要特点是具有不确定性，输出功率随机大范围波动。我国风电较多采用大规模集中开发、远距离送出的方式并网，这对电力系统调度运行和电能质量改善具有一定的积极作用：一方面，大量风电机组集中接入能减少湍流峰值效应影响而获得明显的平滑效果；另一方面，风电机组广大的分布区域能获得较好的时空平滑效应。但目前我国尚未针对大规模风电随机波动的特点对电力系统的运行管理体制和政策、市场机制做出相应调整，大规模风电集中并网将对电力系统调峰、电网稳定性、运行经济性等带来新的挑战。现阶段我国电力系统调度以常规燃煤机组为主导的局面尚未得到根本改变，风电仍然作为"负"的负荷被动参与电网调度，与电网调度之间缺乏必要的协调，无法从根本上解决风电

和常规机组运行之间的矛盾，从而影响了风电的消纳。在我国风资源最为丰富的"三北"地区，冬季供热地区风电"反调峰"特性和供热机组"以热定电"的调度原则之间存在显著矛盾，弃风问题尤为突出。

2012 年弃风情况最为严重，弃风率达到 17%；2013 年有所缓解，弃风率降至 11%，2014 年上半年更进一步降至 8.5%。根据官方公布的数据，我国弃风电量在 2011 年首次超过 100 亿 kWh，2012 年翻了一倍，尽管弃风率在 2013 年和 2014 年有所下降，但弃风电量仍然保持在 100 亿 kWh 以上。2015 年，我国全年的弃风率飙升至 15%，其中最为严重的甘肃、新疆、吉林三省份，弃风率均超过 30%，甘肃甚至接近 39%。弃风电量创下史上新高，达到 339 亿 kWh，比 2014 年的数据高了 213 亿 kWh。弃风电量增加、平均利用小时数下降，不仅会严重影响发电企业投资的积极性，还会影响电力系统节能发电调度的实现，造成大量的资源浪费。

1.2 风电消纳问题

随着风电并网规模的增加，风电消纳问题日益突出。与传统的火力发电相比，风力发电具有以下特点：

（1）风力是风电机组的原动力，风速是决定风力大小的最重要因素。波动性大和不确定性高是风速变化的固有特点，这些特点必然导致风电机组出力的大波动，即不确定性高和可控性差。常规火电机组的出力取决于煤、石油、天然气等燃料的供给，它们是可人为控制的一次能源，因而是稳定和确定的。尽管风电场内各风电机组之间和风电场群内各风电场之间的出力有相互平抑作用，但是风电出力仍然有高度波动性和不确定性。

（2）常规机组具有平抑电网运行中由于运行方式或负荷变化引起的不平衡功率的能力及可以"穿越"电网扰动的能力，因而具有较强的致稳性和抗扰性。然而，风电机组却不同，它们通常不响应系统中出现的功率不平衡，而且难以"穿越"电网扰动，因而具有弱致稳性和弱抗扰性。

风电机组出力的以上特点给电力系统带来供电充裕性问题和稳定性问题。

（1）供电充裕性问题。在规模化风电机组集中接入的新型电力系统中，除了同样存在传统电力系统中由于电力负荷波动和机组启停引起的电力平衡被破坏问题以外，还增加了风电机组群静态出力的波动性和不确定性问题，这就对保证电力系统的供电充裕性提出了新的挑战。

（2）运行稳定性问题。风电功率控制包括有功功率和无功功率的控制。从电网运行的角度看，有功功率控制是为了保证风电系统输出功率的平稳性和电力系统的频率稳定性，而无功功率控制则是为了保证电力系统的电压稳定性。由于风速随机变化和风电机组结构特殊等原因，风电功率的可控性很差，目前在功率控制方面还存在许多亟待解决的问题，如：风速急剧变化引起的有功波动和爬坡，导致电力系统调频困难；功率波动和由"柔性"风电机组传动链引起的功率振荡，可能引起电力系统的稳定性问题；电力电子接口使风电机组的转速和电网频率失去紧耦合联系，导致风电机组出力不响应频率的变化，从而使系统总惯量减小，不利于系统的稳定问题；风电系统低电压穿越（Low Voltage Ride-Through，LVRT）问题，等等。

随着风电装机容量在电网中所占的比例不断增长，风电对电网的影响从局部配电网逐渐扩大到主网。多数风电基地，远离负荷中心，电网结构薄弱，缺乏电源支撑，需要高电压大容量远距离输送。风电随机性和反调峰性的特点，使主网调峰调压、频率控制等方面难度增加，加大了电网安全稳定运行的风险。另外，一些受端电网功率随风电出力变化而变化较大，增加了电网调频的难度，使局部电网安全风险增加。

另外，从风电发展和电力系统配套设施建设的角度看，目前，风电发展还存在以下两个问题：

（1）局部风电密集地区的风电发展受制于跨省、跨区域电网送出线路。部分风电项目没有统筹考虑配套电网送出规划，风电项目和配套电网送出工程分别核准以及风电项目建设周期比电网建设周期短等因素，导致风电送出规划建设滞后于风电项目建设。"三北"地区风电送出建设速度落后于风电电源项目建设速度，加之受当地电力负荷水平低、电力系统规模小、跨区跨省电网互联规模有限、交换能力不足的约束，风电的大规模并网恶化了局部电网运行环境，省间和区域间联络线功率超出稳定极限等问题逐步显现。

（2）调峰调频电源规划建设与风电规划建设不协调。大规模风电并网以及风电的随机性和反调峰性要求电网配备相应的调峰调频电源。"三北"地区风电发展规模大，调峰调频电源规划建设严重滞后于风电项目规划建设。这些地区自身电源结构以燃煤发电为主，缺乏燃气发电等灵活调峰调频电源，系统调峰调频能力不足；大量热电机组冬季要保证采暖需求，按照"以热定电"原则发电，基本不参与调峰；华北、东北地区水电装机偏少，且水电具有明显的季节性特征，加之受防汛以及农业灌溉、航运等因素影响，调峰能力受到制约。随着风电大规模并网，电网调峰调频矛盾日益突出。

目前，我国风电消纳能力的主要限制因素是以常规燃煤机组为主力电源的电网调峰能力（风电波动性的影响）和风电集中开发接入系统的网络传输能力。辽宁电网 2011 年风电限电量为 56 204 万 kWh，如图 1-1 所示。按风电上网电价 0.61 元/kWh 计算，风电弃风造成直接经济损失 3.428 4 亿元。其中，因系统调峰能力不足导致的风电限电量为 37 364 万 kWh（直接经济损失 2.279 2 亿元），而因网架传输能力不足导致的风电限电量为 18 840 万 kWh（直接经济损失 1.149 2 亿元），调峰限电和网架限电的比例约为 2:1。

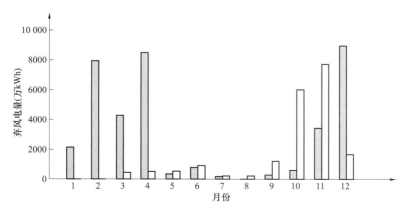

图 1-1　辽宁电网 2011 年不同月份风电限电情况

□—调峰限电；□—网架限电

风电的随机波动特性是风电不同于燃煤机组、水电机组等常规电源的重要特征。风电随机波动特性分析是研究风电接入的影响以及风电与常规电源之间协调调度策略的基本前提。针对大规模风电并网的问题，有一种"半可控"电源模型，该模型基于风电功率预测和预测误差将风电功率分解为波动的风电出力和不确定的风电出力，以分析风电波动性对常规机组启停计划的影响和风电不确定性对系统备用容量配置的影响。风电的随机波动特性对电力系统有功功率调度的影响如图 1-2 所示。

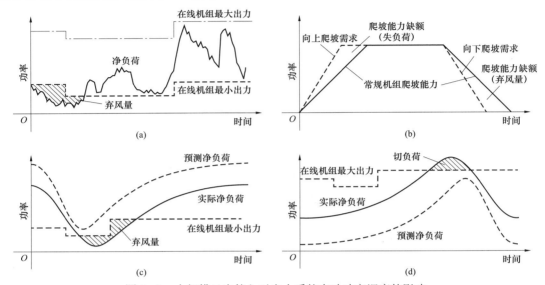

图 1-2　大规模风电接入对电力系统有功功率调度的影响
（a）风电日波动性对系统调峰的影响；（b）风电短时波动性对系统爬坡能力的影响；
（c）风电不确定性对系统下调备用容量的影响；（d）风电不确定性对系统上调备用容量的影响

1. 风电波动性的影响

风电的波动性是指风电出力的不平稳性，即风电难以像常规电源一样保持稳定的出力，风电的波动性涉及不同的时间尺度。

风电日波动性对电力系统调峰有直接影响，如图 1-2（a）所示。在负荷低谷时段，当风电出力过大而导致系统净负荷（负荷需求与风电出力的差值）小于在线机组最小技术出力时，需要弃风以保证系统有功平衡，这就是风电的反调峰特性。我国风资源最为丰富的东北、华北和西北地区（简称"三北"地区），冬季供热机组按照"以热定电"的调度原则并网发电。典型供热机组的技术参数如表 1-2 所示。当常规机组调峰能力降低，风电呈现反调峰特性时会影响风电消纳。可行的解决方案是基于日前风电功率预测信息，将风电纳入日前发电计划，制定合理的机组开机方式。

表 1-2　　　　　　　　　典型供热机组的技术参数

机组型号	最高技术出力（MW）		最低技术出力（MW）		机组煤耗率（g/kWh）	
	非供暖期	供暖期	非供暖期	供暖期	非供暖期	供暖期
QFSN-200-2	200	170	140	153	370	327
QFSN-300-2	300	250	180	200	330	310

机组型号	最高技术出力（MW）		最低技术出力（MW）		机组煤耗率（g/kWh）	
	非供暖期	供暖期	非供暖期	供暖期	非供暖期	供暖期
QFSN-330-2	330	260	210	240	298	267
QFSN-350-2	366.51	350	185	245	323.4	321

这里将风电短时波动性定义为风电在分钟级的出力不平稳性。风电短时波动性将增加常规机组爬坡能力需求：当常规机组不能提供足够的爬坡能力以跟踪风电快速波动时则需要弃风或者切负荷以保证有功平衡，如图1-2（b）所示。可行的应对措施是利用超短期风电功率预测信息将风电纳入发电计划，通过合理调整在线机组的出力计划，保证系统具备足够的爬坡能力。

2. 风电不确定性的影响

风电的不确定性是指风电出力不可准确预测，即风电难以像常规电源一样保持可靠的出力。风电不确定性将增加系统的上调和下调备用容量需求：当风电出力未达到预测出力水平而系统上调备用不足时将影响对负荷的可靠供电，如图1-2（d）所示；当风电出力超过预测但系统下调备用不足时将影响风电的消纳，如图1-2（c）所示。可行的解决方案是在制订发电计划时充分考虑风电功率预测误差的影响，合理配置系统备用容量。

1.3 储能技术分类及发展历程

如前所述，随着化石能源的不断枯竭，人们对风能、水能、太阳能等可再生能源的开发和利用越来越广泛。为了满足人们生产及生活的用电需求，减小发电厂的建设规模，减少投资，提高效率，以及保证可再生能源系统的稳定供电，开发经济可行的储能（电）技术，使发电与用电相对独立极为重要。储能技术按照能量储存形式可分为四类：机械、电磁、电化学和相变储能。机械储能包括抽水蓄能、压缩空气储能和飞轮储能；电磁储能包括超导储能和超级电容储能；电化学储能主要包括铅酸、锂离子、钠硫和液流等电池储能；相变储能包括冰/水储能、水蒸气/热水储能等。下面就这些储能技术的特点及发展历程进行一一介绍。

1.3.1 机械储能

1. 抽水蓄能

（1）技术特点。抽水蓄能（Pumped Storage，PS）是集抽水与发电于一体的一种储能方式，其实现的是势能和电能之间的转换。原理是在满足地质和水文等条件的前提下，通过在上、下游均设置水库，在电力负荷低谷期，将地势低的下水库抽水到地势高的上水库中，将电能转换为势能；在高峰负荷期，再将上水库的水放下，驱动水轮发电机组发电，将势能转换为电能。抽水蓄能是目前发展最成熟的、应用最广泛的规模储能技术，可为电网提供调峰、填谷、调频、调相、事故备用和黑启动等服务，具有容量大、灵活性高、反应速度快、寿命长、运行费用低的优点。目前已投入运营的抽水蓄能发电机组约占全球装机容量的3%。

利用抽水蓄能技术所建造的电站，其容量大小可以按照用户需求来确定，设备的使用寿命基本上可以维持30～40年，其整体工作效率一般在75%左右。目前，世界上已有超过至少90GW的抽水蓄能系统处于运行中。该项技术最大的特点就是它可以存储非常多的能量，技术方面相对稳定可靠。但是，它的缺点主要是受到地理条件的限制，往往会建造在比较偏远的地方。这样，在整个电力传输过程中不仅会造成电力的损耗，而且当系统运行出现故障时，也难以在第一时间进行维修。

（2）发展历程。抽水蓄能技术是所有储能技术中最完善、应用最广、容量也最大的一种技术。自 1882 年在瑞士的苏黎世修建了世界上第一座奈特拉抽水蓄能电站以来，抽水蓄能技术已有百余年的历史。而最近 20 年来，美国和日本等国家也在积极设计和建设下一代抽水蓄能电站，包括变速抽水蓄能机组的研究，改进的模拟模型、改进的水泵水轮机设计等。

我国目前的抽水蓄能电站占总装机容量的比例低于世界平均水平，更低于发达国家水平。据统计，世界范围内，抽水蓄能电站占总装机容量的比例为 3%。在发达国家中，日本的抽水蓄能电站比例为 10%，欧洲各国的抽水蓄能电站比例也都很高，意大利为 9.9%，德国为 5.1%，法国为 5.1%，西班牙为 7.4%，英国为 4.0%。如果按 5%的比例计算，中国还需要建设 2000 万 kW 以上的抽水蓄能电站。美国的情况较为特殊，抽水蓄能电站的比例较低，只有 2%左右，原因是美国电网中，调节性能良好的燃气机组占装机容量的 40%左右。

2. 压缩空气储能

（1）技术特点。压缩空气储能（Compressed Air Energy Storage，CAES），是一种利用分子内力的发电技术，即负荷低谷时将过剩的电能用于压缩空气，压缩的空气被高压密封存储于地下密闭空间中（如废弃矿井、山洞等），待电网发电不足时释放压缩的空气来推动涡轮机发电。通常燃气轮机发电时，压缩空气需要消耗燃气轮机 50%以上的有功输出；而压缩空气储能技术中，存储的气体已经被压缩，不再需要消耗能量用于压缩空气，从而可使燃气轮机的有功输出提高一倍。与抽水蓄能电站类似，压缩空气储能电站的建设受地形制约，对地质结构同样有特殊要求。

同其他储能技术相比，压缩空气储能系统具有容量大、工作时间长、经济性能好、充放电循环寿命长等优点。但其应用也有一些限制因素，如它必须同燃气轮机电站配套使用；而且传统的压缩空气储能系统仍然依赖燃烧化石燃料提供热源；另外，压缩空气储能系统比较适合于大型系统，小型压缩空气储能系统的效率很低，但是大型系统需要特定的地理条件，从而大大限制了压缩空气储能系统的应用范围。

（2）发展历程。压缩空气储能系统是一种能够实现大容量和长时间电能存储的电力储能系统。自从 1949 年 Stal Laval 提出利用地下洞穴实现压缩空气储能以来，国内外学者开展了大量的研究和实践工作。

目前，全世界仅有 3 座大型压缩空气储能系统和数个小型示范系统，尚未得到大规模推广应用。第一座压缩空气储能电站位于德国的 Huntorf，于 1978 开始运转，主要作为紧急备用电源和系统调峰使用，系统容量为 290MW×2h，空气储槽容量为 310 000m³，深度达 600m；第二座位于美国的阿拉巴马州 McIntosh，建造于 1991 年，系统额定容量为 110MW×26h，主要用于调节系统峰值电力，空气储槽容量超过 500 000m³，深度达 450m；第三座位于日本的 Sunagawa，建于 1997 年，装机容量为 35MW×6h。

在国内，对于压缩空气储能技术，华北电力大学、西安交通大学、华东科技大学等开展了相关研究工作，但主要还是集中在理论研究和小型实验层面，并没有应用的实例。不过，小容量的压缩空气储能方式在我国还是有较大发展前景，随着可再生能源的逐步推广应用，可以预见小型压缩空气储能技术将作为配套技术得到发展。

3. 飞轮储能

（1）技术特点。飞轮储能（Flywheel Energy Storage System，FESS），是利用高速旋转的飞轮惯性将电能转换成动能的储能技术。飞轮储能系统中，飞轮与电机相连，利用电力电子变换装置调节飞轮转速，实现飞轮储能和电网之间的功率交换。飞轮储能的优点是运行维护少、设备使用寿命长，对环境影响很小，具有优良的循环使用以及负荷跟踪性能。为了减小能量损失，应确保飞轮处于真空度较高的环境中运行，这给飞轮储能的应用带来了困难。

目前飞轮储能技术已经在电力系统风力发电、太阳能发电、电动汽车、不间断电源、低地轨道卫星储能等许多领域投入应用。作为储能供电系统，飞轮储能能够使某些新能源（太阳能、风能等）发电系统平稳工作，提高了能源的利用率，改善了系统稳定性；作为重要场所的不间断供电备用电源，飞轮储能也有良好的应用前景。

（2）发展历程。飞轮储能技术已有200多年的历史，早在20世纪70年代，美国能源信息署和美国能源部就开始资助飞轮系统的应用开发。随着磁悬浮、碳素纤维合成材料和电力电子技术等现代科学技术的日益成熟，飞轮储能的发展速度正在加快。到目前为止，全球能够提供飞轮储能产品的公司有10多家，包括美国ActivePower公司和BeaconPower公司、德国Piller公司等，其产品主要在UPS、电制动能量再生、风力发电储能、高功率脉冲电源等方面获得了商业应用。

我国的飞轮储能研究始于20世纪80年代。目前，中国科学院电工所、清华大学、华北电力大学、北京航空航天大学等相关科研院所在理论研究和工程实践方面做了一些工作，不过进展仍旧缓慢。有必要指出的是，近年来，国内的相关企业正在尝试迈出飞轮储能在中国产业化的第一步，如河北英利集团计划在未来3～5年在海南省投资110亿元，建设包括光伏产业项目、飞轮储能产业项目等在内的产业基地。

1.3.2 电磁储能

1. 超导磁储能

超导磁储能（Superconducting Magnetic Energy Storage，SMES），是法国的Ferrier在1969年提出的构想，利用超导线圈直接储存电磁能，通过变换器与电力系统进行四象限的功率交换。超导体的零电阻特性使超导线圈具有超过常规导体两个数量级的通流能力，可产生很强的磁场，因此超导磁储能装置的储能密度非常大，是一种十分理想的储能装置。

超导磁储能在电力系统中主要用于提高系统稳定性，提供有功/无功功率备用，提高系统运行的经济性，改善电能质量。而其在工程应用中的最大障碍在于造价昂贵，运行维护费用偏高。另外，超导线圈所产生的强大磁场，可能会引起附近磁场畸变，扰乱电子设备和通信线路的正常工作，使信号失真，影响飞机导航系统，扰乱以地磁作为导航手段的鸟类的季节性迁徙，对周围生态环境产生一定的影响。

2. 超级电容器储能

超级电容器储能（Super Capacitor，SC）根据电化学双电层理论研制而成，可提供强大的脉冲功率，充电时电极表面处于理想极化状态，电荷将吸引周围电解质溶液中的异性离子，使其附于电极表面，形成双电荷层，构成双电层电容。超级电容器集长寿命、高功率密度、高能量密度等特性于一身，此外，还具有工作温度范围宽（正常工作范围在 $-35 \sim +75$℃）、可靠性高、可快速循环充放电和长时间放电等特点。

超级电容器的储能所能维持的时间很短，基本上用于短时间储能应用场合。如将其应用于配电网中，作为动态电压恢复器（Dynamic Voltage Regulator，DVR）及不间断电源（Uninterruptible Power System/Uninterruptible Power Supply，UPS）等，能够有效地提高配电网的电能质量，增强配电网的电压和频率的稳定性；将其应用于微电网或分布式发电系统，平滑新能源发电系统出力波动，提高微电网抗瞬时故障的能力。另外，利用超级电容器与蓄电池之间的互补特性，将两者有机结合，取长补短，可有效地应用于各种不同场合。

超级电容器的不足之处在于，单体电压低，实际应用中往往需要由多个超级电容器通过串并联组合的方式构成以满足储能容量和电压等级的需要。然而，由于内部参数的不一致，导致超级电容器的工作电压不平衡，严重影响系统的使用寿命和可靠性。另外，高频率的快速充放电会导致电容器内部发热、容量衰减、内阻增加，在某些情况下会导致电容器性能崩溃，因此超级电容器不可应用于高频率充放电的电路中。

1.3.3 电化学储能

1. 铅酸电池

铅酸电池由浸渍在电解液中的正极板（二氧化铅）和负极板（纯铅）组成，电解液是硫酸的水溶液，电池单元的开路电压为 2.1V。普通铅酸电池的能量密度较低，为 25～35Wh/kg（汽油能量密度为 2000Wh/kg），功率密度为 150W/kg，可以满足汽车启动要求，然而该数据随着放电深度的增加而降低。此外，铅酸电池的动力性能受环境温度影响，当气温降至 10℃以下时，能量密度和功率密度都将大幅度下降。

铅酸电池是最早开始应用的一种蓄电池储能技术，自 1859 年被 Gaston Plante 发明以来，发展至今已有 150 多年的历史，并在交通运输、电力系统等领域得到了广泛的应用。1986 年，德国建成了世界上第一个铅酸电池储能电站，该储能电站是通过电荷的转移来完成充/放电过程的。经过多年的发展，在传统铅酸电池的基础上，阀控式密封铅酸电池也被研制出来，大大推动了铅酸电池的发展。但是，由于其可充放电的次数以及能量密度相比其他储能电池有明显的弱势，所以随着技术的不断进步，铅酸电池将会逐渐退出历史舞台。

2. 锂离子电池

锂离子电池是近年来兴起的新型高能量二次电池，主要利用离子嵌入机理，即锂离子在充、放电过程中从一极过渡到另一极，所以锂离子电池又称为"摇椅电池"。锂离子电池具有体积小、储能密度高、转换效率高、无污染、循环寿命长的特点，在未来分布式发电储能中将发挥越来越重要的作用。

因为动力电池对性能提出了更高的要求，虽然锂离子电池的保护电路已经比较成熟，但相对而言，要保证真正的安全，电池正极材料的选择十分关键。目前，锂离子电池中用作正极材料的物质主要是嵌锂过渡金属氧化物，如钴酸锂（$LiCoO_2$）、锰酸锂（$LiMn_2O_4$）、镍酸锂（$LiNiO_2$）、磷酸铁锂（$LiFePO_4$）、三元锂（$LiNi_xCo_yMn_zO_2$）等。下面对各种正极材料的锂离子电池进行介绍。

钴酸锂是目前应用最广泛的锂离子电池正极材料，其导电率高、容量衰减较小，但是该材料存在价格高、原料有限等缺点，限制了其在动力电池方面的应用。

锰酸锂电池成本低、污染小、安全性高、无毒、抗过充性能好且制备较容易，但是也存在一些缺点：理论容量不高；在深度充放电的过程中，材料容易发生晶格畸变，造成电池容量迅速衰减，特别是在较高温度下使用时衰减加剧。

镍酸锂电池自放电率低，无污染，与多种电解质有着良好的相容性，但制备条件苛刻，热稳定性差，存在安全隐患，且充放电过程中容易发生结构变化，使电池的循环性能变差，容量衰减快。

三元锂以镍钴锰酸锂三元材料作为正极材料，该化合物中镍呈现正二价，锰呈现正四价，钴呈现正三价。该材料具有成分比例可变的特点，可以根据不同应用领域的使用要求进行设计，还具有比容量高、高电压下结构稳定、安全性较好等优点，但也存在压实密度低等缺点。

磷酸铁锂电池具有高稳定性、高能量、长寿命和无记忆性等特点，更安全可靠，更环保并且价格低廉。但其电子和离子传导率低，振实密度低，合成过程中二价铁离子极易被氧化成三价铁离子，同时需要较纯的惰性气体氛围保护，循环性能差，高倍率充放电性能差。

另外，还有很多正处于研发阶段的正极材料，主要包括一些含 Si、V 的正极材料及有机物正极材料等。

与铅酸电池相比，锂离子电池由于功率密度高、充放电效率高、循环使用寿命长、工作温度范围大等优点，而成为高能量、高功率动力装置中应用的研究方向，目前不断提高比能量已成为锂离子电池技术发展的重要方向。

3. 钠硫电池

钠硫电池是极具商业化价值的电池储能方式之一，储能功率已达到兆瓦级，国外已有上百座额定功率超过 500kW 的钠硫电池储能电站投入运行，在电力系统削峰填谷、改善电能质量、平滑风电出力等方面发挥了重要作用。钠硫电池属于高温型储能电池，其工作温度在 300℃附近。电池正、负极活性物质分别为金属钠和液态硫，传导钠离子的 β 氧化铝电解质膜将金属钠和液态硫分开。电池放电过程中，钠原子被电离成钠离子，钠离子通过扩散进入正极并与液态硫反应生成多硫化钠；电池充电时，多硫化钠分解产生钠离子，钠离子通过扩散进入负极，在负极获得电子后形成钠原子。钠硫电池具有能量密度高、转换效率高、使用寿命长、能输出脉冲功率的特点，使用时要严格控制电池的充放电状态。

钠硫储能电池已有近 40 年的开发历史，由于潜在危险性高、技术难度大，迄今为止只有日本京瓷公司成功地开发出钠硫储能电池系统，日本已有 30 多个钠硫储能电池应用示范系统。我国的钠硫电池研究起步与国际同步，开始是针对电动汽车应用，20 世纪 90 年代末被迫中止。从国内形势看，我国已在大容量钠硫电池关键技术和小批量制备上取得了突破，但在生产工艺、重大装备、成本控制和满足市场需求等方面仍存在明显不足，距离真正的产业化还有一段较长的路要走。

4. 液流电池

液流电池是另一种极具商业化潜质的大容量电池储能技术，储能功率已达到兆瓦级水平。由于液流电池储能系统的功率和容量可独立设计，因此在工程应用方面具有较大的灵活性。液流电池可分为多种体系，主要包括锌溴液流电池、多硫化钠/溴液流电池和全钒液流电池。

锌溴液流电池的电解液为溴化锌水溶液。与铅酸电池相比，具有较高的能量密度和功率密度以及优越的循环充放电性能。锌溴电池在近常温下工作，材料和制造费用低，因此也是大规模储能电池的选择之一。锌溴液流电池在商业化过程中存在的问题是初始成本较高，与铅酸电池相比，在较大的生产规模下才具有价格上的优势。另外，锌溴电池也被研究开发作为电动汽车动力电源，以及用于太阳能和风能发电系统储能。

在多硫化钠/溴氧化还原液流储能电池体系中，正极电解液为溴化钠，负极电解液为多硫化钠。多硫化钠/溴液流电池是一种新型高效电能储存技术，具有能量转化率高，使用寿命长，可大批量生产等优点。可用于储能电站、大功率可移动电源，还可与太阳能、风能等可再生能源的发电方式相结合，将这些电能储存起来待需要时输出电能。

目前技术发展的主流是全钒液流电池（是唯一进入商业化应用阶段的液流电池）。全钒液流电池的正极和负极储液罐中的活性物质均为钒离子溶液，但正负极溶液中钒离子的价态不同；电池进行充、放电过程中，电解液通过泵作用在储液罐和正、负极反应室中循环流动以保持电解液浓度均衡，电极表面发生化学反应，实现电池的充放电。全钒液流电池系统组装设计灵活，易于模块组合，响应速度高，输出功率高，使用寿命长，循环寿命长，环境友好，其诸多优点使得各国都将其作为重点开发的储能技术。

全钒液流电池最早是由澳大利亚新南威尔士大学研究的，随后，日本住友电气工业公司、加拿大 VRBPower 等公司进行钒电池的商业化开发，并在日本关西电力、北海道电厂等开建早期钒电池的示范运营项目。国内的液流电池研究从 20 世纪 90 年代开始，与国外的差距较大，研究还处于实验室阶段。我国液流电池的未来发展应该还要在关键材料上有所突破。我国在"十一五"规划中明确地提出了研发 100kW 级全钒液流电池的目标。

5. 其他电池

（1）钠镍电池。钠镍电池是从钠硫电池发展而来的一类基于 $\beta'-Al_2O_3$ 陶瓷电解质的二次电池，也称为钠氯化镍电池、ZEBRA（Zero Emission Battery Research Activities）电池。它由熔融钠负极和包含过渡金属氯化物（$NiCl_2$ 和少量 $FeCl_2$）、过量金属的正极以及作为固体电解质和隔膜的钠离子导体 $\beta'-Al_2O_3$ 陶瓷组成。钠镍电池具有开路电压高，比能量高（理论上＞700Wh/kg，实际达 100Wh/kg），能量转换效率高，可快速充电，工作温度范围宽，容量与放电率无关，耐过充、过放电，无液态钠操作麻烦，维护简便，安全可靠等优点。

（2）镍氢电池。镍氢电池的正极材料为氢氧化镍，负极为储氢合金，理论电压为1.32V，于20世纪80年代末获得商品化。与传统二次电池相比，镍氢电池具有以下显著优点：电池比能量、比功率较高，约为镍镉电池的1.5倍；循环寿命长，安全性好；环境友好，清洁无污染。镍氢电池的这些特点使其成为镍镉电池的理想替代品，并不断拓展更多的应用领域，如电动工具、电动自行车、不间断电源以及混合动力车等。其研究开发的重点也由原来单纯地追求高容量转移到兼顾高功率。因此，进一步提高电池能量密度、功率密度，改善放电特性，增加循环寿命是目前镍氢电池的主要发展方向。而这一切能否实现，在很大程度上取决于材料的进步。

（3）新型铅碳超级电池。由于电动汽车的迅猛发展使得储能材料的研究进入了蓬勃发展阶段，大倍率储能材料开始越来越得到人们的关注。但是，目前的铅酸电池还不能满足长时间、大倍率的放电，因此需要对目前的铅酸电池，特别是负极的性质进行改进。目前研究比较广泛的是将铅与碳进行复合，其原理主要是将不对称电容器的性质与铅酸电池的性质结合，从而提高铅酸电池的倍率性能，使铅酸电池在电动车上的应用成为可能。由于这种电池可以使铅酸电池的性能大为改观，因此被人们成为"超级电池"。

铅碳超级电池经过很多科研人员的努力，历经了换代性的研究。第一代为电池负极和电容负极两块负极板并联在电池内；第二代为将一块负极分为两部分，一半为电池板，一半为电容板，称内并负极；第三代为内层为原有电池极板，表面渗析一层碳做电容极，称内混负极。其中第三代负极板兼具电容和电池两性，易实现大规模生产，制作方便，作为铅酸电池的替代产品，应用于混合电动汽车，有着广阔的前景和市场。

1.3.4　相变储能及其他新型储能技术

相变储能是利用某些物质在其物相变化过程中，可以与外界进行能量交换，以达到能量交换与能量控制的目的。根据相变的形式，相变储能材料的不同基本上可分为固—固相变、固—液相变、液—气相变和固—气相变等；从材料的化学组成来看，又可分为无机材料相变、有机材料相变和混合材料相变等。相变储能是提高能源利用效率和保护环境的重要技术，是用于缓解能量供求双方在时间、强度及地点上不匹配的有效方式，在可再生能源的利用、电力系统的移峰填谷、废热和余热的回收利用，以及工业与民用建筑和空调的节能等领域具有广泛的应用前景，目前已成为世界范围内的研究热点。在国外，相变储能的利用方式主要是冰储冷方式，特别是在美国已经建立了示范工程，主要用于能量管理，改善电能质量，提高系统稳定性等。在国内，相变储能的研究主要集中于相变材料上，还没有真正的示范储能站。

除此之外，还有很多其他的新兴储能技术，如金属空气电池、钠离子电池、新型钠硫电池、新型锂离子电池、结合阀控式密封铅酸电池和电化学电容器的超级电池、新型液流电池组等。除了新型材料的研发外，电化学制品、薄膜、封口以及控制系统和电极的研发和创新也是至关重要的。总的来说，新一代储能系统将追求更高的能量密度和功率密度，更长的使用寿命和循环时间，更高的可靠性和更低的费用。

1.3.5　储能技术比较

表1-3从功率密度、容量密度、充放电效率和环境影响等方面对几种主要储能技术的优缺点进行比较，并总结各种储能技术潜在的应用领域。

表1-3　　　　　　　　　　　各种储能方式的特点

储能类型	铅酸电池	钠硫电池	锂电池	液流电池	超级电容器	超导磁储能	飞轮储能
优点	功率容量高，体积能量密度低，容量成本低，使用寿命长	能量和功率容量很高，能量密度高，效率高，使用寿命长	响应时间短，能量密度高，效率高	功率和容量可以独立配置，使用寿命长	高效率，使用周期长	系统功率容量大，毫秒级响应时间，95%以上电能转换效率，无限次循环	能量密度高；几乎不需要运行维护；设备寿命长，且对环境没有不良的影响；有较大的功率和响应时间区间
缺点	效率低；对环境有潜在的不利影响	生产成本低；制造存在安全隐患	由于技术和成本的原因，还没有大规模的市场应用	能量密度低，效率低	能量密度低，在电力系统用的应用很少	成本较高，需要失超保护	投入成本高
安装难易	没有特别的安装限制	没有特别的安装限制	没有特别的安装限制	没有特别的安装限制	没有特别的安装限制	需要考虑低温系统场地要求	对场地有一定要求
环境影响	潜在污染源	制造过程可能污染环境	制造过程可能污染环境	对环境影响较小	对环境影响较小	漏磁场可能对环境有影响	绿色技术无污染
能量密度（Wh/kg）	30~50	100	70~200（钛酸锂：70；磷酸铁锂100~150；三元：180~200）	15~25Wh/L	1~20	1~5	5~50

储能类型	铅酸电池	钠硫电池	锂电池	液流电池	超级电容器	超导磁储能	飞轮储能
功率密度（W/kg）	200～500	16	1000	80～120mA/cm^2	1000～18 000	10J/m	180～1800
循环效率（%）	75～90	70～85	85～98	70～75	>95	90～95	85～90
响应时间（s）	>0.02	>0.02	0.02～0.01	>0.02	0.02～0.001	0.005～0.01	0.02～60
持续释能时间	1s～10h	1s～10h	1s～10h	1s～10h	1ms～1s	1ms～10s	1s～5min
循环使用寿命（万次）	2000～4000	<2500	2000～10 000	5000～10 000	>5	>10	1～10
应用方向	电能质量控制，系统备用电源，UPS	平滑负荷，备用负荷	平滑负荷，备用负荷	分布式、可再生能源系统稳定性，备用电源，平滑负荷	与柔性交流输电技术相结合	输配电系统暂态稳定性，UPS	调峰，频率控制，电能质量控制

1.4 发展大规模风电储能的必要性与面临的难题

1.4.1 发展大规模风电储能的必要性

大容量储能系统能够快速吸收、释放有功和无功功率，在电源侧可以通过平抑风电功率波动、补偿风电预测误差等方式改善风电并网特性，在电网侧能够通过削峰填谷、减少系统备用需求等方式优化电力系统运行方式。随着大容量储能技术的不断革新和储能成本的下降，在含大规模风电的电力系统中配置一定容量的储能系统，以风储联合发电站替代传统风电场并网运行，已成为一种有效应对风电随机波动、提高风电可调度性和出力可靠性的措施。

目前，国内外已相继建设 400 多项储能示范工程，确立了电池储能系统是提高风电可控性、提高可再生能源并网比例的有效途径。典型风储联合示范工程如表 1-4 所示。

表 1-4　　　　　　　　国内外典型的风储联合示范工程

年份	位置	风电装机容量	储能类型	储能系统参数
2002	日本丈八岛	500kW	钠硫电池	400kW/800kWh
2006	爱尔兰风电场	—	液流电池	2MW/12MWh
2006	日本北海道	30.6MW	全钒液流电池	4MW/6MWh
2008	日本青森县	51MW	钠硫电池	34MW/245MWh[2]
2008	美国明尼苏达州	11MW	钠硫电池	1MW/7MWh
2011	美国夏威夷	30MW	铅酸电池	15MW/3.75MWh
2011	中国张北风电场[1]	100MW	磷酸铁锂电池	6MW/36MWh、4MW/16MWh、3MW/9MWh、1MW/2MWh
			液流电池	2MW/8MWh
2012	美国西弗吉尼亚州	97.6MW	锂电池	32MW[3]
2013	中国辽宁卧牛石	49.5MW	全钒液流电池	5MW/10MWh[4]

① 我国首个大规模风—光—储—输示范工程，表中所列出的是一期工程的风电装机容量和配置的储能系统容量，除 100MW 风电装机以外，还配有 40MW 光伏发电。
② 目前世界上额定功率最大的钠硫电池储能电站。
③ 目前世界上应用于新能源并网方面最大的锂电池储能系统。
④ 目前世界上额定功率最大的全钒液流电池储能系统。

已有的研究和实践表明，对于风储联合发电站的有功控制，储能装置的容量越大，风电功率波动的控制效果越好。表 1-4 中，日本丈八岛 500kW 钠硫电池风储示范工程和日本青森县 51MW 钠硫电池风储示范工程中，储能系统额定功率与风电装机容量之比分别为 4/5 和 2/3，能将风电输出功率波动控制在 2% 以内，但储能装置的建设成本过高，很难推广应用到我国千万千瓦级风电基地。我国张北风—光—储—输示范工程和辽宁风储示范工程的储能额定功率仅为风电装机容量的 20% 和 10%。如何利用有限容量的储能系统获得最佳的风储联合运行效果，是储能技术能否规模化发展的关键问题。

1.4.2 发展大规模风电储能面临的难题

大容量储能技术已经进入工程示范阶段，利用储能系统提高风电的接入能力已成为一种可能的途径。但从电力系统运行的角度来看，储能系统在运行过程中并不产生电能，只能作为电能的缓冲区，并且充放电过程还不可避免地存在电能损耗，这是储能系统不同于常规电源的主要特点之一。因此，在将大规模风电和储能系统纳入电力系统调度运行后，有必要针对大规模风电随机波动的特点以及储能系统的技术经济特性对传统电力系统的调度运行方式进行相应的调整，在储能系统造价仍然较为昂贵的条件下，充分利用有限容量的储能系统调节的灵活性和电网的杠杆作用，提高大规模风电的消纳能力。

虽然发展大规模风电储能有很多益处，但也面临着一些难题：

（1）电池储能系统的数学模型不实用。储能系统的技术经济特性与常规发电机组存在显著不同，在利用储能系统提高大规模风电接入能力方面，需要首先针对大容量储能系统的技术特点展开深入研究。因此，符合实际特点、可用性高的储能系统建模方法就成为首先需要解决的难题。

（2）没有可行的储能系统规划方法。关于储能系统的规划问题，虽然已有很多相关研究，但仍缺乏一些考虑，导致规划方法在实际中的可行性受到局限，如储能系统布局和网络架构对系统的影响以及全网调峰的问题。

（3）储能系统控制策略不成熟。在风储联合系统中，如何有效地抑制风功率的波动性，提高系统的暂态稳定性和调峰能力是储能系统控制策略的研究重点，然而目前在这方面研究的考虑并不成熟。

（4）大规模风储系统广域协调技术不成熟。目前的调度运行系统中，很少同时考虑风储同时接入的联合调度和广域协调问题，这也是调度计划计算中迫切需要解决的问题。

（5）缺少含风储联合运行系统的电力系统可靠性评估。随着大规模风电的并网以及储能系统的接入，电力系统的运行和控制出现了新的问题，传统电力系统的可靠性分析模型和方法已难以适用。因此，含风储联合运行系统的电力系统可靠性评估需要结合风电的特性和储能系统的有效作用，建立合适的评估模型和方法。

（6）缺少利用储能系统提高风电调度入网规模的经济评价。当接入电网的储能系统在容量、安全性、循环寿命、充放电效率等指标达到一定标准时，储能系统的高成本成为限制其大规模应用的关键因素，从而有必要研究储能应用的容量配置问题，进而评估储能项目运营的经济性。而这也是目前研究相对缺乏的部分。

针对以上问题，本书从国家能源战略的重大需求出发，构建了提高大规模风电接入能力的大容量储能系统运行和控制的一套理论体系，从不同的时间维度上系统深入地论述了目前国内在大容量储能系统的建模、控制、调度、规划等方面的最新研究进展。

1.5 小   结

本章概述了风力发电的发展情况，介绍了储能的种类以及发展过程，分析了储能在发展大规模风电中的必要性，总结了发展大规模风电储能面临的难题，为发展风电储能的技术应用研究提供参考。

参 考 文 献

[1] Global Wind Energy Council. Global wind statistics 2014 [EB/OL]. [2015-2-10]. http://www.gwec.net/global-figures/ graphs/.

[2] 阿克曼. 风力发电系统 [M]. 谢桦，王健强，姜久春，译. 北京：中国水利水电出版社，2010.

[3] 李俊峰，蔡丰波，乔黎明，等. 2013 中国风电发展报告 [EB/OL]. [2013-9]. http://www.docin.com/p-713186194.html.

[4] 李强，袁越，谈定中. 储能技术在风电并网中的应用研究进展 [J]. 河海大学学报：自然科学版，2010，38（1）：115-122.

[5] 张丽英，叶廷路，辛耀中，等. 大规模风电接入电网的相关问题及措施 [J]. 中国电机工程学报，2010，30（25）：1-9.

[6] North American Electric Reliability Corporation (NERC). Accommodating high levels of variable generation [R]. Washington: North American Electric Reliability Corporation, 2009.

[7] 李和明，张祥宇，王毅，等. 基于功率跟踪优化的双馈风力发电机组虚拟惯性控制技术 [J]. 中国电机工程学报，2012，32（7）：32−39.

[8] XIANG Dawei, LI Ran, TAVNER P J, et al. Control of a doubly fed induction generator in a wind turbine during grid fault ride-through [J]. IEEE Trans on Energy Conversion, 2006, 21（3）：665−662.

[9] 吴杰，孙伟，颜秉超. 应用 STATCOM 提高风电场低电压穿越能力 [J]. 电力系统保护与控制，2011，39（24）：47−51.

[10] 姜锐. 锰酸锂电池的研究 [D]. 成都：电子科技大学，2012.

[11] 黄杨. 风储联合发电系统多时间尺度有功协调调度体系 [D]. 北京：清华大学，2014.

[12] 王彩霞. 风火互济系统中风电对有功平衡影响的机理研究 [D]. 北京：清华大学，2011.

[13] 张宁，周天睿，段长刚，等. 大规模风电场接入对电力系统调峰的影响 [J]. 电网技术，2010，34（1）：152−158.

[14] 顾晓亮. 抽水蓄能电站效益综合评价研究 [D]. 合肥：合肥工业大学，2010.

[15] 魏凤春，张恒，蔡红，等. 飞轮储能技术研究 [J]. 洛阳大学学报，2005，20（2）：27-30.

[16] 赵旭升，沈国良. 飞轮储能电池的结构特点及其应用 [J]. 硫磷设计与粉体工程，2004（6）：44−45.

[17] 陈欢欢. 中国飞轮储能：行走在主流边缘 [N]. 科学时报，2010-12-5（B3）.

[18] 朱俊星，姜新建，黄立培. 基于飞轮储能的动态电压恢复器补偿策略的研究 [J]. 电工电能新技术，2009，28（1）：46−50.

[19] 姬联涛，张建成. 基于飞轮储能技术的可再生能源发电系统广义动量补偿控制研究 [J]. 中国电机工程学报，2010（24）：101-106.

[20] 韩邦成，房建成，吴一辉. 单轴飞轮储能/姿态控制系统的仿真研究 [J]. 系统仿真学报，2006，18（9）：2511-2515.

[21] 章福平，纪勇，李安东，等. 锂离子电池正极材料研究的新动向和挑战 [J]. 化学通报，2011，74（10）：890-902.

[22] MUTO S，TATSUMI K，KOJIMA Y，et al. Effect of Mg-doping on the degradation of $LiNiO_2$-based cathode materials by combined spectroscopic methods [J]. Journal of Power Sources，2012，205：449-455.

[23] 高明杰，惠东，高宗和，等. 国家风光储输示范工程介绍及其典型运行模式分析 [J]. 电力系统自动化，2013，37（1）：59-64.

[24] 周文彩，李金洪，姜晓谦. 磷酸铁锂制备工艺及研究进展 [J]. 硅酸盐通报，2010（1）：133-137.

[25] 孙玉城. 镍钴锰酸锂三元正极材料的研究与应用 [J]. 无机盐工业，2014，46（1）：1-3.

[26] 王玲，高朋召，李冬云，等. 锂离子电池正极材料的研究进展 [J]. 硅酸盐通报，2013，32（1）：77-82.

[27] 李伟伟，姚路，陈改荣，等. 锂离子电池正极材料研究进展 [J]. 电子元件与材料，2012，31（3）：77-81.

[28] 贾志军，宋士强，王保国. 液流电池储能技术研究现状与展望 [J]. 储能科学与技术，2012，1（1）：50-57.

[29] 张华民，周汉涛，赵平，等. 储能技术的研究开发现状及展望 [J]. 能源工程，2005（3）：1-7.

[30] 周德璧，于中一. 锌溴液流电池技术研究 [J]. 电池，2005，34（6）：442-443.

[31] 葛善海，周汉涛，衣宝廉，等. 多硫化钠-溴储能电池组 [J]. 电源技术，2004，28（6）：373-375.

[32] 胡英瑛，温兆银，芮琨，等. 钠电池的研究与开发现状 [J]. 储能科学与技术，2013（2）：81-90.

[33] 曹佳弟. 钠/氯化镍高能电池 [J]. 电池，1998，28（3）：139-141.

[34] 吴锋. 绿色二次电池材料的研究进展 [J]. 中国材料进展，2009，28（7）：41-49.

[35] 郎笑石. 高倍率储能 Pb-C 超级电池负极的研究 [D]. 哈尔滨：哈尔滨工业大学，2011.

[36] 陈飞，张慧，梁佳翔，等. 铅碳超级电池混合负极的研究 [J]. 蓄电池，2012，48（6）：262-266.

[37] 李建林. 能源杂论：大规模储能系统典型应用研究 [J]. 变频器世界，2011，6（10）：34-35.

第2章

电池储能系统技术特点与数学建模

大容量储能技术在提高风电的可控性方面具有广阔的应用前景，是突破风电与电网协调控制的技术瓶颈、提高风电接入能力的有效途径。在第 1 章中介绍了各种类型的储能技术，其中，电池储能以其响应速度快、能量密度高、功率和容量配置灵活、适用范围广等优点，可在电力系统削峰填谷、平抑风电波动、稳定控制等多种场景发挥重要作用。而储能系统的技术经济特性与常规发电机组存在显著不同，在利用储能系统提高大规模风电接入能力方面，需要首先针对大容量储能系统的技术特点展开深入研究。因此，储能系统的建模方法就成为首先需要解决的难题。

本章从目前几种最具有代表性的电池储能系统入手，提出了一种电池储能系统的数学模型，以适应储能系统不同应用场景分析研究的需要。

2.1 电池储能系统的技术特点

第 1 章中已经对各种电池储能技术及其发展现状做了简要介绍，本节针对几种主要的储能电池的原理、特性等进行详细介绍。

2.1.1 全钒液流储能电池

由于全钒液流电池储能额定功率和容量相互独立，可以通过增加电解液的量或提高电解质的浓度达到增加电池容量的目的，并可根据设置场所的情况自由设计储藏形式及随意选择形状的优势，因此，其主要应用领域为调峰电源系统、大规模光伏电源系统、大规模风电系统以及不间断电源或应急电源系统和电动车等。其主要工作方式为在谷值负荷时，电站通过对变流器的控制使全钒液流电池储能单元处于充电状态，将电网剩余的能量以化学能的形式存储在电池中；在峰值负荷时，通过对变流器的控制使全钒液流电池处于放电状态，将自身的化学能转化为电能，补充电网所需的能量。其化学表达式为：

正极：
$$V^{5+}+e^- \rightleftharpoons V^{4+}$$

负极：
$$V^{2+} \rightleftharpoons V^{3+}+e^-$$

全钒液流电池储能系统工作原理如图 2-1 所示。

图 2-2～图 2-5 给出了全钒液流电池的单电池、22kW 电堆、31.5kW 电堆以及 352kW 电池系统的充放电特性曲线，上述几种电池单元的相关技术参数如表 2-1 所示。其中 352kW 电池储能系统由 16 个 22kW 电堆组成，电路连接方式为四串两并再两串。

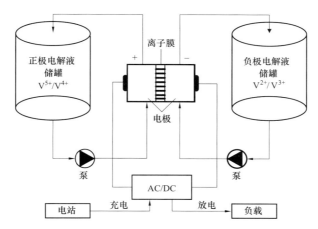

图 2-1　全钒液流电池储能系统工作原理

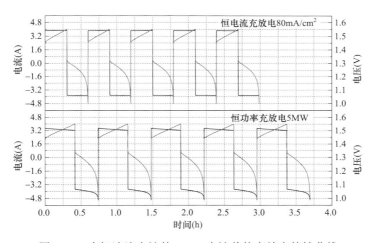

图 2-2　全钒液流电池的 5MW 电池单体充放电特性曲线

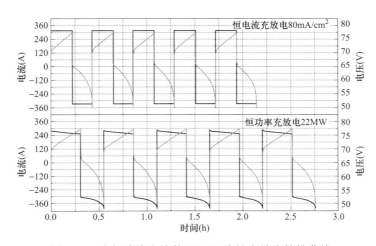

图 2-3　全钒液流电池的 22MW 电池充放电特性曲线

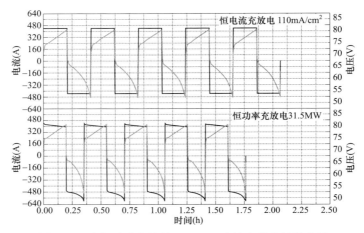

图 2-4　全钒液流电池的 31.5MW 电池充放电特性曲线

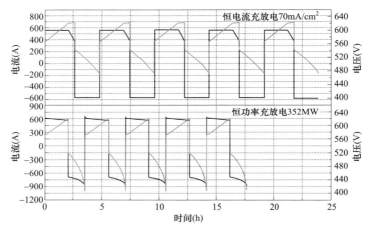

图 2-5　全钒液流电池的 352MW 电池系统充放电特性曲线

表 2-1　　　　　　　　　　　　　不同电池单元的相关技术参数

电池单元	额定功率（kW）	充放电电压（V）	恒电流充放电电流（A）	恒功率充放电功率（kW）	恒功率单电池能量效率（%）
5W 单电池	0.005	1.0～1.5	3.84	0.005	85
22kW 电堆	22	50～77.5	320	22	80
31.5kW 电堆	31.5	52～80.6	440	31.5	77.5
352kW 电池系统	352	400～620	560	352	73.8

　　液流储能电池具有能量转换效率高、循环寿命长、蓄电容量大、选址自由、可深度放电、系统设计灵活、安全环保、维护费用低等优点，在输出功率为数千瓦至数十兆瓦，储能容量数小时以上的规模化固定储能场合，液流电池储能具有明显的优势，是大规模高效储能技术的首选技术之一。但降低成本、提高市场竞争力是该技术面临的挑战。

2.1.2 钠硫电池

由于钠硫电池储能具有便于模块化制造、运输和安装，建设周期短，可根据用途和建设规模分期安装的优势，因此其主要应用领域为城市变电站、电能质量调节和负荷的削峰填谷调节。其主要工作方式为在用电低谷时，电网将剩余电量经功率转换子系统给电池充电，钠硫化物在正极分解，Na^+返回负极并与电子重新结合，完成电能到化学能转换的过程；在用电高峰时，电池处于放电状态，作为负极的 Na 放出电子到外电路，同时 Na^+ 经 β−铝移至正极与 S 发生反应形成钠硫化物 Na_2S_x，经功率转换系统后，补充电网的缺额电量，完成化学能到电能的转换过程。其反应式如下所示：

正极： $$xS+2e = S_x^{2-}$$

负极： $$2Na - 2e = 2Na^+$$

电池总反应： $$2Na + S_x \underset{\text{充电}}{\overset{\text{放电}}{\rightleftharpoons}} Na_2S_x$$

钠硫电池具有高的比功率和比能量、低原材料成本、温度稳定性以及无自放电等方面的优势，是重要的储能技术之一。但其正、负极活性物质具有强腐蚀性，对电池材料、电池结构及运行条件的要求苛刻，需要进一步开发以降低成本，提高电池系统的安全性。

自 1983 年开始，日本京瓷公司和东京电力公司合作，已经使钠硫电池成功地应用于城市电网的储能中；自 1992 年第一个示范储能电站运行至今，已有 140 余座 500kW 以上功率的钠硫电池储能电站，在日本等国家投入商业化示范运行。除较大规模在日本应用外，已经推广到美国、加拿大等国。在美国，2002 年 9 月开始运行第一个示范电站。储能电站覆盖了商业、工业、电力、供水、学校、医院等多个领域。此外，钠硫电池储能站还被应用于风力发电的储能，稳定风力发电的输出。例如，在日本的八角岛，一座 400kW 的钠硫电池储能系统与 500kW 的风力发电系统配套，保证了风力发电输出的完全平稳，实现了与电网的安全对接。

我国钠硫电池的发展是以中国科学院上海硅酸盐研究所和上海电力公司的合作为代表的。双方 2006 年 8 月开始了正式合作，2007 年 1 月容量达到 650Ah 的单体钠硫电池制备成功。2006 年钠硫电池研制项目被列为国家电网公司"十一五"重点发展项目。2007 年国家科技部通过支撑项目给予钠硫电池支持。钠硫电池的研究得到上海市地方政府和中国科学院方的大力支持。经过三年的攻关，建成了具有年产 2MW 单体电池能力的中试线，可以连续制备容量为 650Ah 的单体电池。中试线涉及各种工艺和检测设备百余台套，其中有近 2/3 为自主研发，拥有多项自主知识产权，形成了有自己特色的钠硫电池关键材料和电池的评价技术。目前电池的比能量达到 150Wh/kg，电池前 200 次循环的退化率为 0.003%/次，这一数据与日本京瓷公司的报道基本持平，但电池长期的性能稳定性仍是需要解决的问题之一。

2.1.3 锂离子电池

锂离子电池储能是新型绿色环保储能方式，工作方式为电网将剩余电量经功率转换子系统后给电池充电，Li^+ 从磷酸铁锂材料中迁移到晶体表面，电子从正极板材料中脱出，流向负极的铜箔电极，完成电能到化学能的转化过程；在用电高峰时，电池处于放电状态。Li^+ 从石墨晶体中脱嵌出来，进入电解质，电子经导电体流到磷酸铁锂正极，经功率转换系统后，补充电网的缺额电量，完成化学能到电能的转换过程。其化学反应式如下：

正极：
$$LiFePO_4 = Li_{1-x}FePO_4 + xLi^+ + xe^-$$

负极：
$$xLi^+ + xe^- + 6C = Li_xC_6$$

总反应式：
$$LiFePO_4 + 6xC \rightleftharpoons Li_{1-x}FePO_4 + Li_xC_6$$

锂离子电池按正极材料不同主要分为钴酸锂、锰酸锂、三元锂和磷酸亚铁锂等，各体系锂离子电池星级对比如表2-2所示。

表2-2　　　　　　　　　　　　各体系锂离子电池对比

项目	钴酸锂	锰酸锂	三元锂	磷酸亚铁锂
电压（V）	3.7	3.7	3.6	3.2
安全性	★	★★★★	★★★	★★★★★
循环寿命	★★★	★★	★★★★	★★★★★
能量密度	★★★★★	★★	★★★	★★★
充放电倍率	★★★	★★★	★★★★	★★★★
高温性能	★★★	★	★★★	★★★★★
低温性能	★★★	★★	★★	★★
成本	★★	★★★★★	★★★	★★★★

综合以上比较，磷酸亚铁锂电池与其他电池储能方式相比有着能量效率高、原料来源广泛、制备工艺可靠、绿色环保、宽温幅、循环寿命长等显著优点。

锂离子电池因其高电压（单体电池的工作电压高达3.6～3.9V）和高能量密度（100～125Wh/kg和240～300Wh/L）特性成为电动汽车用动力电池的主力军。通过新材料的开发，进一步降低成本、提高使用寿命以及大规模系统应用的安全性等是锂离子电池用于更大规模的储能必须解决的问题。

在"十五"和"十一五"期间，科技部在材料领域及能源领域对锂离子电池材料、电池技术及高比能量锂离子动力电池都给予了巨大支持，形成了锂离子电池产业链。

美国已经有了使用磷酸亚铁锂电池建成1MW（0.5MWh）移动储能电站的先例，使用的是A123公司的磷酸亚铁锂电池。

早在2005年，国内几家公司（天津斯特兰能、深圳比亚迪、咸阳威力克等）已经开始研究磷酸亚铁锂电池的动力性应用。中国第一座兆瓦级磷酸亚铁锂电池储能示范电站于2009年7月在深圳建成，使用的是深圳比亚迪公司生产的磷酸亚铁锂电池。

2.2　电池储能系统建模与应用

由于电池储能为电化学反应过程，难以采用常规物理模型对其进行详细的描述，因此储能静态控制多采用考虑容量限制的恒功率简化模型，暂态控制则采用电压源内阻模型或一阶惯性环节模拟储能系统，不考虑参数变化的影响。然而，电池储能系统的工作特性与其充放电功率和荷电状态（State of Charge，SOC）等因素直接相关，这样简化的模型无法对储能的应用效果进行有效的验证。建立适用于不同应用场景的多时间尺度电池储能仿真模型，是储能优化配置和控制的基础。

而过于复杂的模型可能会大大增加控制策略的求解与应用的复杂度。这里从储能系统级控制的角度出发，建立适用于电力系统控制的电池储能通用仿真模型。该模型可反映大容量储能系统的外部特性，是对其内部多模块复杂化学反应的简化。模型计及 SOC 和充放电电流对参数的影响，可通过实验数据拟合得到。通过实测放电电压、电流曲线验证了模型的有效性。在此基础上，下面将分析并讨论该模型在电力系统优化运行和控制的不同应用场景中的主导因素，提出不同时间尺度下模型的实用简化方法。最后以电池储能平抑风电波动性为例，仿真电池储能平抑风电输出波动的效果，比较不同模型的优缺点及其对储能容量规划的影响。

2.2.1 系统建模及适用场景讨论

1. 系统建模

（1）戴维南等效电路模型。戴维南等效电路模型是目前使用最为广泛的电池储能模型，如图 2-6 所示。理想电压源 E_b 为电池开路电压，与 S_{SOC} 有关；U_b 为电池工作电压；R_S 为电池中电极板、电解液和间隔板的电阻；电阻 R_C 和电容 C 组成超电势网络，用于表示电池的极化反应过程。

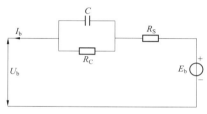

图 2-6　电池戴维南等效电路模型

戴维南等效电路可代表电池储能系统的静态和暂态特性。在电池恒电流放电过程中，其电压的下降将经历 3 个主要阶段。

1）暂态过程：R_S 的存在使得电流变化的瞬间，电压即刻发生跌落，随后电压以指数方式衰减至稳态，衰减的时间常数为 CR_C，其时间尺度通常为毫秒至秒级，随后电路进入稳态。

2）缓慢下降过程：主要由 E_b 随 S_{SOC} 的下降而减小导致。

3）迅速下降至截止电压：在放电后期电池内阻的迅速增大成为主导因素，导致电池电压快速下降，若及时切断电路，电池电压可恢复至开路电压；若继续放电将导致电池永久性的损坏，直接影响电池的使用寿命。

电池的充电过程与之类似，在此不再赘述。

（2）电池模型参数的测量及拟合方法。图 2-6 所示的戴维南等效电路中的参数会随着 SOC、充放电状态、电流、温度和电池老化程度而变化，在中长期仿真中必须计及这些因素的影响。由于学科分类的不同，在电力系统控制中一般不考虑储能内部复杂的电化学反应，往往忽略参数变化的影响，从而限制了该模型在电力系统优化控制中的应用。由于物理模型难以描述电化学反应机理，模型参数只能通过实验的方法获取。从储能系统级控制的角度考虑，SOC 和充放电电流与控制策略的优化有直接联系，因此这里仅考虑这两种因素，其他因素的影响可采用类似的方法考虑。

1）SOC 计算方法。电池荷电状态 SOC 反映了电池的剩余容量，可为电池容量规划和运行控制提供重要依据，也是储能系统区别于常规电源/负荷的最主要特征。目前 SOC 常用的估计方法有安时计量法、开路电压法、神经网络法和卡尔曼滤波方法等。这里采用使用最为广泛的安时计量法

$$S_{SOC}(t) = S_{SOC}(t-1) - \eta \int_{t-1}^{t} I_b \mathrm{d}t / S_{Ah} \qquad (2-1)$$

式中 I_b——电池电流，以放电为正方向，A；

$\quad\quad S_{Ah}$——电池的安培容量，Ah；

$\quad\quad S_{SOC}$——电池的荷电状态（SOC）；

$\quad\quad \eta$——充放电效率。

2）电池静态参数获取。电池储能系统的静态参数包括开路电压 E_b 和内阻 R_e（满足 $R_e=R_C+R_S$），主要涉及电池充放电过程中的静态特性，对实验条件要求不高，通常根据出厂试验数据即可拟合得到。E_b 与 S_{SOC} 的关系通常为线性函数。R_e 与 S_{SOC} 和充放电电流 I_b 有关，可根据电池充放电电流、电压曲线，由式（2-2）计算得到

$$R_e\,(S_{SOC}, I_b) = (U_b - E_b)/I_b \qquad (2-2)$$

式中 R_e——电池内阻，Ω。

R_e 与 S_{SOC} 和 I_b 的关系通常是非线性的，可采用多元非线性参数拟合的方法进行拟合。需要注意的是，一般情况下充电和放电状态的电池内阻并不相等，需要分别进行实验和参数拟合。静态参数可基本反映 SOC 和充放电电流对电池工作特性的影响，但无法体现电池充放电的暂态过程。

3）电池暂态参数获取。电池模型暂态参数包括 R_S、R_C 和 C，目前主要的测量方法为脉冲电流法和阻抗频谱分析法。这里采用阻抗频谱分析法，测量电池在不同频率电流下的交流阻抗值。电池典型阻抗频谱如图 2-7 所示。

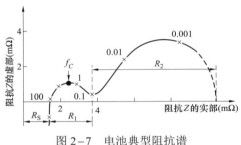
图 2-7　电池典型阻抗谱

该频谱具有以下特点：

a. 曲线与实轴的交点为电池纯电阻 R_S，临界频率为 100～1 000 Hz，大于该频率时电池呈感性，反之呈容性。对于电力系统应用而言，可认为电池呈容性。

b. 曲线第 1 个半圆（较小）的半径 R_1 代表电极间的电荷转移电阻，第 2 个半圆（较大）部分称为 Warburg 阻抗 Z_w，代表离子的扩散过程，这里将其简化为电阻 R_2，有 $R_C=R_1+R_2$。

c. 第 1 个半圆的局部最大值 f_C 对应电荷转移的时间常数，有

$$\tau = R_1 C = (2\pi f_C)^{-1} \qquad (2-3)$$

根据阻抗频谱的实验结果可求得戴维南等效电路中各个部分的参数及其随 SOC 的变化趋势。但是该方法无法测试模型参数与充放电电流的关系，因此还需借助静态特性实验或脉冲电流实验才能获取。

（3）基于实验数据建立电池储能仿真模型。以铅酸单体电池 Yuasa NP10-6 为例，其参数如表 2-3 所示。根据厂家提供的充放电电压、电流曲线以及阻抗频谱实验结果，对图 2-6 所示的戴维南等效电路中的参数进行拟合，计及参数随 SOC、充放电电流的变化。

表 2-3　　　　　　　　　　**Yuasa NP10-6 单体电池参数**

参数	数值	参数	数值
额定电压（V）	6	最大电流（A）	40
额定安培容量（Ah）	10	额定瓦时容量（Wh）	60

1）电动势 E_b 和电阻 R_S 的拟合。电动势 E_b 和电阻 R_S 代表开路电压和电池自身内阻，与充放电电流无关，其主导因素为 S_{SOC}。随着 S_{SOC} 的减小，E_b 线性降低，R_S 因 $PbSO_4$ 结晶降低了电极和电解液的传导率而增大。根据厂家提供的 E_b 边界范围和频谱实验结果，分别采用线性函数和对数函数对 E_b 和 R_S 进行拟合，如图 2-8 所示。拟合结果为

$$\begin{cases} E_b = 0.006\,88(S_{SOC}) + 5.75 & (V) \\ R_S = 0.014\,8 - 0.002\,4\ln(S_{SOC}) & (\Omega) \end{cases} \qquad (2-4)$$

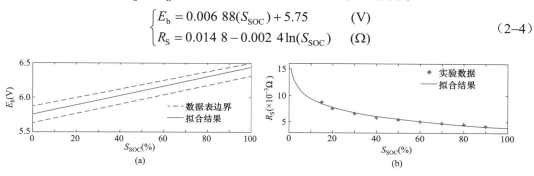

图 2-8　电动势 E_b 及电阻 R_S 随 S_{SOC} 的变化趋势拟合

（a）电动势拟合；（b）纯电阻拟合

2）电阻 R_C 的拟合。根据前文的分析，$R_C = R_1 + R_2$。SOC 的减小导致 $PbSO_4$ 结晶及电极反应过度产生气泡，造成电极孔隙堵塞，阻塞了电荷传导，导致 R_1 的增加；I_b 的增加将加速离子扩散过程，使得 R_2 减小。因此，可认为 R_1 与 S_{SOC} 强相关，R_2 与 I_b 强相关，从而将多元非线性拟合简化为一元参数拟合。根据数据趋势，分别采用指数函数和双指数函数对 R_1 和 R_2 进行拟合

$$R_C = R_1 + R_2 = (0.007 + 0.581e^{-0.042 S_{SOC}}) + (0.18e^{-0.98 I_b} + 0.055e^{-0.128 I_b})\ \Omega \qquad (2-5)$$

拟合结果如图 2-9 所示。

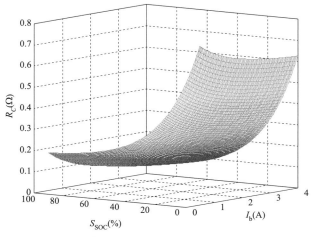

图 2-9　电阻 R_C 随 S_{SOC} 和 I_b 的变化趋势拟合

3）电容 C 的估算。f_C 随 S_{SOC} 的增大而增大，其趋势与 R_1 类似，可认为 C 基本不变，取 S_{SOC} 为 100% 时，f_C 的值根据式（2-3）可得：$C=1.469F$。

（4）模型验证。综合上述拟合得到的参数，计算电池以不同电流放电时的电压曲线，与生产厂家提供的实验数据进行对比，如图 2-10 所示。可以看到，计算值与实验值吻合度很好，

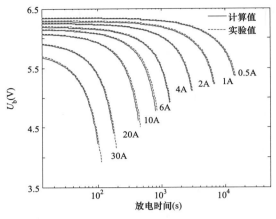

图 2-10　电压放电曲线拟合比较

从而验证了所搭建模型的准确性。对于充电电阻，可采用同样的方法进行拟合。

在实际应用中，单体电池需要大量串并联以满足系统对储能功率和容量的需求。由于单体电池的差异性，大规模储能系统的特性与单体电池差别较大，针对单体模型的参数将不再适用。但是，这里提出的戴维南等效电路模型和基于外特性实验数据的参数拟合方法仍然适用，但参数拟合也依赖于足够的储能电站性能测试数据。

2. 模型使用场景讨论

根据前文拟合得到的电池仿真模型参数可知，过电势网络的时间常数 $\tau = R_C C$ 为 0.02～1.2s。由此可见，在电力系统秒级应用中（如暂态及小干扰稳定控制、一次调频、秒级风电波动平抑等），储能电池需要频繁进行大功率充放电控制，此时超电势网络的过渡过程不可忽略。而电池储能的容量一般较大，S_{SOC} 在秒级仿真时间内变化较小，因此可忽略 S_{SOC} 的影响，即认为 E_b、R_S、R_1 恒定。此时仿真模型可采用下式表示

$$\begin{cases} C\dfrac{\mathrm{d}U_C}{\mathrm{d}t} + \dfrac{U_C}{R_1 + R_2(I_b)} = I_b \\ U_b = E_b - U_C - I_b R_S \end{cases} \tag{2-6}$$

在电力系统中长期应用中（如削峰填谷、分钟或小时级风电波动平抑、二次调频等），超电势网络的过渡过程可忽略，可采用电压源加内阻的简化模型，考虑内阻 R_e 随 S_{SOC} 和 I_b 的变化，仿真模型可表示为

$$U_b = E_b(S_{SOC}) - I_b R_e(S_{SOC}, I_b) \tag{2-7}$$

根据生产厂家提供的数据即可对 E_b 和 R_e 进行拟合，无须进行复杂且耗时的阻抗频谱或脉冲电流实验，从而大大简化了中长期仿真建模的复杂度。

图 2-11 所示为基于式（2-6）的戴维南等效电路复杂模型和基于式（2-7）的戴维南等效电路简化模型在短期频繁充放电场景下电池电压的比较，两种模型的差别较大。图 2-12 所示为在中长期控制仿真中的电流、电压比较，两种模型仅在电流发生变化的瞬间（见 1800s 的局部放大图）有所不同，静态特性没有差别，对中长期仿真研究影响不大。

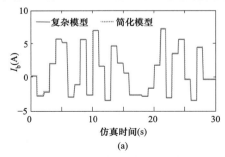
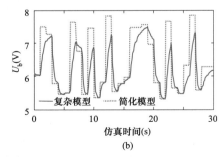

(a)　　　　　　　　　　　　　　(b)

图 2-11　频繁充放电电流下戴维南等效电路复杂模型和简化模型的电流、电压比较

（a）电流比较；（b）电压比较

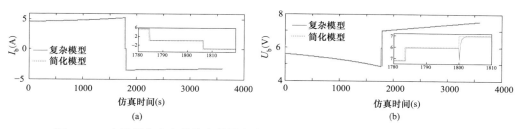

图 2-12　中长期仿真中戴维南等效电路复杂模型和简化模型的电流、电压比较

（a）电流比较；（b）电压比较

3. 模型比较

电池储能在电力系统中长期应用中，多数研究采用发电机/负荷的恒功率储能模型，认为在控制周期内储能输出功率保持不变，而 S_{SOC} 则按照下式进行计算

$$S_{SOC}(t)=S_{SOC}(t-1)-\eta P_t \times t/S_{Wh} \tag{2-8}$$

式中　P_t ——t 时段储能发出的功率，W；

　　　t ——控制间隔，s；

　　　S_{Wh} ——额定瓦时容量，Wh；

　　　η ——充放电效率。

然而从前面的分析可知，电池充放电过程通常以电流 I_b 为控制变量，此时电压 U_b 是随之变化的，因此在控制周期内储能的输出功率无法保持恒定值。若要实现恒功率输出，应及时调整控制电流，此时电池运行于变电流模式，其 S_{SOC} 的变化将不再是线性的。采用式（2-7）的戴维南等效电路简化模型，仿真电池工作于恒功率模式（40W），其中控制周期为 1min，仿真时间为 30min，电池的电压、电流及 S_{SOC} 曲线如图 2-13 所示。

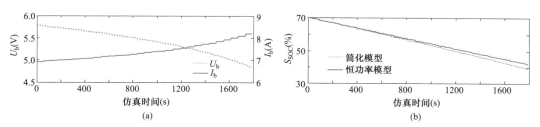

图 2-13　给定输出功率时电池的电压、电流及 S_{SOC} 曲线

（a）电池电压及电流曲线；（b）S_{SOC} 曲线

可以看到，由于电压的持续跌落，为了维持输出功率为指定值，电流需要不断增大，导致 S_{SOC} 的下降比恒功率模型快。同理，充电时戴维南等效电路简化模型的 S_{SOC} 上升会比常规恒功率模型慢。因此，采用常规恒功率模型对 S_{SOC} 的估计是不准确的，会对电池储能容量优化及基于 S_{SOC} 的储能控制效果有所影响。

2.2.2　储能模型在风电平抑中的应用

1. 储能模型平抑风电波动仿真

基于 2.2.1 建立的储能模型，以平抑分钟级风电波动为例，讨论常规模型和所提出模型对平抑波动效果及储能容量规划的影响。

以某风电场单台风电机组的出力为控制对象，风电机组额定功率为 1.5MW。仿真时间为

24h，储能控制周期 T_a 为 10min，电池种类选取 Yuasa NP10-6，其参数见表 2-3。储能电站电池单体个数 N 为 50。由于仿真时间尺度为小时级，因此储能模型选取简化模型。

　　风储联合控制策略流程图如图 2-14 所示，通过滑动平均滤波的方法滤除高频分量，仅对风电的低频分量进行控制，调度下发的风储联合系统出力目标 P_t 取为日前风功率预测的平均值。另外，为防止过充或过放导致电池永久性的伤害，根据实际应用情况选取电池电压作为监测指标，超过安全阈值则将储能功率置为零，截止电压与充放电电流有关。

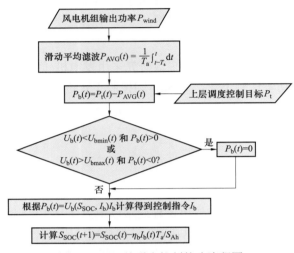

图 2-14　风储联合控制策略流程图

　　风电机组、储能和联合系统功率曲线如图 2-15 所示。可以看出，储能系统可根据风电输出调整其出力，使得联合系统出力维持在控制值（550kW）附近，因此联合系统的输出功率的中长期波动性大大降低。

　　但是从图 2-15 也可以看出，7~9h 和 17~18h 两个时段联合系统的出力出现了较大的偏差。从单体电池的电压、电流和 S_{SOC} 曲线（图 2-16）可以看出，这两个时段分别是由于电池的持续充/放电使得电压升高/跌落至截止电压，导致保护动作切断储能系统。可见，此时储能的容量仍不能满足控制要求。

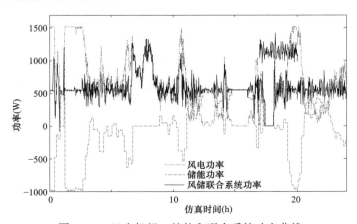

图 2-15　风电机组、储能和联合系统功率曲线

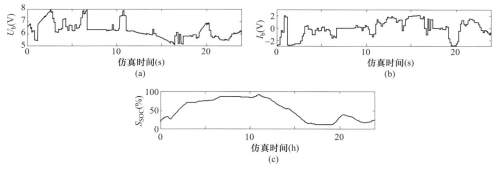

图 2-16 单体电池的电压、电流和 S_{SOC} 曲线

（a）电压曲线；（b）电流曲线；（c）S_{SOC} 曲线

2. 不同储能模型对平抑效果及储能容量优化的影响

下面比较所采用的戴维南等效电路简化模型和常规恒功率模型对平抑效果及储能容量优化的影响。两种模型采用相同的控制策略，由于恒功率模型没有对储能内部变量进行建模，因此采用 S_{SOC} 作为截止判断条件：若 $S_{SOC} > 90\%$ 或 $S_{SOC} < 10\%$，则切断储能系统。

取风力机额定功率的 20% 作为功率波动阈值，计算不同储能容量（电池单体个数）下联合系统功率波动在阈值内的概率，结果如图 2-17 所示。

分析图 2-17 所示的曲线趋势可知：

（1）随着储能容量的增加，功率波动不断减小。而由于控制策略以风电 10min 的平均值作为输入，当风速变化较为剧烈时，储能无法进行有效的跟踪，因此最终满足控制要求的功率波动概率不随容量增加而继续增加，而是趋向于小于 1 的稳定值。这部分的功率波动可通过调整平滑滤波时间常数得到抑制。

（2）容量较小时戴维南等效电路简化模型功率波动较大，容量较大时相反，这是两种模型采用不同的截止条件和不同的 S_{SOC} 计算方法造成的。在本例中，电池处于充电状态的时间较长，是导致波动性最主要的因

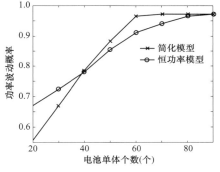

图 2-17 不同容量下功率波动满足阈值要求的概率

素。当容量较小时，电池工作电流大，导致电压持续上升，戴维南等效电路简化模型比常规恒功率模型更早达到截止条件从而切断储能；随着容量的增大，充电情况下常规恒功率模型的 S_{SOC} 偏大，更早达到 S_{SOC} 阈值导致切断储能，因此波动性反而大于戴维南等效电路简化模型。当容量继续增大，对于两种模型来说，容量不足都已不是功率波动的瓶颈因素，两者趋于一致。

由此可见，采用常规恒功率模型的主要问题如下：

（1）充电时 S_{SOC} 偏大，而放电时 S_{SOC} 偏小，而容量规划与仿真的充放电时段有关，由此得到的容量优化结果可能偏大或偏小，造成结果验证的不确定性。

（2）由于电池的可用容量与充放电电流满足普克特方程，在变电流工况下传统定义的 S_{SOC} 无法有效体现电池可用容量，因此在实际应用中多采用不同充放电电流下的电压阈值作为截止判断条件。常规恒功率模型采用不变的 S_{SOC} 阈值作为截止条件，在电流较大时可能导

致电池过充或过放，造成电池永久性的伤害。

综上，在中长期容量规划和运行优化中，戴维南等效电路简化模型比常规恒功率模型更符合储能电站的物理、化学特性，因此中长期应用中采用戴维南等效电路简化模型。

2.3 小　　结

电池储能在提高风电接入能力方面具有广阔的应用前景，建立较为准确的仿真模型是理论研究和应用的基础。本章建立了系统级的多时间尺度电池储能仿真模型，该模型具有以下优点：

（1）模型基于戴维南等效电路，可在一定程度上体现电池的电化学反应过程。模型参数考虑了 S_{SOC}、充放电电流、温度等因素的影响，同时基于实验数据可拟合得到参数。

（2）模型在电力系统短期仿真中，需考虑超电势网络，以及充放电电流对其参数的影响；在电力系统中长期仿真中，可忽略超电势网络，采用理想电压源加内阻的简化模型，并计及充放电电流、S_{SOC} 对参数的影响。

（3）本章建立的戴维南等效电路模型可对电池内部电压、电流进行建模，因此可基于电压、电流计算 S_{SOC} 和判定运行截止条件，使得该模型更符合实际电池储能电站的物理、化学特性，从而为电池储能电站规划和运行优化控制提供更有效的仿真和验证工具。

单体模型与系统模型参数存在较大差别，而针对大规模电池储能电站的相关实验和测试条件目前尚不够成熟，因此采取先进的数据挖掘技术，研究电池单体与模块模型参数的关系，总结得到电池模型参数的扩展规律，从而减小大规模储能电站模型参数拟合对实验数据的依赖性，是进一步的研究方向。

参　考　文　献

[1] 陆秋瑜，胡伟，郑乐，等. 多时间尺度的电池储能系统建模及分析应用 [J]. 中国电机工程学报，2013，33（6）：86−93.

[2] 严干贵，冯晓东，李军徽，等. 用于松弛调峰瓶颈的储能系统容量配置方法 [J]. 中国电机工程学报，2012，32（28）：27−35.

[3] 于芃，周玮，孙辉，等. 用于风电功率平抑的混合储能系统及其控制系统设计 [J]. 中国电机工程学报，2011，31（17）：127−133.

[4] YANG T C. Initial study of using rechargeable batteries in wind power generation with variable speed induction generators [J]. IET Renewable Power Generation，2008，2（2）：89−101.

[5] YUAN Yue，ZHAN Xinsong，JU Ping，et al. Applications of battery energy storage system for wind power dispatchability purpose [J]. Electric Power Systems Research，2012，93：54−60.

[6] 李妍，荆盼盼，王丽，等. 通用储能系统数学模型及其 PSASP 建模研究 [J]. 电网技术，2012，36（1）：51−57.

[7] PAPIC I. Simulation model for discharging a lead-acid battery energy storage system for load leveling [J]. IEEE Transactions on Energy Conversion，2006，21（2）：608−615.

［8］ 张步涵，曾杰，毛承雄，等. 电池储能系统在改善并网风电场电能质量和稳定性中的应用［J］. 电网技术，2006，30（15）：54－58.

［9］ SALAMEH Z M，CASACCA M A，LYNCH W A. A mathematical model for lead-acid batteries ［J］. IEEE Transactions on Energy Conversion，1992，7（1）：93－98.

［10］ Technical Marketing Staff of Gates Energy Products，Inc. Rechargeable batteries application handbook ［M］. New York：Newnes，1998.

［11］ LEE J，NAM O，CHO B H. Li-ion battery SOC estimation method based on the reduced order extended Kalman filtering［J］. Journal of Power Sources，2007，174（1）：9－15.

［12］ WAAG W，KÄBITZ S，SAUER D U. Experimental investigation of the lithium-ion battery impedance characteristic at various conditions and aging states and its influence on the application［J］. Applied Energy，2012，102：885－897.

［13］ BARSOUKOV E，MACDONALD J R. Impedance spectroscopy theory，experiment，and applications ［M］. Second Edition. New Jersey：John Wiley & Sons，Inc.，2005.

［14］ HUET F. A review of impedance measurements for determination of the state-of-charge or state-of-health of secondary batteries［J］. Journal of Power Sources，1998，70（1）：59－69.

［15］ Yuasa Inc. Datasheet of sealed rechargeable lead-acid battery NP10－6［EB/OL］.［2012－11－24］ http://www. yuasa-tr.com/PDF_ler/NP10_6.pdf.

［16］ SALKIND A J，SINGH P，CANNONE A，et al. Impedance modeling of intermediate size lead‐acid batteries［J］. Journal of Power Sources，2003，116（1－2）：174－184.

［17］ NOSH K M，ALEXANDER K. An enhanced dynamic battery model of lead-acid batteries using manufacturers'data［C］//28th Annual International Telecommunications Energy Conference. Providence，RI：IEEE，2006：1－8.

储 能 系 统 规 划

近年来，大规模储能技术得到了快速发展。随着大规模储能系统（Energy Storage System，ESS）的应用，传统电力系统中电能不能大量储存的特性将在一定程度上发生转变，同时，由于储能系统能够快速吸收或释放电能，能够有效地弥补可再生电源波动性的缺点，从而为大规模风电集中并网问题提供了全新的解决思路。然而，由于地理位置、技术和经济等各种因素限制，储能系统远无法满足庞大电力系统无限制和任意地使用。因此，必须规划和优化利用储能系统，充分发挥各类发电资源的互补优势，最大限度提高储能系统应对风电随机特性的能力。

此外，在储能系统规划问题中应该计及风电功率的随机特征，使得储能系统的规划结果具有更强的适应性。在随机优化模型中如何精确刻画和描述风电功率的随机性特征也是储能系统规划问题中需建模和求解的难点。两阶段随机优化、机会约束优化、确定性场景法等数学模型均被引入储能系统容量规划问题的研究，为求解含随机变量的优化问题提供了丰富的思路和方法。

然而，目前的规划研究中，存在如下几个问题：

（1）优化储能系统规划时，几乎没有考虑储能系统布局和网络架构对电力系统的影响。目前我国的储能项目规划以省级电网为基本单位，引入储能后，系统的有功潮流和无功潮流的分布都会随着储能系统布局的不同而变化，有可能会引发一些经济性和安全性问题。

（2）目前关于储能系统容量配置的研究大多集中在改善风电场功率波动，提高风电场并网点电压、频率稳定性等局部问题方面，而从全网调峰角度考虑利用储能系统提高电网接纳风电能力的深入研究鲜有报道。

本章针对含风电的电力系统中的储能系统规划问题，分别从储能系统规划方法和储能系统优化规划模型两个方面，对储能系统的容量配置和布点规划等问题进行阐述。

3.1 储 能 系 统 规 划 方 法

3.1.1 应用于调峰的储能容量松弛配置法

利用大规模电池储能系统对电网负荷"削峰填谷"，减少日负荷波动幅度，可以缓解发电机组对负荷追踪调控的负担，使电网具备更多向下调节容量来接纳风电。基于给定的负荷特性，分析储能系统配置容量与其改善负荷波动水平之间的关系，以储能系统投资成本、经济效益为约束，以综合效益最大为目标，提出一种用于松弛调峰瓶颈的大规模储能系统容量优化配置方法。

1. 风电功率对负荷峰谷差的影响分析

风电功率具有波动性、不可准确预测性的特点，将其作为负的负荷与电网负荷叠加，可得风电接入后电网等效负荷。根据风电出力对电网日负荷峰谷差的改变模式不同，可将风电的调峰效应分为正调峰和反调峰 2 种情况。

图 3-1 所示为东北某省电网风电正调峰、反调峰效应的典型曲线。图中 ΔP_d 为日负荷峰谷差，$\Delta P_{d,ref}$ 为等效日负荷峰谷差。

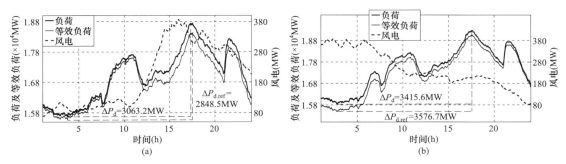

图 3-1 风电正调峰和反调峰的典型曲线

（a）风电正调峰；（b）风电反调峰

风电正调峰效应是指风电的日出力曲线与电网日负荷曲线正相关，风电与负荷叠加可等效减小负荷峰谷差，如图 3-1（a）所示。风电反调峰效应是指风电的日出力曲线与电网日负荷曲线反相关，风电与负荷叠加可等效增大负荷峰谷差，如图 3-1（b）所示。另外，当风电出力与电网负荷水平达到一定比例时，风电还可能出现过调峰效应。风电过调峰效应是指风电的日出力曲线与电网日负荷曲线正相关，但风电出力的峰谷差大于电网负荷峰谷差，风电与电网负荷叠加后可等效增大电网负荷峰谷差。

以东北某省 2010 年风电与负荷数据为例，负荷全年最大值为 20 216MW，风电装机容量为 2028.1MW。取每日 0:00～5:00 为负荷低谷时间段，17:00～20:00 为负荷高峰时间段，统计负荷低谷时间段内风电出力最大值与高峰时间段内风电出力最小值，比较两数值大小作为风电正调峰与反调峰的依据，即当负荷低谷时段风电功率最大值小于负荷高峰时段风电功率最小值，此时风电为正调峰，反之为反调峰。风电正调峰、反调峰概率分布见图 3-2。

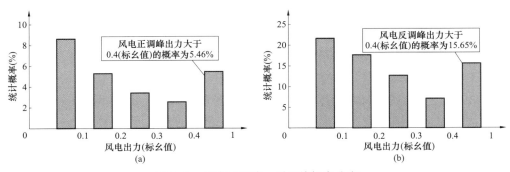

图 3-2 风电正调峰、反调峰概率分布

（a）正调峰概率分布；（b）反调峰概率分布

统计全年结果表明：风电正调峰发生的概率为 25.3%，反调峰发生的概率为 74.7%；风电以大于 0.4 倍装机容量参与系统正调峰的概率为 5.46%，风电以大于 0.4 倍装机容量参与系统反调峰的概率为 15.65%。由以上分析可知，全年风电调峰效应以反调峰为主，而在负荷低谷时段，往往是风电大发时段，也是电网向下调峰能力最不充裕时段，风电全额并网将增加电网负荷低谷时段的调峰负担。

2. 电网低谷时段风电接纳容量计算方法

对于给定的日负荷曲线，在满足其最大、最小值情况下，计及发电厂厂用电率和输电网损率确定发电机组开机方式，上网发电机组最大输出功率为

$$P_{g.max} = (1 - \delta_g - \delta_{line}) \left(\sum_{i=1}^{n} P_{peaki} + \sum_{j=1}^{m} P_{forcej} \right) + (1 - \delta_{line}) P_{line.max} \tag{3-1}$$

上网发电机组最小输出功率为

$$P_{g.min} = (1 - \delta_g - \delta_{line}) \left(\sum_{i=1}^{n} C_{gi} P_{peaki} + \sum_{j=1}^{m} P_{forcej} \right) + (1 - \delta_{line}) P_{line.min} \tag{3-2}$$

式中　　$P_{g.max}$——上网发电机最大发电功率之和，MW；

　　　　$P_{g.min}$——上网发电机最小发电功率之和，MW；

　　　　P_{peaki}——包括水电机组在内的上网调峰机组额定出力，MW；

　　　　P_{forcej}——不能参与调峰，但必须正常运行的机组的强迫出力，MW；

　　　$P_{line.max}$——负荷高峰时段系统联络线功率，MW；

　　　$P_{line.min}$——负荷低谷时段系统联络线功率，MW；

　　　　δ_g——火电厂厂用电率，MW；

　　　　δ_{line}——输电网损率，MW；

　　　　C_{gi}——调峰机组最小技术出力系数。

我国风力资源丰富地区多以火电调峰为主，在安排机组开机方式时应考虑留有一定的备用容量以应对风电波动性。在电网负荷低谷时段火电调峰机组留有的向下调节容量定义为低谷时段电网最大可接纳风电容量，其计算公式可表示为

$$P_{wind} = P_{min} - P_{g.min} \tag{3-3}$$

式中　　P_{wind}——低谷时段电网最大可接纳风电容量，MW；

　　　　P_{min}——电网低谷负荷，MW。

图 3-3 中 P_{wmax} 为最大风电功率，区域 I 为上网发电机组出力可调节范围。当风电出力超出调峰机组向下调节能力时（图中区域 II 的 t_1 至 t_2 时刻），如果电网全额接纳此部分风电，调峰机组将被迫减小出力至非常规出力状态甚至停机调峰，这将严重影响电网运行的安全性和经济性。因此，负荷低谷时刻电网接纳风电的能力最小，而此时往往又是风电大发时段，负荷低谷时段调峰机组向下调节容量不足已成为制约既有电网风电接纳规模的瓶颈。

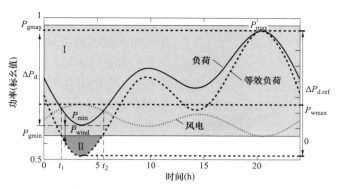

图 3-3　电网负荷低谷时段可接纳风电容量示意图

3. 松弛调峰瓶颈的储能系统容量配置方法

配置大规模储能系统对电网负荷削峰填谷，可实现部分负荷的时空平移，减少电网等效负荷峰谷差，进而松弛电网向下调峰"瓶颈"，使既有电网有能力接纳更大容量风电。由于储能系统价格相对昂贵，因此有必要研究综合考虑储能成本、收益等因素的储能系统容量优化配置方法，使储能系统的投资与收益达到最佳经济平衡点。

（1）利用储能系统提高电网负荷低谷时段的风电接纳机理。在电网日开机方式给定的情况下，由于负荷高峰、低谷的持续时间往往比较短，配置一定规模储能以平移上述峰、谷负荷，可以有效减小电网负荷峰谷差。假设储能系统充、放电功率足够大，日充放电 1 次，所配置容量与负荷峰谷差的改善水平之间存在如下关系

$$E = \frac{1}{\eta_{\text{discharge}}} \int_0^{t_1} [P(t) - P_{\text{ref.max}}] \mathrm{d}t = \eta_{\text{charge}} \int_{t_2}^{24} [P_{\text{ref.min}} - P(t)] \mathrm{d}t \qquad （3-4）$$

$$\Delta P = (P_{\text{max}} - P_{\text{min}}) - (P_{\text{ref.max}} - P_{\text{ref.min}}) \qquad （3-5）$$

式中　　P_{max} ——峰负荷功率，MW；

　　　　P_{min} ——谷负荷功率，MW；

　　　　P ——电网日负荷持续曲线函数，MW；

　　　　$P_{\text{ref.max}}$ ——经储能系统平移后的峰负荷功率，MW；

　　　　$P_{\text{ref.min}}$ ——经储能系统平移后的谷负荷功率，MW；

　　　　E ——储能系统配置容量，MWh；

　　　　η_{charge} ——储能系统充电效率；

　　　　$\eta_{\text{discharge}}$ ——储能系统放电效率；

　　　　ΔP ——负荷峰谷差减小值，MW。

利用储能系统平移峰谷负荷后，在既有电网开机方式下可提高的风电接纳容量为

$$\Delta P_{\text{wind}} = P_{\text{ref.min}} - P_{\text{min}} \qquad （3-6）$$

式中　　ΔP_{wind} ——利用储能系统所提高的风电接纳容量，MW。

电网日负荷持续曲线见图 3-4。由式（3-4）、图 3-4 可知，当储能系统配置容量 E 一定时，利用储能系统对电网负荷削峰填谷，减小负荷峰谷差的大小取决于电网负荷曲线特性 P。当电网负荷峰谷差 ΔP_{d} 较大且负荷高峰持续时段 0～t_1、低谷持续时段 t_2～24 较短时，配置较

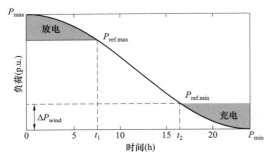

图 3-4　电网日负荷持续曲线

少容量的储能系统可明显减少负荷峰谷差，促使电网在低谷时段节省更多向下调峰容量接纳风电，如式（3-6）所示；反之，当电网负荷峰谷差ΔP_d较小且负荷高峰持续时段 0～t_1、低谷持续时段 t_2～24 较长时，利用储能系统减小等量的电网负荷峰谷差需要更多容量的储能系统。

（2）储能系统效益分析。将储能系统的经济效益归纳为电量效益、环境效益、运行效益 3 类，并分别予以分析。

1）电量效益。利用储能系统对负荷"削峰填谷"，可有效抬高低谷负荷，使电网腾出更多向下调节容量接纳风电。定义储能系统"填谷"带来的电网多接纳风电电量效益为储能系统的电量效益。

在储能系统运行寿命周期内，储能系统"填谷"所带来的电网多接纳风电电量可按下式计算

$$E_{P_{\text{wind}}} = \sum_{k=1}^{365n} \int_{t_{l2k}}^{t_{l1k}} f_{P_{\text{wind}}}(t)\mathrm{d}t \tag{3-7}$$

$$f_{P_{\text{wind}}}(t) = \begin{cases} 0, P_{\text{w}}(t) \leqslant P_{\text{wind}} \\ P_{\text{w}}(t) - P_{\text{wind}}, P_{\text{wind}} \leqslant P_{\text{w}}(t) \leqslant P_{\text{wind}} + \Delta P_{\text{wind}} \\ \Delta P_{\text{wind}}, P_{\text{w}}(t) \geqslant P_{\text{wind}} + \Delta P_{\text{wind}} \end{cases} \tag{3-8}$$

式中　　t_{l1k} ——第 k 天负荷低谷时段开始时间；

　　　　t_{l2k} ——第 k 天负荷低谷时段结束时间；

　　　　n ——储能系统的使用寿命，年；

　　　　$E_{P_{\text{wind}}}$ ——在寿命期限内配置储能系统使电网多接纳的风电电量，MWh；

　　　　$f_{p_{\text{wind}}}(t)$ ——t 时刻电网多接纳的风电功率，MW；

　　　　$P_{\text{w}}(t)$ ——t 时刻的风电可发电力，MW。

由式（3-7）、式（3-8）可知，负荷低谷时段电网多接纳的风电电量不仅与储能系统提高的电网低谷时段风电接纳容量ΔP_{wind}有关，还与电网负荷低谷时段 t_{l1}～t_{l2} 的大小以及风电出力曲线在此时段内的分布特性 P_{w} 有关。当ΔP_{wind}一定且风电在负荷低谷时段有足够的可发功率时，负荷低谷时段电网多接纳的风电电量 $E_{P_{\text{wind}}}$ 将随着电网负荷低谷时段的增加而增大。

储能系统使用寿命期限内的电量效益可按下式计算

$$R(E) = C_{\text{w}} E_{P_{\text{wind}}} \tag{3-9}$$

式中　　C_{w} ——风电电价，元/MWh；

　　　　R ——储能系统使用寿命期限内的电量效益，元；

　　　　E ——储能系统配置容量，MWh。

2）环境效益。风电是一种清洁能源，储能系统使电网低谷时刻多接纳风电，从而减少了部分高耗能火电机组对外界污染物的排放量，主要是减少一氧化碳、碳氢化合物和二氧化

碳的排放量，改善环境。定义储能系统使电网节省的环境投资为储能系统的环境效益。

储能系统的环境效益可按下式计算

$$T(E)=C_f E_{P_{\text{wind}}}+\left(\sum_{i=1}^{m} p_{\text{metal}i}\eta_{\text{metal}i}-p_{\text{handle}}\right)\eta_{\text{energy}}E \qquad （3-10）$$

式中　　T——储能系统的环境效益，元；

$\quad\quad C_f$——火电机组生产单位电能的环境投资，元/MWh；

$\quad p_{\text{metal}i}$——金属 i 的价格，元/t；

$\quad \eta_{\text{metal}i}$——单位质量储能电池中金属 i 的含量；

$\quad p_{\text{handle}}$——处理单位质量废电池所需要的支出，元/t；

$\quad \eta_{\text{energy}}$——储能系统能重比，t/MWh；

$\quad\quad E$——储能系统配置容量，MWh。

3）运行效益。定义储能系统低储高发运行模式下由分时电价（负荷低谷电价便宜、负荷高峰电价昂贵）而赚取的收益为储能系统的运行效益。

储能系统的运行效益可按下式计算

$$W(E) = C_{\text{discharge}}E\eta_{\text{discharge}} - C_{\text{charge}}E / \eta_{\text{charge}} \qquad （3-11）$$

式中　C_{charge}——电网低谷时段的电价，元/MWh；

$\quad C_{\text{discharge}}$——电网高峰时段的电价，元/MWh；

$\quad\quad W$——储能系统的低储高发运行效益，元；

$\quad\quad E$——储能系统配置容量，MWh。

由式（3-11）可知，在上网分时电价给定的情况下，储能系统的运行效益由储能系统的配置容量 E 及储能系统的充放电效率 η_{charge}、$\eta_{\text{discharge}}$ 共同决定。储能系统的运行效益与储能系统的配置容量 E 成正比；提高储能系统的充放电效率可相应增大单位容量储能系统的运行效益。

（3）储能系统容量优化配置方法。综合考虑储能系统经济效益及投资成本，以储能系统运行年限内的总收益最大为目标，构建了一种储能容量配置优化目标函数

$$S(E) = \max\{R(E) + T(E) + W(E) - E \times Q\} \qquad （3-12）$$

式中　S——储能系统的最大收益，元；

$\quad\quad E$——储能系统配置容量，MWh；

$\quad\quad Q$——储能系统容量价格，元/MWh。

式（3-1）～式（3-12）构成了用于松弛调峰瓶颈的储能系统容量优化配置模型，其最优容量配置由电网运行特性（上网机组最低出力 $P_{\text{g.min}}$、厂用电率及输电网损率 δ_{los}、δ_{line}）、电网负荷特性（波动特性 P，最大、最小负荷功率 P_{max}、P_{min}）、储能系统特性（容量成本 Q，充放电效率 η_{charge}、$\eta_{\text{discharge}}$）及其低储高发运营效益（C_{charge}、$C_{\text{discharge}}$）、风电低谷出力特性（P_{wind}）、风电电量效益和环境效益（C_{w}、C_f）等多种因素共同决定。

基于本章提出的用于松弛调峰"瓶颈"的储能系统容量配置方法及约束关系可知，当 P_{min} 较小并且持续时间较短时，根据式（3-4）～式（3-6），配置少量储能即可明显抬高 P_{min}，

增加电网负荷低谷时段的风电接纳容量 ΔP_{wind}，根据式（3-7）～式（3-9），储能系统的电量效益 R 和环境效益 T 快速增加，致使储能系统的经济效益大于投资成本；当 $P_{\min}$ 超过某值并且持续时间较长时，根据式（3-4）可知此时所需的储能系统容量 E 将随之增加，虽然根据式（3-11），储能系统运行效益 W 也会增加，但风电出力可信度低的特点将导致电网实际接纳的风电电量 $E_{P_{\text{wind}}}$ 远远小于电网可接纳的风电电量，这限制了储能系统的电量效益 R 和环境效益 T，考虑到当前储能系统昂贵的容量价格 Q，造成储能系统的经济效益小于储能系统的投资成本。因此必然存在最优的储能系统配置容量，使其投资成本和经济效益达到最佳的经济平衡点。

4. 算例分析

本实例以辽宁省电网为例，考虑电池储能系统投资成本、运行效益、多接纳风电效益等因素，分析使储能系统的综合效益达到最大的储能系统容量的优化配置。

（1）算例条件。假设电网典型日负荷曲线如图3-5所示，其高峰负荷为18 500MW，低谷负荷为15 000MW；忽略电网强迫出力机组和联络线交换功率，以满足最大、最小负荷为原则安排火电机组的开机方式如表3-1所示，各调峰机组出力不能小于最小运行方式；风电功率采用该省相应年风电功率预测数据，辽宁省相应年风电总装机容量为2028.1MW，全年各时段风电功率出力期望分布如图3-6所示。算例给定计算条件如下：

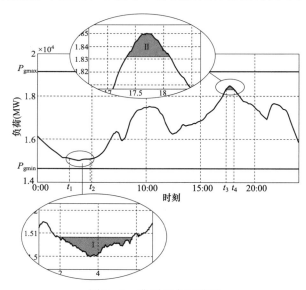

图3-5　典型日负荷曲线

表3-1　　　　　　　　　　　火 电 机 组 开 机 方 式

机组类型（MW）	机组台数	额定出力（MW）	最小出力（MW）
600	4 台（常规）	600	420
	2 台（供热）		470
350	9 台（常规）	350	250
	6 台（供热）		300

机组类型（MW）	机组台数	额定出力（MW）	最小出力（MW）
300	9 台（常规）	300	180
	6 台（供热）		210
200	13 台（常规）	200	140
	10 台（供热）		160
100	10 台（常规）	100	70
	12 台（供热）		80
合　计		19 150	14 630

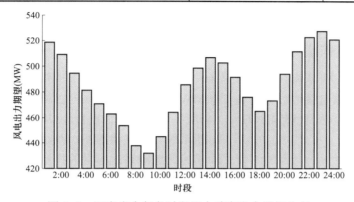

图 3-6　辽宁省全年各时段风电功率出力期望分布

1）忽略火电厂厂用电率与输电网损率，即 $\delta_{los}=0\%$，$\delta_{line}=0\%$。

2）风电上网价格 $C_w=600$ 元/MWh；火电机组生产单位电能的环境成本 $C_f=230$ 元/MWh。

3）应用于实际工程的锂离子电池储能系统容量价格为 900～1700 美元/kWh。本章选择 900 美元/kWh 的价格，按照费率为 6.4 的原则换算成人民币为 $Q=576$ 万元/MWh；充放电效率 η_{charge} 和 $\eta_{discharge}$ 均为 90%，储能系统运行周期 $n=10$ 年。

4）为简化计算，本算例进行合理假定：在储能系统运行周期内，电网日负荷持续曲线不变，负荷低谷时段为 3:00～5:00，高峰时段为 17:21～18:07，配置储能系统在负荷低谷时段充电，负荷高峰时段放电，以减小等效负荷峰谷差。

5）电网分时电价如表 3-2 所示。

表 3-2　　　　　　　　　电 网 分 时 电 价

项　目	负荷低谷	负荷高峰
电价（元/MWh）	400	900
时段	3:00～5:00	17:30～18:30

（2）结果分析。在给定条件下，由式（3-3）可知该电网低谷时段最大可接纳风电容量为 $P_{wind}=15\,000-14\,630=370$（MW）。

由图 3-7 可知，随着储能系统容量配置的增加，电网等效负荷峰谷差减小量也随之增加，但是等效负荷峰谷差减小量的变化率逐渐变小。

由图 3-8 可知，随着储能系统容量的增加，其提高的电网接纳风电容量及电网多接纳的风电电量也随之增加，但两曲线的变化率逐渐变小。

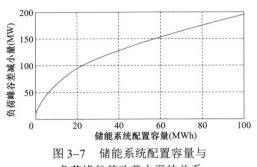

图 3-7 储能系统配置容量与
负荷峰谷差改善水平的关系

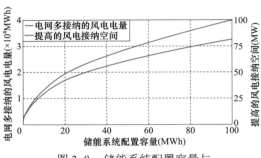

图 3-8 储能系统配置容量与
改善风电并网规模对应图

根据式（3-12）可求得在给定计算条件下，配置 13.46MWh 的锂离子电池储能系统，电网负荷低谷时段的风电接纳容量增加 39.1MW，在其寿命期限内，可使电网多接纳风电电量 1.39MWh，综合收益达到 5554.8 万元，储能系统的一次性投资为 7752.9 万元。当配置的储能系统容量继续增加，系统多接纳风电的经济收益增速比储能系统容量的投资增速要小，且大规模电池储能系统造价昂贵，所以当储能系统配置容量超过 43MWh 时，储能系统的一次性投资为 24 768 万元，超过了储能系统带来的经济收益，综合收益变为负值，如图 3-9 所示。

由以上分析可知，配置储能系统是改善负荷水平，提高风电并网能力的有效手段，然而储能系统价格昂贵的特点限制了其大规模应用。随着技术发展，储能系统价格势必会下降。因此，有必要研究储能系统价格下降对其容量配置的影响。

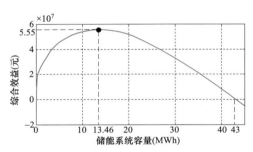

图 3-9 储能系统综合效益与容量配置示意图

图 3-10 中曲线 1 为不同储能价格下储能系统的最优配置容量曲线。图 3-11 中曲线为负荷一年低谷时段风电累积出力曲线，区域 I 为电网本身每年可接纳的风电电量。

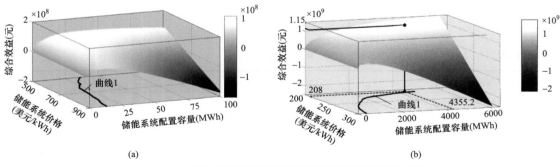

(a)   (b)

图 3-10 储能系统价格对储能系统配置容量影响示意图
（a）价格区间 500～900 美元/kWh；（b）价格区间 200～300 美元/kWh

由图 3-10、图 3-11 和表 3-3 可知，随着储能系统价格的下降，其最优配置容量显著提高，其带来的经济效益也明显增加。这也验证了上述储能系统价格昂贵是限制其大规模应用的主要因素。由图 3-10（b）可知，当储能系统价格降为 208 美元/kWh 时，可提高风电接纳容量 1300MW，减小的负荷峰谷差占电网最大负荷的比例为 11.23%，加上电网低谷时段本身可接纳风电容量 370MW，考虑到图 3-11 所示负荷低谷时段风电的最大出力为 1750MW，相当于电网已全额接纳了低谷时段的风电。若此时继续增加储能系统配置容量，储能系统的综合效益将

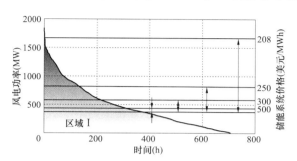

图 3-11　不同容量价格下储能系统每年提高风电接纳电量示意图

不再明显增加，这是由于储能系统在当前价格下的运行效益与储能系统的投资成本持平，而风电已无再多的电量供电网接纳，储能系统的电量效益、环境效益不再增加，其综合效益达到恒定。储能系统的价格继续下降时，储能系统的运行效益会超过储能系统的投资成本，其综合效益将随着储能系统配置容量的增加而增加。

表 3-3　　　　　　　　　　储能系统价格对其容量优化配置的影响

价格（美元/kWh）	900	700	500	300	208
配置容量（MWh）	13.46	19.98	36.70	396.18	4355.2
投资（万元）	7752.9	8951.0	11 744	76 067	579 764
最大效益（万元）	5554.8	7714.7	11 024	26 747	117 260
E_{Pwind}（10Y）（MWh）	138 700	169 000	215 000	602 000	1 390 000
ΔP_{wind}（MW）	39.1	48.2	62.8	210	1300
$\Delta P/P_{max}$（%）	0.424 4	0.519 1	0.679 6	2.18	11.23

3.1.2　应对风电波动的储能容量鲁棒配置方法

以含多风电场的电力系统为研究对象，在输电线路结构和容量确定的条件下，充分利用现有可调机组的功率输出范围应对风电功率波动。在系统调节能力受限时，在合适的节点配置一定功率容量的储能系统提供额外的风电功率波动调节能力，维持含大规模风电的电力系统的安全、经济运行。

将鲁棒优化理论应用于应对风电波动特性的储能容量优化问题，求解过程中不依赖于风电出力的概率分布函数，以风电区间替代风电出力变量进行鲁棒对等转换并求解。所得结果能应对风电在优化区间内的任意波动，避免在运行过程中由于风电波动出现备用容量不足或调度计划的大幅度调整，避免潮流的大范围转移，保证风电在一定波动范围内具有足够的备用容量。

1. 鲁棒优化理论

鲁棒优化理论（Rubust Optimization，RO）作为一种发展较成熟的优化理论，能够处理

包含不确定参数集合的优化问题。Kang 在 2008 年提出了一种基于随机变量分布信息的鲁棒线性优化方法（简称 SCK 模型），该方法允许最优解以一定的概率违反部分约束以权衡最优解的鲁棒性和经济性，具有很强的工程实用性。

对于最小化线性规划问题

$$
\begin{aligned}
\min \quad & cx \\
\text{s.t.} \quad & Ax \leq b \\
& l \leq x \leq u
\end{aligned}
\tag{3-13}
$$

在式（3-13）中，$x \in \mathbf{R}^n$ 为决策变量；$u, l \in \mathbf{R}^n$ 分别为决策变量的上下限；$c \in \mathbf{R}^n$ 为目标函数系数向量；$b \in \mathbf{R}^m$、$A \in \mathbf{R}^{mn}$ 为不等式约束的系数矩阵。为不失一般性，假设随机变量只出现在不等式系数矩阵 A 的元素中，系数矩阵 c 和 b 中的随机变量均可转化为矩阵 A 中的随机参数。a_{ij} 为矩阵 A 的第 i 行第 j 列的元素，$a_{ij} \in \left[a_{ij}^L, a_{ij}^U \right]$，均值为 $\bar{a}_{ij}$。记 $t_{ij}^B = \bar{a}_{ij} - a_{ij}^L$，$t_{ij}^F = a_{ij}^U - \bar{a}_{ij}$。假设每两个不等式约束之间的随机变量相互独立。记 J_i 为系数矩阵 A 中第 i 行中随机变量的集合，$|J_i|$ 为集合 j 中元素的个数。对不等式 i 引入鲁棒性指标 Γ_i（$\Gamma_i \leq |J_i|$），则不等式 i 中随机变量的变化范围与鲁棒性指标 Γ_i 存在集合关系

$$
\Re_i(\Gamma_i) = \left\{ a_i \left| \begin{array}{l} a_{ik} \in \left[\bar{a}_{ik} - \beta_{ik} t_{ik}^B, \ \bar{a}_{ik} + \beta_{ik} t_{ik}^F \right], \\ 0 \leq \beta_{ik} \leq 1, \sum_{k \in J_i} \beta_{ik} \leq \Gamma_i \end{array} \right. \right\}
\tag{3-14}
$$

式中　　a_i——矩阵 A 第 i 行随机变量向量；

a_{ik}——a_i 中第 k 个元素；

β_{ik}——由鲁棒性指标决定。

由此，系数矩阵含随机变量的最小化线性规划模型式（3-13）可转化为对应的鲁棒对等模型

$$
\begin{aligned}
\min \quad & cx \\
\text{s.t.} \quad & \sum_{j=1}^{n} \bar{a}_{ij} x_j + \Gamma_i z_i + \sum_{k \in J_i} p_{ik} \leq b_i, \quad i = 1, \cdots, m \\
& z_i + p_{ik} \geq t_{ik}^F x_k, \qquad\qquad i = 1, \cdots, m, \forall k \in J_i \\
& z_i + p_{ik} \geq -t_{ik}^B x_k, \qquad\quad i = 1, \cdots, m, \forall k \in J_i \\
& z_i \geq 0, \ p_{ik} \geq 0, \qquad\qquad i = 1, \cdots, m, \forall k \in J_i \\
& l \leq x \leq u
\end{aligned}
\tag{3-15}
$$

在式（3-15）中，z_i 和 p_{ik} 是鲁棒转化过程中引入的新决策变量，并没有实际物理意义。鲁棒性指标 Γ_i 在取值范围内变化，可在解的鲁棒程度与解的经济性中进行折中。

可见，鲁棒优化理论在处理电力系统随机优化问题时，具有如下优势：

（1）以出力上下限和出力平均值来描述风电场出力，参数获取容易，通用性强，贴近工程实际。

（2）优化结果直观，易于理解，其所制订的方案能应对随机风电在给定范围内所有的波动变化，适应性强，且可在系统的经济性和安全性两方面之间进行协调，提供灵活的决策方案。

（3）模型转化过程简单，易于实现。

（4）最终模型为通用型模型，可利用商业软件进行求解，适合于大规模应用。

2. 含多风电场的电力系统储能装置配置模型

以含多风电场的电力系统为研究对象，在输电线路结构和容量确定的条件下，充分利用现有可调机组的功率输出范围应对风电功率波动。在系统电源调节范围有限或电网输电能力不足的场景下，通过在合适的节点配置一定容量的储能装置提供额外的风电功率波动调节能力，以提高风电的有效接纳容量。

（1）储能装置优化配置的随机规划模型。为计及输电网架的影响，基于直流潮流模型建立随机优化模型，其中不同地点并网的风电场出力均视为随机变量，以反映其随机特性。

对于可安装储能装置的节点，将储能装置所需功率容量作为决策变量。目标函数取所有储能装置可配置节点的功率容量之和最小

$$\min \sum_{k \in EB} e_k^{\max} \tag{3-16}$$

式中　$e_k^{\max}$——节点 k 需要配置的储能系统最大功率容量；

　　　　EB——允许的储能系统配置节点集合，元素个数为 I_{EB}。

系统的安全运行约束条件如下。

1）节点功率平衡约束

$$-\boldsymbol{B\theta} + \boldsymbol{g}_{\mathrm{s}} + (\boldsymbol{g}_{\mathrm{f}} + \Delta \boldsymbol{g}_{\mathrm{f}}) + \boldsymbol{\omega} + \boldsymbol{e} = \boldsymbol{d} \tag{3-17}$$

式中　$\boldsymbol{\theta}$——节点相角向量；

　　　　$\boldsymbol{B}$——确定网架下的节点导纳矩阵；

　　　　$\boldsymbol{d}$——负荷有功向量；

　　　　$\boldsymbol{g}_{\mathrm{s}}$——不可调机组的计划安排运行容量向量；

　　　　$\boldsymbol{g}_{\mathrm{f}}$——可调机组的均值出力变量，反映其参与系统功率平衡的平均出力信息；

　　　　$\boldsymbol{\omega}$——风电场有功功率向量，此处作随机变量考虑，以反映风电场出力随机波动特性对系统功率平衡的影响；

　　$\Delta \boldsymbol{g}_{\mathrm{f}}, \boldsymbol{e}$——分别为可调机组和储能系统应对风电功率波动的功率调整变量，均作为随机变量考虑。

2）风电功率波动范围约束

$$\boldsymbol{\omega}^{\mathrm{L}} \leqslant \boldsymbol{\omega} \leqslant \boldsymbol{\omega}^{\mathrm{U}} \tag{3-18}$$

式中　$\boldsymbol{\omega}^{\mathrm{L}}, \boldsymbol{\omega}^{\mathrm{U}}$——风电场节点的风电功率最小可能出力和最大可能出力。

考虑到规划问题的时间尺度和工程实际，可以将随机变量风电功率描述为确定性出力均值与风电功率波动随机变量的总和，即

$$\boldsymbol{\omega} = \boldsymbol{\mu}_{\mathrm{W}} + \Delta \boldsymbol{P}_{\mathrm{W}} \tag{3-19}$$

式中　$\boldsymbol{\mu}_{\mathrm{W}}$——风电场出力均值反映了该地区的风资源平均条件，基于历史平均风速或运行数据可获得风电场的平均功率信息；

　　$\Delta \boldsymbol{P}_{\mathrm{W}}$——随机变量反映了风电场出力偏离出力均值的程度，$-w^{\mathrm{B}} \leqslant \Delta \boldsymbol{P}_{\mathrm{W}} \leqslant w^{\mathrm{F}}$。

其中

$$w^{\mathrm{F}} = \boldsymbol{\omega}^{\mathrm{U}} - \boldsymbol{\mu}_{\mathrm{W}}, \quad w^{\mathrm{B}} = \boldsymbol{\mu}_{\mathrm{W}} - \boldsymbol{\omega}^{\mathrm{L}} \tag{3-20}$$

式中 w^F，w^B——风电场有功功率的最大上波动向量和最大下波动向量。

3）可调机组运行约束

$$g_f^{min} \leq g_f + \Delta g_f \leq g_f^{max} \qquad (3-21)$$

式中 g_f^{min}，g_f^{max}——可调机组的最小出力和最大出力。可调机组的输出功率由平均出力和应对风电功率波动的调整变量组成，总输出功率必须满足机组运行上下限的限制。

4）储能系统功率容量约束

$$-e^{max} \leq e \leq e^{max} \qquad (3-22)$$

储能系统最大功率配置容量应不小于储能系统响应风电功率波动的输出调节能力。

5）支路潮流约束

$$F_L = A_L \theta \qquad (3-23)$$

$$-\overline{f_L} \leq F_L \leq \overline{f_L} \qquad (3-24)$$

式中 F_L——支路潮流向量，元素个数为 I_M；

A_L——支路潮流与节点相角之间的联接关系；

$\overline{f_L}$——支路传输容量极限。节点功率平衡约束包含风功率波动随机变量，因此支路潮流也呈现随机性。支路潮流的变化范围必须在线路传输容量极限的允许范围内，才能保证系统安全运行。

6）可调机组功率调整变量、储能系统功率配置变量与风电功率波动的应对关系。本模型假设系统内所有灵活资源都参与风电功率调节，即风电功率的随机性对系统有功功率平衡的影响由可调机组和储能系统共同承担。

可调机组功率调整变量与风电功率波动的反向线性调整关系为

$$\Delta g_f = -T \Delta P_W \qquad (3-25)$$

式中 T——可调机组的功率平衡灵敏度系数矩阵，元素 T_{ij} 表示可调机组 i 响应风电场 j 单位功率波动量的能力，$T_{ij} > 0$。

储能系统功率配置变量与风电功率波动的反向线性调整关系为

$$e = -M \Delta P_W \qquad (3-26)$$

式中 M——储能系统的功率平衡灵敏度系数矩阵，元素 M_{kj} 表示储能系统 k 响应风电场 j 单位功率波动量的能力，$M_{kj} > 0$。

对风电场 j 来说，系统内所有灵活资源应对该风电场功率波动的调整能力应与该风电场的功率波动相当，即

$$\sum_{k \in EB} M_{kj} + \sum_{i \in GB} T_{ij} = 1, \quad j \in WB \qquad (3-27)$$

式中 GB——系统可调机组接入的节点集合，元素个数为 I_{GB}；

WB——系统风电场接入节点集合，元素个数为 I_{WB}。

上述式（3-16）~式（3-27）构成含多风电场的电力系统储能配置模型，为含随机变量的线性规划模型。

模型的最优解为允许配置储能节点的储能功率容量。若最优解为零，说明系统现有风电接纳能力充裕，能够应对风电功率波动，无需配置储能。反之，由于运行约束的限制，需要在解不为零的储能配置节点增加相应功率容量的储能装置，以提高系统对风电的接纳能力。

需要说明的是，本章储能配置模型的目标是在保证整个系统功率平衡条件下实现风电功率全接纳，因此未考虑弃风和切负荷等其他调节手段。

（2）随机规划模型的鲁棒对等转换。鲁棒线性优化方法提供了一种处理线性规划模型中随机变量的方法，基于有限的参数信息即可建立模型，求解过程也可避免对随机变量概率分布的依赖。同时，鲁棒优化方法将随机变量在确定性范围内变化的最差场景纳入模型中，保证了最优解在整个随机变量确定性变化范围内的鲁棒性。因此，本章所提出的储能装置优化配置模型采用鲁棒线性优化方法进行求解。

1）变量简化和确定性等式约束处理。利用直流潮流模型线路潮流与节点注入功率之间的线性灵敏度关系进行降阶处理以简化变量。将含随机变量的等式约束式（3-17）代入支路潮流约束式（3-23）消去节点相角变量，得到节点注入功率与支路潮流的关系式和系统功率平衡约束式

$$S \times F_{\mathrm{L}} + g_{\mathrm{s}} + (g_{\mathrm{f}} + \Delta g_{\mathrm{f}}) + \omega + e = d \tag{3-28}$$

$$\sum_{n \in LB} d_n = \sum_{s \in UB} g_s + \sum_{i \in GB} (g_{\mathrm{fi}} + \Delta g_{\mathrm{fi}}) + \sum_{j \in WB} (\mu_{\mathrm{wj}} + \Delta P_{\mathrm{wj}}) + \sum_{k \in EB} e_k \tag{3-29}$$

式中　S——确定的输电线路结构下线路潮流与节点注入功率的关系矩阵；

　　　LB——系统负荷节点集合；

　　　UB——系统不可调机组接入节点集合。

将约束式（3-28）代入支路传输能力约束式（3-24）可得含随机变量的不等式约束

$$-\overline{f}_{\mathrm{L}} \leqslant S^{-1}[d - g_{\mathrm{s}} - (g_{\mathrm{f}} + \Delta g_{\mathrm{f}}) - \omega - e] \leqslant \overline{f}_{\mathrm{L}} \tag{3-30}$$

进一步，将约束式（3-25）、式（3-26）代入式（3-29），并结合式（3-27）可得到不含随机变量的确定性系统功率平衡约束式（3-31），反映了风电功率均值出力水平下的系统功率平衡状态

$$\sum_{n \in LB} d_n = \sum_{s \in UB} g_s + \sum_{i \in GB} g_{\mathrm{fi}} + \sum_{j \in WB} \mu_{\mathrm{wj}} \tag{3-31}$$

确定性等式约束组包括系统功率平衡约束式（3-31）和功率平衡线性分配策略约束式（3-27）。

2）含随机变量的不等式约束处理。风电功率波动 ΔP_{W} 是本储能配置模型中唯一的主动性随机变量，可调机组功率调整变量、储能系统功率配置变量和线路潮流均受到风电功率波动的影响，将含随机变量的不等式约束式（3-30）、式（3-25）和式（3-26）统一为仅含随机变量 ΔP_{W} 的不等式约束组，即

$$\begin{cases} S^{-1}\left(d - g_{\mathrm{s}} - g_{\mathrm{f}} - \mu_{\mathrm{W}} - (1 - T - M)\Delta P_{\mathrm{W}}\right) \leqslant \overline{f}_{\mathrm{L}} \\ -S^{-1}\left(d - g_{\mathrm{s}} - g_{\mathrm{f}} - \mu_{\mathrm{W}} - (1 - T - M)\Delta P_{\mathrm{W}}\right) \leqslant \overline{f}_{\mathrm{L}} \end{cases} \tag{3-32}$$

$$g_{\mathrm{f}}^{\min} \leqslant g_{\mathrm{f}} - T\Delta P_{\mathrm{W}} \leqslant g_{\mathrm{f}}^{\max} \tag{3-33}$$

$$-e^{\max} \leqslant -M\Delta P_{\mathrm{W}} \leqslant e^{\max} \tag{3-34}$$

根据鲁棒优化方法，随机变量 ΔP_{W} 描述为鲁棒区间集合

$$\Re(\Gamma) = \left\{ \mathbf{\Delta P_W} \middle| \Delta P_{Wj} \in \left[-\beta_i w_j^B, \ \beta_i w_j^F \right], 0 \leqslant \beta_i \leqslant 1, \sum_{i=1}^{WB} \beta_i \leqslant \Gamma \right\} \qquad (3-35)$$

其中，鲁棒性指标 Γ 小于等于系统中风电场接入个数。含随机变量的不等式约束组式（3-32）~式（3-34）可转化为鲁棒对等确定性模型。

由此，含多风电场的电力系统储能配置模型式（3-16）~式（3-27）最终整理为由确定性等式约束和鲁棒对等不等式约束组成的确定性模型，实现了随机规划模型的确定性转化。转换后的鲁棒对等确定性模型可采用线性规划方法进行求解。

3. 算例分析

为了验证所提出的储能配置模型的有效性，采用 Garver 6 节点系统进行算例分析。假设系统接入四座风电场，风电场参数如表 3-4 所示，修正的 Garver 6 节点系统接线图如图 3-12 所示，其中节点 3 和节点 5 之间的线路数 $N_{3-5}=2$。假设所有机组均具有调节能力。为不失一般性，假设储能系统配置节点不受限，即系统中所有节点均可配置储能系统。为分析最大风电功率波动下系统接纳风电能力的充裕程度和受限因素，计算过程中取鲁棒性指标 $\Gamma=4$，即等于风电场接入个数。

表 3-4   风 电 场 参 数   单位：MW

节点号	1	3	4	5
装机容量	49.5	99	49.5	49.5
出力均值	20	35	20	30
最小出力	0	0	0	0

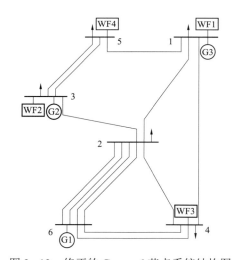

图 3-12 修正的 Garver 6 节点系统结构图

储能装置配置结果反映了含风电的电力系统是否具备充足的调节能力应对风电随机波动。因此，设置了以下三种限制场景。

限制场景 1：网架输电能力不足。

限制场景 2：电源调节能力不足。

限制场景 3：同时考虑网架输电能力和电源调节能力不足的情况，分析风电接纳能力的优化分配。

下面分别予以介绍。

（1）限制场景 1。假设运行机组的出力下限按照 50%~60% 选取，出力上限按照装机容量选取，机组运行方式如表 3-5 所示。储能系统功率最优配置方案如表 3-6 所示。

表 3-5   场景 1 中机组运行范围   单位：MW

节点号	1	3	6
出力上限	150	360	600
出力下限	90	180	300

表3-6		场景1储能系统配置方案						单位：MW
节点号		1	2	3	4	5	6	
储能功率	$N_{3-5}=2$	0	0	6.0	0	42.5	0	
储能功率	$N_{3-5}=3$	0	0	0	0	0	0	

线路潮流绝对值的变化范围如表3-7中$N_{3-5}=2$列所示，此时支路3-5极限输送容量为200MW。由表3-7可见，考虑多个风电场出力的随机波动后，该线路潮流的变化范围上限达到输送功率极限，线路输送能力不足将限制和影响支路3-5两端的注入节点功率变化。

为了分析网架输电能力对系统风电功率波动接纳能力的限制作用，在支路3-5增加一条线路后重新测试，此时该支路极限输送容量为300MW，计算结果表明无需配置储能即可接纳全部风电，对应的储能配置结果和线路潮流绝对值的变化区间同列于表3-6和表3-7中。对比可知，支路3-5输电能力不足是限制系统现有电源接纳风电功率波动能力的主要因素。支路3-5扩容后，各机组均值出力经过优化调整，既满足风电均值水平下的有功平衡，也预留了足够的风电功率波动调节备用范围，故没有储能系统配置需求。

表3-7			不同网架结构下线路潮流绝对值区间			单位：MW
$N_{3-5}=2$			$N_{3-5}=3$			
支路	下限	上限	支路	下限	上限	
1-2	89.4	90.7	1-2	90.3	91.3	
1-4	71.6	71.7	1-4	72.3	72.7	
1-5	84.9	98.4	1-5	88.3	95.1	
2-3	89.2	90.3	2-3	88.9	94.4	
2-4	89.5	90.6	2-4	90.0	91.5	
2-6	297.4	390.3	2-6	301.8	390.2	
3-5	159.6	200.0	3-5	236.4	295.6	
4-6	166.5	197.9	4-6	167.8	197.9	

（2）限制场景2。为分析机组调节能力对储能系统配置的影响，假设系统网架输电能力充足，将图3-12所示网架的输电能力扩容2倍，缩小机组可调运行范围，如表3-8所示。对应的储能系统功率配置方案如表3-9所示。可调机组的均值出力和应对风电功率波动须保证的运行调整区间如表3-10所示。从表3-9和表3-10可得，在充足的系统输电容量下，为了保证风电均值水平下的有功功率平衡，由于机组受到了可调运行范围的限制，不能承担的功率平衡调整部分由储能系统完成，以提高系统的灵活调节能力，实现风功率波动的全接纳。由于网架约束被放松，结果仅能说明储能配置对系统接纳风电和应对其功率波动的能力不足的补偿作用，布点结果不具有更多意义。

表3-8	场景2中机组运行范围			单位：MW
节点号	1	3	6	
出力上限	150	280	500	
出力下限	120	200	300	

表 3-9		场景 2 储能系统配置方案				单位：MW	
节点号	1	2	3	4	5	6	
储能功率	3.3	3.3	3.4	3.3	3.4	3.3	

表 3-10   可调机组运行鲁棒区间   单位：MW

节点号	均值出力	运行调整区间	
		下限	上限
1	141.9	121.3	150.0
3	257.9	204.0	280.0
6	445.2	311.1	500.0

（3）限制场景 3。同时考虑系统存在电源调节能力不足和电网输电能力的限制，基于限制场景 1 的输电网架和限制场景 2 的机组运行方式，并取鲁棒性指标 $\varGamma$ 等于风电场接入个数，对应的储能系统配置方案如表 3-11 所示。结合表 3-6 和表 3-11 可见，储能系统的最优布点在输电网架薄弱环节节点 3、5 之间线路两侧，以削弱薄弱输电支路两端节点注入功率的随机变化对支路潮流分布的影响。

表 3-11   场景 3 储能系统配置方案   单位：MW

节点号	1	2	3	4	5	6
储能功率（N_{3-5}=2）	0	0	26.0	0	42.5	0

可调机组与储能系统参与平衡各个风电场功率波动的灵敏度系数优化结果如图 3-13 所示。功率平衡灵敏度系数越大，说明可调机组和储能系统应对该节点风电功率波动的能力越强。由图 3-13 可以看出，节点 1 机组出力仅能平衡风电均值出力水平下的有功功率，应对风电波动的能力有限。节点 3 机组仅能对同节点接入的风电场功率随机波动进行反向线性调整，而节点 6 机组在线路输送功率允许条件下，其应对风功率波动的调节范围分配于节点 1、3、4 接入的风电场。由机组调节范围有限和网架传输容量限制导致了风电功率波动应对能力不足，则由节点 3 和节点 5 配置的储能系统进行补偿，通过接纳同节点的风电功率和给予相邻节点风电场功率波动的调整补偿支持，合理分担系统接纳风电能力受限导致的风电功率波动应对压力。

鲁棒性指标 $\varGamma$ 等于风电场接入个数时的最优解，表示为了应对所有风电场的最大波动范围，需要配置的最小储能容量和最优布点。通过减小 $\varGamma$ 取值可松弛风电波动范围的约束，以减小储能系统功率容量的配置需求。鲁棒性指标 $\varGamma$ 与最小储能配置功率容量的关系如图 3-14 所示。可见，随着鲁棒性指标的减小，系统对额外储能功率配置的容量需求随之减小。系统风电场出力的波动范围减小，被违反的概率只有当所有风电场出力的波动范围能够完全被系统有限的风电调节能力所接纳时，储能系统的配置结果才为零。若允许牺牲部分风电波动范围，则可以得到更为经济的储能配置结果。

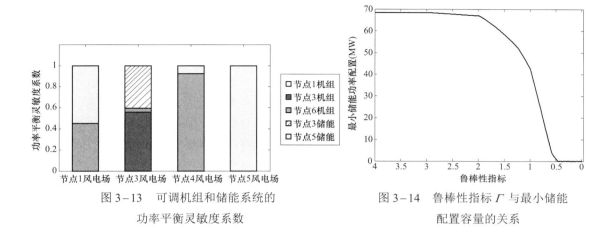

图 3－13　可调机组和储能系统的
功率平衡灵敏度系数

图 3－14　鲁棒性指标 Γ 与最小储能
配置容量的关系

3.2　储能系统优化规划

采用分层优化的思想，提出双层决策（Bi-Level Programming，BLP）模型，将长时间尺度的规划问题放在外层优化中求解，将短时间尺度的运行问题放在内层优化中求解，根据不同优化问题的具体表现形式，选择不同的优化算法来求解，并经过多次数值仿真实验，最终总结出一套基于遗传算法的数值优化算法。另外，将储能布局包含在规划问题中考虑，虽然增加了优化的难度，但能使规划问题更加全面和贴近实际。

3.2.1　双层决策问题模型

双层决策问题是一种具有两层递阶结构的系统优化问题，外层优化问题和内层优化问题都有各自的目标函数和约束条件。外层优化问题的目标函数和约束条件不仅与外层优化问题的决策变量相关，还依赖于内层优化问题的最优解，而内层优化问题的最优解又受外层优化问题的决策变量的影响。双层决策问题的数学模型如下

$$(\text{BLP}) \quad \begin{cases} \min\limits_{x} F(x,y) \\ \text{s.t.} \quad g(x,y) \leqslant 0 \end{cases} \qquad （3-36）$$

其中 y 是下面问题的解

$$\begin{cases} \min\limits_{y} f(x,y), \\ \text{s.t.} \quad h(x,y) \leqslant 0 \end{cases} \qquad （3-37）$$

在式（3－36）、式（3－37）中，$x \in R^{n_x}$，$y \in R^{n_u}$ 分别称为外层优化问题和内层优化问题的决策变量；$F, f: R^{n_x+n_y} \to R$ 分别称为外层优化问题和内层优化问题的目标函数；$g: R^{n_x+n_y} \to R^{n_u}$，$h: R^{n_x+n_y} \to R^{n_l}$ 分别称为外层优化问题和内层优化问题的约束条件。

在电力系统的应用中，如果内、外层优化问题分别都是凸连续可微的，最优性条件能够满足，最优解是存在的。但是，双层优化问题的解析解难以得到，只能通过数值解法进行迭代逼近，满足一定的收敛条件后，即认为达到了最优。

3.2.2 综合优化模型

本章提出的双层决策模型中，外层优化模型负责求解储能系统的规划问题，主要包括储能的布局和容量配置。内层优化模型负责求解储能系统的运行问题，主要包括储能系统及常规机组在考虑风电出力情况下的运行情况。下面分别进行介绍。

1. 外层优化问题

外层优化的决策变量为储能系统的配置地点、配置容量和最大输入、输出功率；目标函数为整个系统的成本，包括储能的投资成本和系统的运行成本，如发电成本、网损成本等；约束条件为系统的安全约束，包括潮流方程约束、节点电压和线路潮流安全约束等。为简化计算，储能系统的容量可以用储能装置的数量来表征，这样就能将连续的储能容量变量转化成离散的储能装置变量，从而将容量和布局统一为整数规划问题。外层优化的数学模型如下

$$
\begin{cases}
\min C_{\text{A\&O}} = C_{\text{investment}}(P_{\text{s}}, E_{\text{s}}, T_{\text{s}}) + C_{\text{operation}}(P_{\text{g}}, P_{\text{w}}, P_{\text{s}}) \\
\quad C_{\text{operation}} = C_{\text{generation}} + \eta_{\text{loss}} W_{\text{loss}} \\
\text{s.t.} \\
a \begin{cases}
P_{gi} + P_{wi} + P_{si} - P_{Li} = U_i \Sigma_j U_j (G_{ij} \cos\theta_{ij} + B_{ij} \sin\theta_{ij}) \\
Q_{gi} + Q_{wi} + Q_{si} - Q_{Li} = U_i \Sigma_j U_j (G_{ij} \sin\theta_{ij} - B_{ij} \cos\theta_{ij}) \\
U_i^{\min} \leqslant U_i \leqslant U_i^{\max} \\
W_{\text{loss}} = \sum_i U_i \sum_{j \in i} U_j G_{ij} \cos\theta_{ij}
\end{cases} \\
b \begin{cases}
P_{\text{g}}^{\min} \leqslant P_{\text{g}} \leqslant P_{\text{g}}^{\max}, Q_{\text{g}}^{\min} \leqslant Q_{\text{g}} \leqslant Q_{\text{g}}^{\max} \\
P_{\text{w}}^{\min} \leqslant P_{\text{w}} \leqslant P_{\text{w}}^{\max}, Q_{\text{w}}^{\min} \leqslant Q_{\text{w}} \leqslant Q_{\text{w}}^{\max} \\
P_{\text{s}}^{\min} \leqslant P_{\text{s}} \leqslant P_{\text{s}}^{\max}, Q_{\text{s}}^{\min} \leqslant Q_{\text{s}} \leqslant Q_{\text{s}}^{\max} \\
E_{\text{s}}^{\min} \leqslant E_{\text{s}} \leqslant E_{\text{s}}^{\min}
\end{cases} \\
c \{ P_{lij} \leqslant P_{lij}^{\min}
\end{cases}
\tag{3-38}
$$

式中 $C_{\text{A\&O}}$ ——储能系统投资和电力系统运行的总成本，以经济性最优为目标，由两部分构成；

$C_{\text{investment}}$ ——储能系统的日平均投资和维护成本，与储能装置的最大功率 P_{s}、最大容量 E_{s} 和设计使用年限 T_{s} 相关，体现了不同储能容量对目标函数的影响（本模型中以"日"作为结算周期，因此需要根据储能系统的设计使用年限，计算出日平均成本）；

$C_{\text{operation}}$ ——电力系统的日运行成本，包括发电成本和网损成本（$C_{\text{generation}}$ 是系统的发电成本，是内层优化的目标函数，由内层优化传递而来）；

$\eta_{\text{loss}} W_{\text{loss}}$ ——网损成本，体现了不同储能布局对目标函数的影响，网损值 W_{loss} 由潮流计算确定，采用网损电价 η_{loss} 统一为货币单位，美元/（kWh）。

$C_{\text{operation}}$ 体现了系统整体的运行成本，既与储能规划配置有关、又与储能日发电计划优化有关，是连接内外层的关键变量。

需要指出的是，$C_{\text{A\&O}}$ 中的两项体现了储能投资和系统运行对储能规划的影响。若不考虑储能投资，只考虑系统运行对储能规划的影响，外层优化的目标函数只包含电力系统运行成本项，即将外层优化的多目标转化为单目标。

约束条件中，下标 g、w、s、L 分别为发电机、风电、储能和负荷；i 为节点编号，如

P_{si} 为第 i 个节点处当前时间断面储能装置的有功出力,若该节点处没有储能装置,则 $P_{si}=0$。约束条件 a 为考虑风电和储能时当前时间断面的静态潮流约束和节点电压约束,考虑到风电场有自动电压控制,储能可以通过电力电子装置稳定电压,因此在本模型的静态潮流计算中,风电节点和储能节点都按照 PV 节点来参与计算。约束条件 b 为系统中电源的有功、无功出力约束和储能系统的容量约束,如发电机的出力上下限约束、储能的最大输出功率约束等;如果某优化结果下电源出力越限,为简化优化过程,认为该优化结果不合理并开始寻找下一个优化点,而不考虑 PV 节点和 PQ 节点的相互转换。约束条件 c 为线路传输容量约束,当系统联络线传输功率有限制时需要使用,其中 P_{lij} 为当前时间断面第 i 个节点到第 j 个节点线路的有功潮流。

储能系统的类别将会影响目标函数中 $C_{investment}$ 的构造和 $C_{operation}$ 的取值。不同储能系统的最大功率、最大容量和设计使用年限各不相同,因此投资运行成本也不尽相同;而储能系统的最大功率和最大容量将会影响系统的潮流分布,从而影响系统的运行成本。一般来说,储能系统的投资成本与最大功率和最大容量线性相关,设日维护成本在使用年限内为常数,即

$$C_{investment} = \frac{\eta_p P_s + \eta_s S_s}{T_s} + M \qquad (3-39)$$

式中　　η_p——储能系统的功率成本,美元/kW;

η_s——容量成本,美元/(kWh);

T_s——储能系统预期的使用天数;

M——日维护成本,美元;

$C_{investment}$——储能系统平均到每天的投资和运行维护成本(储能系统类别的差别将会显式地体现在 $C_{investment}$ 中,并隐式地体现在 $C_{operation}$ 中)。

电力调峰和电力阻塞是导致弃风的主要场景因素。电力调峰对外层优化没有影响;而电力阻塞主要体现在外层优化的约束条件 c 上。直观来看,电力阻塞场景倾向于将储能系统分布在受网架结构限制的风电场节点处。

外层优化的决策变量包含整型变量和连续变量,属于混合整数规划,常规寻优算法,如内点法、梯度下降法等难以求解。为了解决这个问题,采用基于遗传算法的智能算法。

外层优化的约束条件包含非线性的潮流计算,特别是涉及的系统较大时,潮流计算会消耗较大部分的计算时间,因此采用目前最常用同时计算速度最快的快速分解法来处理潮流计算。

综上,智能算法的使用很大程度上解决了常规算法难以解决的混合整数规划的问题,外层优化中复杂度最高的部分在于非线性的潮流计算和网损的计算上。潮流计算的复杂度与外层优化的决策变量的维度相关,具体说来与所研究的系统中包含的节点数目相关。系统节点数目越大,潮流计算的维度就越高,计算就越复杂。由于储能系统必然要接入整个系统而不是独立地存在,因此储能系统个数的增减,或者每个储能系统容量、功率的变化,影响的是系统中每个节点参与潮流计算时容量、功率的变化范围,但是这些不会影响到系统所包含节点的总数,也就不会影响到外层优化的复杂度,这点与以下要讨论的内层优化不尽相同。

2. 内层优化问题

如上所述,外层优化确定了储能的布局和容量,在此基础上,内层优化考虑储能的运行问题。一般来说,储能系统的调节周期小于或等于 1h,并且总容量有限,不会影响常规机组的启停计划。因此,内层优化实质上是一个考虑储能的只含功率分配阶段的简化机组组合(Unit

Commitment，UC）问题。内层优化的决策变量为储能系统和发电机在风电典型日的运行情况；目标函数为整个系统的运行成本，包括系统发电成本和弃风成本等；约束条件为系统的运行约束，包括功率平衡约束、系统安全约束、储能系统功率容量约束等。内层优化的数学模型如式（3-40）所示

$$
\begin{cases}
\min C_{\mathrm{generation}} = f_{\mathrm{gen}}(P_{\mathrm{g}}) + f_{\mathrm{pun}}(P_{\mathrm{g}}, P_{\mathrm{w}}, P_{\mathrm{s}}) \\[2mm]
f_{\mathrm{gen}}(P_{\mathrm{g}}) = \sum_{i=1}^{N_{\mathrm{g}}} \sum_{t=1}^{T} (a_i P_{git}^2 + b_i P_{git} + c_i) \\[2mm]
f_{\mathrm{pun}}(P_{\mathrm{g}}, P_{\mathrm{w}}, P_{\mathrm{s}}) = \sum_{j=1}^{N_{\mathrm{w}}} \sum_{t=1}^{T} \eta_{\mathrm{w}} (P_{wjt}^{\max} - P_{wjt}) \Delta t \\[2mm]
\mathrm{s.t.} \\[1mm]
a \begin{cases} \sum_{i=1}^{N_{\mathrm{g}}} P_{git} + \sum_{j=1}^{N_{\mathrm{w}}} P_{wjt} + \sum_{k=1}^{N_{\mathrm{s}}} P_{skt} - P_{Lt} = 0 \\[2mm] \sum_{i=1}^{N_{\mathrm{g}}} P_{gi}^{\max} + \sum_{j=1}^{N_{\mathrm{w}}} P_{wjt} + \sum_{k=1}^{N_{\mathrm{s}}} P_{skt} - P_{Lt} \geqslant R_t \end{cases} \\[6mm]
b \begin{cases} P_{gi}^{\min} \leqslant P_{git} \leqslant P_{gi}^{\max} \\[1mm] 0 \leqslant P_{wjt} \leqslant P_{wjt}^{\mathrm{pre}} \\[1mm] -P_{skt}^{\max} \leqslant P_{skt} \leqslant P_{skt}^{\max} \\[1mm] E_{sk}^{\min} \leqslant E_{skt} \leqslant E_{sk}^{\max} \end{cases} \\[6mm]
c \{ E_{skt+1} = E_{skt} - P_{skt} \Delta t \ (1 \leqslant t \leqslant T)
\end{cases}
\tag{3-40}
$$

式中 $C_{\mathrm{generation}}$——系统的日运行成本，包括发电成本和弃风成本，同时兼顾经济性最优和减少弃风。

发电成本由机组出力的二次函数形式表示，a_i、b_i 和 c_i 分别为成本系数，单位分别为美元/kW²、美元/kW 和美元；弃风成本由风电出力的一次函数形式表示，η_{w} 为风电的上网电价，单位为美元/kWh。

约束条件 a 为系统功率平衡及旋转备用的约束，下标 t 为时间；N_{g}、N_{w} 和 N_{s} 分别为系统中发电机、风力发电机和储能系统的数量；R_t 为 t 时段内系统的旋转备用量。约束条件 b 为发电机、风力发电机和储能的功率、容量限制，$P_{gi}^{\max}$ 为发电机出力最大值，一般取发电机的额定功率；$P_{gi}^{\min}$ 为发电机出力最小值，由电网当前运行方式确定；P_{wjt}^{pre} 为风电典型日在 t 时段内的最大输出功率；P_{wjt} 为考虑了弃风之后风力发电机在 t 时段内的实际平均输出功率；P_{skt} 为 t 时段内第 k 套储能系统的平均输出功率，正值表示放电，负值表示充电；$P_{skt}^{\max}$ 和 $E_{sk}^{\max}$ 分别为第 k 套储能系统的最大功率输出和总容量，是外层优化问题的决策变量，由外层优化问题计算完后传递给内层优化问题；$E_{sk}^{\min}$ 为第 k 套储能系统可接受的最小容量，由储能系统的类别确定。约束条件 c 为储能系统前后两个时段容量与输出功率之间的关系，t 为运行问题所考虑的时间间隔，如 1h。

储能类别主要影响内层优化的约束条件 c。对于功率型储能系统，如超级电容器，无法长时间提供平稳、持续的功率输出，因此运行问题所考虑的时间间隔不能太大，否则平均功率输出不能正确表示此类储能系统的输出特性。但是，如果时间间隔 t 取得太小，优化问题

的计算速度难以保证；而对于能量型储能系统则没有这方面的问题。因此，对于功率型储能系统，时间间隔 t 取 15min 比较合理；对于能量型储能系统，时间间隔 t 取 1h 比较合理。

内层优化的目标函数是二次形式，约束条件是线性约束，难点体现在决策变量的规模上。涉及较多的电源和较小的时间间隔时，内层优化决策变量的维数将成倍数增长，决策变量的维数如式（3–41）所示

$$\frac{24}{\Delta t}(2N_\text{g} + N_\text{w} + 2N_\text{s}) \tag{3–41}$$

例如，对于一个 10 机系统，其中有 1 台风电机、2 个储能装置，间隔取 15min 时决策变量的维数是 2208。大规模二次规划问题十分复杂，难以快速求解。采用分段线性化方法，将二次函数转化为分段线性函数，如图 3–15 所示，然后对线性函数寻优，可以节省大量计算时间。

近似线性化方法用符号表示如下

$$P = P_\text{min} + p_1 + p_2 + p_3 \tag{3–42}$$

$$f \approx H + K_1 p_1 + K_2 p_2 + K_3 p_3 \tag{3–43}$$

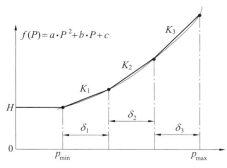

图 3–15　分段线性化近似成本曲线

式中，p_1、p_2、p_3 和 H 应满足如下条件

$$\begin{cases} H = a \cdot P_\text{min}^2 + b \cdot P_\text{min} + c \\ 0 \leqslant p_1 \leqslant \delta_1, p_2 = 0, p_3 = 0 \\ 0 < p_2 \leqslant \delta_2, p_1 = \delta_1, p_3 = 0 \\ 0 < p_3 \leqslant \delta_3, p_1 = \delta_1, p_2 = \delta_2 \end{cases} \tag{3–44}$$

为了确定参数 δ_1 和 K_1 的取值，我们采用最小二乘拟合方法，使分段线性化之后的成本曲线尽量贴近原有的曲线。并且注意到对于开口向上的二次曲线，任意端点在二次曲线上的线段都在二次曲线之上，因此最小二乘拟合中的平方项可以直接用直线与二次曲线之差来代替。将每一段等分成 M 份，则分段线性化之后第一段线性成本曲线与原曲线之差为

$$\Delta_1 = \sum_{i=1}^{M-1}\left[\left(H + K_1 \frac{i}{M}\delta_1\right) - f\left(P_\text{min} + \frac{i}{M}\delta_1\right)\right] = \frac{M^2-1}{6M} a\delta_1^2 \tag{3–45}$$

同理

$$\Delta_2 = \frac{M^2-1}{6M} a\delta_2^2 \tag{3–46}$$

$$\Delta_3 = \frac{M^2-1}{6M} a\delta_3^2 \tag{3–47}$$

于是，总的误差如式（3–48）所示

$$\Delta = \frac{M^2-1}{6M} a(\delta_1^2 + \delta_2^2 + \delta_3^2) \geqslant \frac{M^2-1}{6M} a \cdot \frac{(\delta_1 + \delta_2 + \delta_3)^2}{3} \tag{3–48}$$

当且仅当 $\delta_1 = \delta_2 = \delta_3 = P_\text{max} - P_\text{min}/3$ 时有

$$\begin{cases} K_1 = a\left(\dfrac{1}{3}P_{max} + \dfrac{5}{3}P_{min}\right) + b \\[2mm] K_2 = a(P_{max} + P_{min}) + b \\[2mm] K_3 = a\left(\dfrac{5}{3}P_{max} + \dfrac{1}{3}P_{min}\right) + b \end{cases} \qquad (3-49)$$

3. 求解算法

根据所提出模型的计算需求对遗传算法进行部分改进，以适应计算速度和收敛性要求，算法步骤如下：

（1）算法初始化，获取系统的网络参数和系统参数等。

（2）对外层优化的决策变量进行编码，储能安装地点采用格雷码编码方式，储能功率和容量采用二进制编码方式，随机产生 M 个初始个体。

（3）将随机产生的初始个体进行可行性检测，剔除可行域外的初始个体，并再次随机产生相同个数的初始个体，直到 M 个初始个体全部在可行域内为止。其中，后面遗传算法任意产生新个体的操作需要对新个体进行可行性检测，可行性检测包含两个步骤：① 对个体反编码，将储能容量和功率代入内层，进行优化计算，判断内层优化是否可解。若不可解，则该个体不可行；否则，记录对应的运行优化解；② 将运行优化解作为潮流计算的边界条件，计算系统当前断面的潮流解。判断潮流是否可解。若不可解，则该个体不可行；否则，记录对应的潮流解，可行性检测结束。

（4）对于电力阻塞场景，检验线路潮流是否超过传输功率限制。若超出限制，则调整内层优化相关机组出力，重新计算，得到内层优化的运行次优解，并记录。然后进行潮流计算，并记录潮流解。对于电力调峰场景，此步可省略。

（5）利用可行个体运行优化解和潮流解计算适应度函数值。

（6）对种群进行选择运算、交叉运算和变异运算，形成下一代种群。具体方法如下：

1）利用不同个体的适应度函数值，对可行个体进行选择运算，由于选择运算不产生新的个体，因此选择运算后无需进行可行性检测；

2）对选择运算产生的种群进行交叉运算，并对新产生的个体进行可行性检测；

3）对交叉运算产生的种群进行变异运算，并对新产生的个体进行可行性检测；

4）根据步骤（6）中 1）～3）的结果，形成新一代种群。

（7）判断是否达到最大遗传代数，若是，则计算结束，输出计算结果；否则，回到步骤（4）。

算法框图如图 3-16 所示。

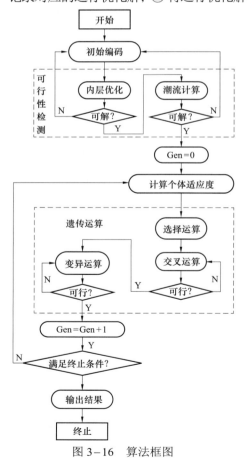

图 3-16　算法框图

3.2.3 仿真算例

1. 仿真系统说明

为验证本章所提出模型的有效性和适应性，将抽水蓄能和电池储能分别用于电力调峰场景和电力阻塞场景，探讨不同应用场景和不同优化目标下，储能系统的规划和运行情况。其中，抽水蓄能数据来自北方某抽水蓄能电站，装机容量范围为 50～400MW，水库最大工作深度为 45m，可供持续发电总容量为 2400MWh。电池数据来自大连某储能技术发展公司，电池模块化组装，可提供 5～50MW 功率输出，存储容量最大为 500MWh，最小为 50MWh。

仿真系统拓扑采用 IEEE 10 机 39 节点系统，如图 3-17 所示。其中，发电机 F 被标准风电机（场）替换，输出功率为内蒙古自治区某风电场风电典型日出力。其余常规发电机出力与标准模型一致，所有功率以 100MVA 为基值，进行标幺化处理后参与计算。算例场景如表 3-12 所示。仿真环境是 MATLAB 及 PSAT 工具包。

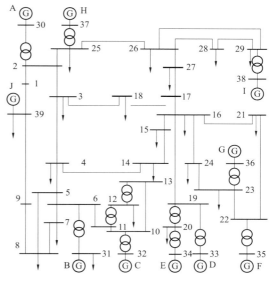

图 3-17 IEEE 10 机 39 节点系统拓扑图

电力阻塞场景中，设定节点 35 和节点 22 之间传输线的传输容量极限为 450MW。没有安装储能系统时，两种场景下风电预测出力与风电实际出力对比曲线分别如图 3-18 和图 3-19 所示。从图中可以看出，电力调峰场景下，弃风主要发生在 3:00～6:00，由于调峰限制而导致弃风；电力阻塞场景下，几乎全天都有弃风，调峰限制和传输限制都会导致弃风。

表 3-12　　　　　　　　　　　　算 例 场 景

项目	储能类型	储能个数	应用场景	优化目标
场景 1	抽水蓄能	1	电力调峰	总成本最小
场景 2	抽水蓄能	1	电力调峰	运行成本最小
场景 3	抽水蓄能	1	电力阻塞	总成本最小
场景 4	抽水蓄能	1	电力阻塞	运行成本最小
场景 5	电池储能	2	电力调峰	总成本最小
场景 6	电池储能	2	电力调峰	运行成本最小
场景 7	电池储能	2	电力阻塞	总成本最小
场景 8	电池储能	2	电力阻塞	运行成本最小

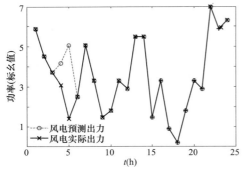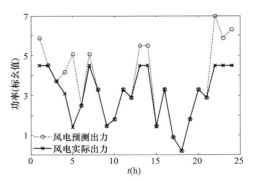

图 3-18　电力调峰场景风电预测出力与　　　图 3-19　电力阻塞场景风电预测出力与
　　　　　实际出力对比曲线　　　　　　　　　　　　实际出力对比曲线

2. 仿真结果

（1）场景 1。遗传算法进化至 14 代收敛。经过计算，得到抽水蓄能电站最优规划功率为 50MW，最优规划布点为 30 号节点。代入内层优化，即可得到包含储能系统的风电和抽水蓄能电站出力曲线，如图 3-20 所示。由于总成本的限制，最终优化结果倾向于安装功率最小的抽水蓄能机组，以减小总成本。此时，仍有大量风能由于系统常规机组调峰能力不足而被弃掉。

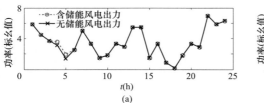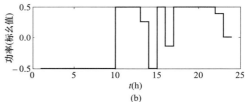

图 3-20　场景 1 风电及抽水蓄能出力曲线
（a）风电出力曲线；（b）抽水蓄能出力曲线

（2）场景 2。遗传算法进化至 17 代收敛。经过计算，得到抽水蓄能电站最优规划功率为 360MW，最优规划布点为 30 号节点。包含储能系统的风电出力曲线及抽水蓄能电站出力曲线如图 3-21 所示。此时不用考虑储能的投资成本，最终优化结果倾向于安装功率最大的抽水蓄能机组，以减少系统弃风。由抽水蓄能出力曲线可知，凌晨负荷低谷时段抽水蓄能充电，白天负荷高峰时段放电，调峰作用明显，并能大大减少弃风，但储能投资成本较大。

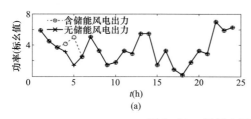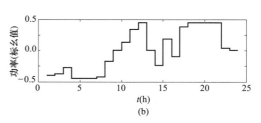

图 3-21　场景 2 风电及抽水蓄能出力曲线
（a）风电出力曲线；（b）抽水蓄能出力曲线

（3）场景 3。遗传算法进化至 13 代收敛。经过计算，得到抽水蓄能电站最优规划功率为

50MW,最优规划布点为 35 号节点。包含储能系统的风电出力曲线及抽水蓄能电站出力曲线如图 3-22 所示。由于总成本的限制,最终优化结果倾向于安装功率最小的抽水蓄能机组,这点与场景 1 是一致的。储能系统被安装在风力机节点处,是为了减少由于传输线容量限制而导致的弃风。

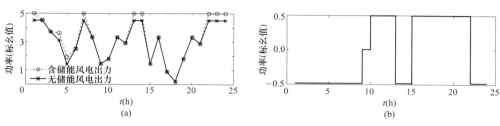

图 3-22　场景 3 风电及抽水蓄能出力曲线

(a)风电出力曲线;(b)抽水蓄能出力曲线

(4)场景 4。遗传算法进化至 25 代收敛。经过计算,得到抽水蓄能电站最优规划功率为 380MW,最优规划布点为 35 号节点。结果与场景 2 类似,不同的是电力阻塞场景下弃风量的减少更多,风电出力曲线及抽水蓄能电站出力曲线如图 3-23 所示。

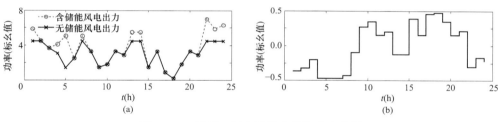

图 3-23　场景 4 风电及抽水蓄能出力曲线

(a)风电出力曲线;(b)抽水蓄能出力曲线

(5)场景 5。遗传算法进化至 19 代收敛。经过计算,电池储能系统最优规划布点为 14 号和 30 号节点,最优规划功率均为 5MW,最优规划容量均为 50MWh。储能系统的出力情况完全相同。储能的功率和容量较小,难以改善弃风情况,对潮流分布的影响也较小。

(6)场景 6。遗传算法进化至 40 代收敛。经过计算,电池储能系统最优规划布点为 30 号和 36 号节点,最优规划功率分别为 46、48MW,最优规划容量分别为 375、384MWh,储能系统的出力情况如图 3-24 所示。由于不考虑投资成本,因此储能功率与容量均接近最大设定值,此时对减少系统弃风有一定的改善作用。

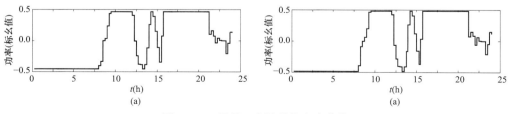

图 3-24　场景 6 电池储能出力曲线

(a)电池储能出力曲线(30 号母线);(b)电池储能出力曲线(36 号母线)

（7）场景 7。遗传算法进化至 17 代收敛。经过计算，电池储能系统最优规划布点为 30 号节点和 32 号节点，最优规划功率均为 5MW，最优规划容量均为 50MWh，与场景 5 类似，这里不再赘述。

（8）场景 8。遗传算法进化至 64 代收敛。经过计算，电池储能系统最优规划布点为 30 和 35 号节点，最优规划功率均为 50MW，最优规划容量分别为 180、500MWh，储能系统的出力曲线如图 3-25 所示，风电出力曲线如图 3-26 所示。由于不考虑电池储能投资成本，因此功率最终优化结果倾向于安装功率最大的电池模块，对减少系统弃风有一定的改善作用。

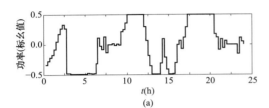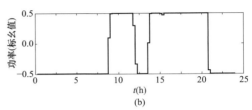

图 3-25　场景 8 电池储能系统出力曲线

（a）电池储能系统出力曲线（30 号母线）；（b）电池储能系统出力曲线（36 号母线）

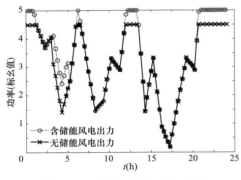

图 3-26　场景 8 风电出力曲线

3. 仿真结果分析

（1）调峰能力分析。各算例场景的仿真结果统计如表 3-13 所示。其中，个体计算时间定义为总计算时间除以计算个体总数，用于衡量算法的计算速度。

定义系统净负荷、原始负荷、储能出力，则可以统计出电力调峰场景下各负荷曲线，如图 3-27 所示。从图中可以看出，储能各应用场景均能减小负荷峰谷差，使负荷曲线更加平滑，方便常规机组调峰。

表 3-13　　　　　　　　　　　算 例 计 算 结 果

项目	布局（节点号）	容量（标幺值）	功率（标幺值）	个体计算时间（s）
场景 1	30	24	0.5	0.681 9
场景 2	30	24	3.6	0.608 3
场景 3	35	24	0.5	0.649 8
场景 4	35	24	3.8	0.616 7
场景 5	14/30	0.5/0.5	0.05/0.05	0.603 4
场景 6	30/36	3.7/3.8	0.46/0.48	0.669 4
场景 7	30/32	0.5/0.5	0.05/0.05	0.600 6
场景 8	30/35	1.8/5	0.5/0.5	0.685 6

（2）减少弃风能力分析。根据场景内层优化计算结果，统计电力阻塞场景中各场景、各时段的弃风情况，如图 3-28 所示，图中展示了系统有弃风的时段及各时段弃风量的大小。可以看出，以运行成本最优为目标的场景 4 和 8 弃风较少，代价是引入了较大容量和功率的储能系统；以总成本最优为目标的场景 3 和 7 虽然弃风较大，但是总成本更优。

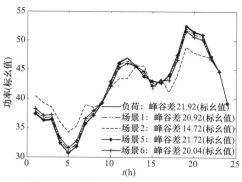

图 3-27　电力调峰场景净负荷曲线

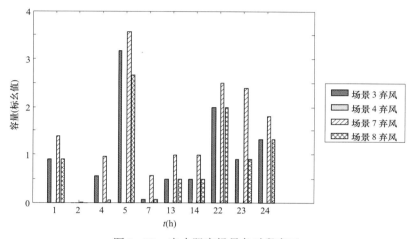

图 3-28　电力阻塞场景各时段弃风

（3）布局分析。从表 3-13 中的结果可知，储能更倾向于被配置在 30 号和 35 号节点处。对于 35 号节点而言，在 35 号到 22 号节点联络线潮流受限制时，可吸收部分越限风能，以减少弃风。对于 30 号节点而言，计算了算例系统中主要的发电机和负荷节点相对风力机处（即 35 号节点）的网损灵敏度，如表 3-14 所示。

表 3-14　　　　　　　　　　　网 损 灵 敏 度

节点号	灵敏度	节点号	灵敏度	节点号	灵敏度
3	0.225 0	21	0.136 0	31	0.004 6
4	0.223 0	23	0.081 2	32	0.255 4
7	0.193 9	24	0.160 8	33	0.016 4
8	0.230 4	25	0.124 8	34	0.059 8
12	0.102 6	26	0.150 8	35	0
15	0.198 1	27	0.193 3	36	0.011 9
16	0.168 2	28	0.133 4	37	0.050 2
18	0.219 7	29	0.091 1	38	0.013 8
20	0.131 0	30	0.155 0	39	0.223 4

可以看出，30 号节点相对于风力机节点处的灵敏度为 0.155 0，是所有网损灵敏度中的最小值，表示 30 号节点处电源每增出力 1p.u.，对应的 35 号节点处电源减出力 1p.u.，系统网损会下降 1/0.155 0。因此，储能安装在 30 号节点处可有效减少系统网损。

3.3 小　　结

本章首先介绍了应用于调峰模式下储能容量的配置方法。针对以火电调峰为主的电网存在的风电接纳"瓶颈"问题，介绍了一种用于松弛调峰"瓶颈"的储能系统容量配置方法。所构建的以综合效益最大化为目标的储能系统容量优化配置方法，能够考虑电网负荷特性、调峰能力、风电出力特性、储能系统投资成本及其运营效益等因素对其最优配置容量的影响。

以东北某省电网为例，全年风电正调峰发生概率为 25.3%，反调峰发生概率为 74.7%，风电反调峰效应明显。在确定的负荷特性和风电出力特性下，储能系统容量价格为 900 美元/kWh 时，配置 13.46MWh 的储能系统可使负荷低谷时段的风电接纳容量增加 39.1MW，约占风电总装机容量的 1.9%，减小电网峰谷差量与最大负荷的比值为 0.42%，储能系统用于松弛电网调峰瓶颈、提高风电接纳容量效果不明显。随着储能价格的下降，储能系统松弛电网调峰瓶颈作用越发明显；当其价格降至 208 美元/kWh 时，储能系统的最优配置容量为 4355.2MWh，负荷低谷时段的风电接纳容量可增加 1300MW，约占风电总装机容量的 64%，减小电网峰谷差量与最大负荷的比值为 11.23%。

其次介绍了一种应对风电波动的储能系统容量的鲁棒配置方法。该方法引入功率平衡线性分配策略以首先充分利用系统现有的机组调节能力来应对多个风电场的随机功率波动，如有需要再给出为提高风电接纳能力的最小储能配置容量及地点。在电源调节能力不足的情况下，需要配置一定功率容量的储能装置以提高系统灵活性。在网架输电能力限制时，需要在网架薄弱环节配置储能装置。

实际电力系统在不同时间尺度的功率不平衡量分配策略非常复杂，通过假设的反向线性调整关系，可以描述灵活性电源对风电功率波动的接纳能力。满足线路容量和机组运行范围要求的最优功率平衡分配策略体现为最大化可调机组的风功率波动接纳能力，以实现储能装置功率配置最小化的经济性目标。假设的功率平衡线性分配策略符合规划问题工程实际，也不改变模型的线性特性，避免了在模型中引入过于强大的功率平衡点。

最后，综合考虑储能系统的规划问题和运行问题，在双层决策问题的基础上，提出了用于提高风电接入能力的规划运行综合优化模型，讨论了该模型的计算方法。基于改进的 IEEE 10 机 39 节点系统的仿真结果验证了所提出模型的有效性，并根据仿真结果提出了储能布局的经验方法。得出如下结论：

（1）储能系统投资成本高，适量的弃风可使系统总成本最优，而盲目地追求弃风最小，会大大增加系统成本；

（2）抽水蓄能容量大、功率稳定，可有效减小系统峰谷差、减小弃风，但现实应用中受地理环境影响较大；

（3）电池储能容量较小，大规模应用于电力调峰或电力阻塞场景还需进一步提高储能容量及降低储能价格；

（4）在没有大规模计算的情况下，根据经验，储能系统可布置在受网架结构限制的风电节点处，以减小弃风；也可布置在相对风电节点网损灵敏度最低的节点处，以减小网损。

规划问题和运行问题息息相关，将这两种不同时间尺度的问题结合起来考虑，实现了储能系统在电力系统中的优化应用，同时为电力系统规划提供了新的思路。

参 考 文 献

[1] 中国可再生能源协会风能专业委员会. 2012 年中国风电装机容量统计［R］. 2013.

[2] 吴俊玲. 大型风电场并网运行的若干技术问题研究［D］. 北京：清华大学，2004.

[3] 张丽英，叶廷路，辛耀中，等. 大规模风电接入电网的相关问题及措施［J］. 中国电机工程学报，2010，30（25）：1−9.

[4] 程时杰，余文辉，文劲宇，等. 储能技术及其在电力系统稳定控制中的应用［J］. 电网技术，2007，31（20）：97−108.

[5] Chen，Haisheng，Thang Ngoc Cong，Yang Wei，et al. Progress in electrical energy storage system：A critical review［J］. Progress in Natural Science，2009，19（3）：291−312.

[6] 韩涛，卢继平，乔梁，等. 大型并网风电场储能容量优化方案［J］. 电网技术，2010，34（1）：169−173.

[7] Juan I Perez-Diaz，Alejandro Perea，Jose R Wilhelmi. Optimal short-term operation and sizing of pumped-storage power plants in system with high penetration of wind energy［C］//Proceedings of 2010 7th International Conference on the European. Madrid：Energy Market，2010：1−6.

[8] Sercan Teleke，Mesut E Baran，Subhashish Bhattacharya，et al. Optimal control of battery energy storage for wind farm dispatching［J］. IEEE Transactions on Energy Conversion，2010，25（3）：787−794.

[9] Suzuki R，Hayashi Y，Fujimoto Y. Determination method of optimal planning and operation for residential PV system and storage battery based on weather forecast［C］// Proceedings of IEEE International Conference on Power and Energy. Kota Kinabalu：IEEE PES Committee，2012：343−347.

[10] Zheng Y，Dong Z Y，Luo F J，et al. Optimal allocation of energy storage system for risk mitigation of DISCOs with high renewable penetrations［J］. IEEE Transactions on Power Systems，2014，29（1）：212−220.

[11] Bahramirad. S，Daneshi. H. Optimal sizing of smart grid storage management system in a micro-grid［C］// Proceedings of Innovative Smart Grid Technologies （ISGT）. Washington DC：IEEE PES Committee，2012：1−7.

[12] 施琳，罗毅，涂光瑜，等. 考虑风电场可调度性的储能容量配置方法［J］. 电工技术学报，2013，28（5）：120−134.

[13] Abbey C，Joós G. A Stochastic Optimization Approach to Rating of Energy Storage Systems in Wind-Diesel Isolated Grids［J］. IEEE Transactions On Power Systems，2009，24（1）：418−426.

[14] Dutta S，Sharma R. Optimal Storage Sizing for Integrating Wind and Load Forecast Uncertainties［C］//Innovative Smart Grid Technologies（ISGT），2012 IEEE PES. 2012：1−7.

[15] Brown P D，Lopes J A P，Matos M A. Optimization of Pumped Storage Capacity in an Isolated Power System With Large Renewable Penetration［J］. IEEE Transactions On Power Systems，2008，23（2）：

523－531.

[16] 严干贵，冯晓东，李军徽，等. 用于松弛调峰瓶颈的储能系统容量配置方法 [J]. 中国电机工程学报，2012，32（28）：27－35.

[17] Kang S C. Robust Linear Optimization Using Distributional Information [D]. Boston University，2008.

[18] 王锡凡，方万良，杜正纯. 现代电力系统分析 [M]. 北京：科学出版社，2003.

[19] Villasana R，Garver L L，Salon S J. Transmission network planning using linear programming[J]. IEEE Transactions on Power Apparatus and Systems，1985（2）：349－356.

[20] 王广民，万仲平，王先甲. 二（双）层规划综述 [J]. 数学进展，2007，36（5）：513－529.

[21] 刘红英. 多层规划和多目标规划的讨论 [J]. 应用数学，2002，15：186－190.

[22] 陈宝林. 最优化理论与算法 [M]. 2 版. 北京：清华大学出版社，2009：246－253.

[23] Miguel Carrion，Jose M Arroyo. A computationally efficient mixed-integer linear formulation for the thermal unit commitment problem[J]. IEEE Transactions on Power Systems，2006，21（3）：1371－1378.

[24] 玄光男，程润伟. 遗传算法与工程优化 [M]. 北京：清华大学出版社，2004：1－30.

第4章

风电场储能系统控制策略

由于风能具有随机性和不可准确预测性，大规模风电并网产生的风电功率波动给电网经济运行造成了诸多不利影响，甚至威胁着电网运行安全，这又限制了风电并网规模，制约着风能的大规模开发利用。因此，如何提高大规模风电联网运行性能是风电领域亟待研究的课题。

储能系统由于能够实现电能的时空平移而被认为是平抑风电功率波动、提高电网风电接纳能力的有效手段。电池储能系统（Battery Energy Storage system, BESS）凭借其易于扩容、响应快速、循环使用寿命长等特性，在风力发电领域的应用逐渐扩大，并主要集中于平滑风电出力波动、跟踪风电计划出力等应用场合。储能系统作为提高风电并网应用能力的有效辅助手段，成为当前研究的新热点。目前，国内外均已针对储能在风电厂中的应用展开多项研究。

4.1 风电场储能系统需求及应用分析

4.1.1 风电场中储能需求分析

1. 风电场功率预测特性

尽管风力机控制技术水平不断提高，然而随着大规模风力发电接入电力系统，其波动性对电力系统的影响越发显著，影响电能质量和电力系统的稳定运行。2011 年 7 月国家能源局制定了《风电场功率预测预报管理暂行办法》（简称《办法》），并下发了《国家能源局关于印发风电场功率预测预报管理暂行办法的通知》（国家能源〔2011〕177 号文）。《办法》规定"所有并网运行的风电场均应具备风电功率预测预报能力，并按要求开展风电功率预测预报"。具有风电功率预测系统的风电场需向电网调度部门提供发电功率预报信息，并用于电力系统实时调度，提高风力发电上网小时数，并有助于负荷和发电机组控制策略的优化。目前，风电功率预测技术仍存在预测误差大的问题，若电网调度部门按风电预测曲线安排发电计划将对系统备用容量提出挑战。

风电功率预测受到预测算法、天气、风电场运行状态等多种因素影响，不可避免存在预测误差。为保证风电顺利并网和电力系统安全运行，《办法》规定风电场功率预测系统提供的日预测曲线最大误差不超过 25%；实时预测误差不超过 15%；全天预测结果的均方根误差（Root Mean Square Error，RMSE）应小于 20%。该《办法》制定的目的在于判断某一预测系统是否满足实际风电场并网运行的预报技术要求。

根据《办法》要求，风电场功率预报考核指标包括准确率与合格率，相关定义如下。

（1）预测误差，即各数据点实际风电功率值与风电预测功率值的误差，计算方法如下式所示

$$\varepsilon_i = \left| \frac{P_{wi} - P_{fi}}{C_{ap}} \right| \times 100\% \qquad (4-1)$$

式中　ε_i——预测误差；

　　　P_{wi}——i 时刻实际风电功率值；

　　　P_{fi}——i 时刻的预测功率值；

　　　C_{ap}——风电场开机容量。

（2）日预测曲线最大误差。日考核总时段数（96 点 – 免考核点数）内所有数据点的最大预测误差即为日预测曲线最大误差。

（3）准确率计算式如下

$$r_1 = \left[1 - \sqrt{\frac{1}{N} \sum_{k=1}^{N} \left(\frac{P_{mk} - P_{pk}}{C_{ap}} \right)^2} \right] \times 100\% \qquad (4-2)$$

式中　r_1——预测计划曲线准确率；

　　　N——日考核总时段数（取 96 点～免考核点数）；

　　　P_{mk}——k 时段实际平均功率；

　　　P_{pk}——k 时段的预测平均功率。

（4）合格率计算式如下

$$r_2 = \frac{1}{N} \sum_{k=1}^{N} B_k \times 100\% \qquad (4-3)$$

其中：

$$\left[1 - \frac{P_{mk} - P_{pk}}{C_{ap}} \right] \times 100\% \geqslant 75\%, \quad B_k = 1$$

$$\left[1 - \frac{P_{mk} - P_{pk}}{C_{ap}} \right] \times 100\% < 75\%, \quad B_k = 0$$

选取算例风电场（共计 33 台风力机，单机装机容量为 1.5MW，总装机容量为 49.5MW）连续 317d 的风电历史运行数据和预测数据（基于短期预测技术获取）进行统计分析。图 4-1 给出了样本数据的波形分布图。

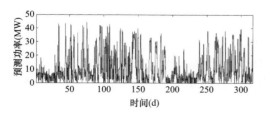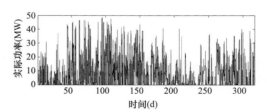

图 4-1　风电场预测和实际功率数据曲线

由图 4-1 可以看出，风电输出的实际功率和预测数据之间存在显著差异，为便于消减误差，基于概率统计学对所有样本数据点的偏差进行分析，并总结其概率分布特征。该风电场预测数据的预测误差和最大日预测误差统计结果如图 4-2 所示。由预测误差和最大日预测误差的概率分布可以看出，不是所有数据点都可以满足国家标准中最大日预测误差小于 25%的要求。

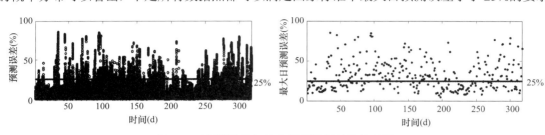

图 4-2　预测误差和最大日预测误差统计结果

将预测误差/最大日预测误差分为误差间隔为 5%的 20 个区间，统计得到误差落在各区间的概率，如图 4-3 所示。

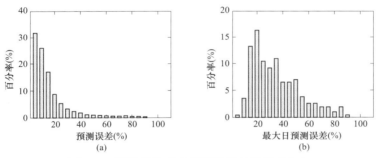

图 4-3　预测误差/最大日预测误差的概率分布
（a）预测误差的概率分布；（b）最大日预测误差的概率分布

由图 4-3（a）可以看出，随预测误差的增大，落在该误差范围内的数据所占的百分比随之减小，即说明该预测数据的误差基本集中在小误差范围内；由图 4-3（b）可以看出，该预测数据中有部分最大日预测误差超出国家标准中日最大预测误差小于 25%的要求；分别对预测误差和最大日预测误差各个误差段的概率进行累计概率密度统计，其结果分别如图 4-4（a）、（b）所示。

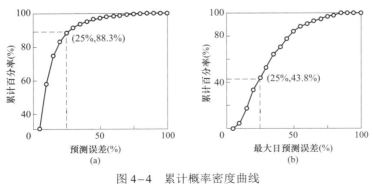

图 4-4　累计概率密度曲线
（a）预测误差的概率密度；（b）最大日预测误差的概率密度

预测误差小于 25%的数据点占全部数据点的 88.3%，存在不满足预测误差小于 25%的数据点。符合《办法》要求中最大日预测误差小于 25%的概率仅占 43.5%，显然，不满足要求的概率过半。

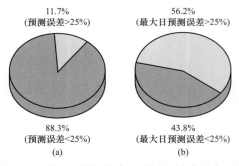

图 4-5　预测误差与最大日预测误差满足率对比
（a）预测误差满足率；（b）最大日预测误差满足率

基于日考核总时段数中的 96 个数据点，当有且仅有一个数据点超出预测误差小于 25%要求时，则该日不满足《办法》要求。若以日为考核周期，即以每 96 点为一个统计单位，样本数据中最大日预测误差大于 25%的概率占 56.2%；而若以连续 317 天的所有样本数据点为统计单位，则超出《办法》要求的概率仅占 11.7%，如图 4-5 所示，而这正是引入电池储能技术后，电池储能系统所需提供服务的对象。即通过风电预测功率数据的误差统计可知，借助电池储能技术提高风电跟踪计划出力能力，对电池储能系统而言能够满足其技术能力需求，因此该应用方向具有一定的实用价值。

另外，为了衡量预测系统误差的离散度，可对风电场预测数据全天预测结果的均方根误差进行统计，图 4-6 所示为其统计结果。《办法》要求风电功率预测数据的均方根误差应小于 20%，算例风电场的风电功率预测数据中全天预测结果均方根误差小于 20%的数据点占数据点总数的 78.5%，即有 21.5%的数据点不满足要求。

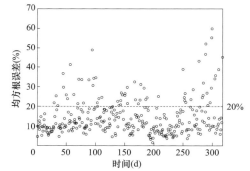

图 4-6　预测结果的均方根误差

根据《办法》规定，将通过计算风电场预测数据的准确率与合格率考核其预报能力，基于算例风电场的样本数据统计结果如图 4-7 所示。可以看出，该风电场的预测数据准确率与合格率较高，但仍未 100%满足《办法》要求。

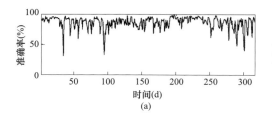
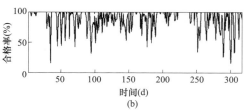

图 4-7　准确率和合格率
（a）准确率；（b）合格率

为使风电场实际风电功率符合其上报的日发电计划，需通过一定技术手段减小预测误差。而基于现有预测技术水平，通过引入电池储能技术将有效弥补风储合成出力与风电功率预测数据之间的固有误差，提高风电跟踪计划出力能力，促进其符合《办法》要求，并提高风力发电的可调度性，满足电网调度部门安排的运行方式、制定调度计划的需要，从而实现提高风电的利用小时数。

2. 储能需求分析

电池储能技术凭借其易扩容、响应快、循环使用寿命长等特性，在风力发电领域的应用逐渐扩大，并主要集中于平滑风电出力波动、跟踪风电计划出力等应用场合，其中，后者作为提高风电并网应用能力的有效辅助手段，成为当前研究的新热点。

通过上述关于风电预测数据误差的统计分析知，将电池储能系统用于改善、跟踪风电计划出力能力具有一定可行性。风储联合系统（Wind Power and Energy Storage Combined System，WECS）的应用控制原理如图4-8所示。

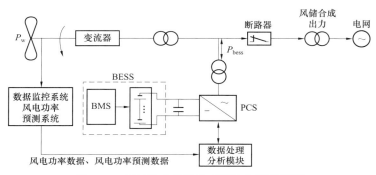

图4-8 风储联合系统的应用控制原理框图

采集风电功率数据并与预测数据对比分析，判断其误差是否满足《办法》要求，利用电池储能系统的双向功率能力弥补实际风电功率的溢出或不足，使风储合成出力功率数据与风电功率预测数据之间的最大日预测误差满足《办法》要求。

电池储能系统功率输入/输出原理图如图4-9所示。

图4-9中，有

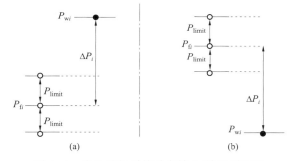

图4-9 电池储能系统功率输入/输出原理图

（a）充电；（b）放电

$$\Delta P_i = |P_{wi} - P_{fi}|, \quad P_{limit} = \alpha \cdot C_{ap}$$

式中 ΔP_i——i 时刻实际风电功率值 P_{wi} 与风电功率预测值 P_{fi} 之差的绝对值，MW；

      α——决定风电功率波动限值 P_{limit} 的约束因子，结合《办法》中有关对预测误差的规定，α 可取为15%。

当实际风电功率值大于预测值时，对电池储能系统充电，将富余的能量存储在电池储能系统中；当实际风电功率值小于预测值时，控制电池储能系统放电，使风储合成出力满足风电功率预测标准。为合理调度电池储能系统充放电，确保风储联合系统稳定运行的连续性和可靠性，需实时采集实际风电功率数据，并与预测数据对比分析，若此时的功率预测误差超出15%的限定要求，则对电池储能系统进行功率控制，使风储合成出力曲线在允许范围内接近风电功率预测曲线（或风电调度计划出力曲线）。因此，风储合成出力可以在以风电功率预测数据 P_{fi} 为中心，$\pm P_{limit}$ 为带宽的范围内波动。在不同工况包括不同电池储能系统荷电状态（State Of Charge，SOC）下，电池储能系统充放电的功率变化范围见表 4-1。

表 4-1   电池在不同 SOC 下的充放电功率

状　态	充　电	放　电
$a_1 \leqslant \text{SOC}(k) < b_1$	$(\Delta P_i, \ \Delta P_i + P_{\text{limit}})$	$(\Delta P_i - P_{\text{limit}}, \ \Delta P_i)$
$b_1 \leqslant \text{SOC}(k) \leqslant b_2$	$(\Delta P_i - P_{\text{limit}}, \ \Delta P_i + P_{\text{limit}})$	$(\Delta P_i - P_{\text{limit}}, \ \Delta P_i + P_{\text{limit}})$
$b_2 < \text{SOC}(k) \leqslant a_2$	$(\Delta P_i - P_{\text{limit}}, \ \Delta P_i)$	$(\Delta P_i, \ \Delta P_i + P_{\text{limit}})$

在表 4-1 中，a_1、a_2 为电池储能系统正常运行的 SOC 边界约束因子；b_1、b_2 为电池储能系统正常运行的 SOC 参考约束因子，且各因子之间满足如图 4-10 所示的关系。

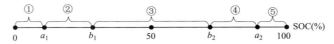

图 4-10　SOC 边界约束因子与参考约束因子关系示意图

电池储能系统在工作过程中时刻满足以下条件

$$0 \leqslant P_{\text{out}}(k) \leqslant C_{\text{ap}} \qquad (4-4)$$

式中　$P_{\text{out}}(k)$——k 时刻的风储合成出力，MW。

仿真计算，电池储能系统参与运行控制时，其输入/输出功率曲线如图 4-11 所示。

分析风储合成出力数据（P_{out}）与风电功率预测数据所有数据点之间的误差，其累计误差所占的百分率曲线如图 4-12 曲线（1）所示，曲线（2）为其最大日预测误差的累计百分率曲线。

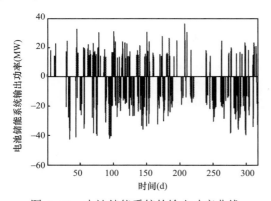

图 4-11　电池储能系统的输出功率曲线

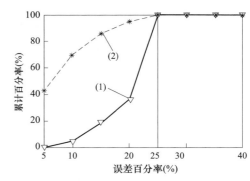

图 4-12　预测数据与 P_{out} 的累计误差概率分布

由图 4-12 可以看出，加入电池储能系统之后，风电功率预测数据与风储合成出力所有数据点之间的误差、最大日误差全部在 25% 以内，与加入电池储能之前的 56.2% 的不满足率比较，此时完全满足《办法》中最大日预测误差在 25% 以内的要求。

同理，图 4-13 给出风储合成出力数据（P_{out}）与风电功率预测数据的均方根误差。由图 4-13 可知，加入电池储能系统之后，风储合成出力与风电功率预测数据的均方根误差全部在 20% 以内，满足《办法》要求。

4.1.2 风电场中储能系统控制策略

1. 平滑风电出力波动

BESS 与单台风电机组的连接如图 4-14 所示，在双馈发电机的交流端连接储能装置，这样不影响双馈风电机组的控制，储能控制方法更灵活。风电功率数据经过控制系统、BESS 配合出力，对风电功率进行平滑处理。图中 P_{wG} 为风力发电机的输出功率，P_{bess} 为 BESS 平滑的功率，P_{out} 为平滑后输出到电网的功率。

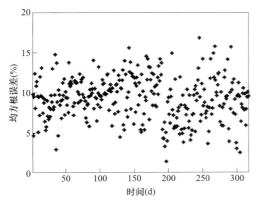

图 4-13　预测数据与 P_{out} 的均方根误差 　　　图 4-14　BESS 连接风电机组

风电场接入 BESS 后，风电场的总输出功率是风电总输出功率和储能装置输出功率之和。储能装置的输出功率起到平滑风电输出的作用，即当风电出力波动较大时，BESS 通过快速充/放电协调控制，将风电输出功率的波动限制在给定包络线之内，降低风电出力波动率，以减小风电并网对电网产生的负面影响。

风电场接入电网的技术规定给出风电场最大功率变化的推荐值：对于装机容量为 30～150MW 的风电场，10min 内最大功率变化率一般不超过其装机容量的 33%，1min 内最大功率变化率一般不超过其装机容量的 10%。

鉴于电池储能设备比较昂贵，通过合适的功率控制策略来降低储能需求是十分有必要的。为降低风电功率的过大波动，同时减少储能系统的使用率，只有当风电功率波动量不满足风电并网技术标准时才将其通过低通滤波器对风电功率进行平滑处理。风电功率波动量为

$$\Delta P = P_{wG}(k) - P_{out}(k-1) \tag{4-5}$$

式中　$P_{wG}(k)$ ——k 时刻风电功率；

　　　$P_{out}(k-1)$ ——$k-1$ 时刻风储联合出力。

风电功率波动率为

$$\gamma = \frac{\Delta P}{Q} \tag{4-6}$$

式中　Q ——开机容量。

只有当 $\gamma > 10\%$ 时，才能使用 BESS 对风电功率进行平滑处理。为平滑风电功率，BESS 需要输出的功率为

$$P_{bess} = \frac{TS}{1+TS}P_{wG} \qquad (4-7)$$

式中　　$1/(1+TS)$——低通滤波器传递函数；

T——低通滤波器的时间常数；

S——微分算子。

T值越大，允许导通的频率分量越低，功率输出更为平滑。

2. 辅助削峰填谷

为缩减小时级风储合成出力的功率峰谷差值，本控制策略利用电池储能系统将风电小时级输出功率抑制在基于风电短期功率预测数据的风电功率输出参考标准值为中心的一定功率带宽的包络线内，实现利用电池储能系统对风电的部分削峰填谷控制，同时平抑风电功率波动，提高风电出力的可靠性，其削峰填谷控制原理图如图4—15所示。

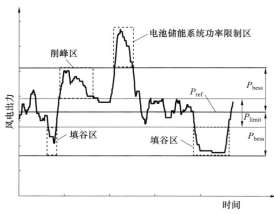

图4—15　BESS辅助风电削峰填谷原理图

风电功率输出参考标准值 P_{ref} 为时间窗口 T 内风电功率预测值（调度值）的加权平均值，风电功率波动允许的最大功率量为 P_{limit}。当风电功率数据 P_{wG} 在以 $P_{ref} \pm P_{limit}$ 为上、下边界的包络线内波动时，此时的风电功率满足控制策略要求，对该包络线内波动的风电功率不予削峰填谷控制；当风电功率数据位于上包络线之上且 $P_{ref}+P_{bess}$（P_{bess}：储能系统的额定输出功率）以下时，该处风电功率数据位于削峰填谷控制的削峰区；当风电功率数据位于下包络线之下且 $P_{ref} - P_{bess}$ 以上时，该处风电功率数据位于削峰填谷控制的填谷区；当风电功率值越过风电功率输出参考标准值 $\pm P_{bess}$ 的上下限时，此区域风电功率数据属于电池储能系统功率限制区，此时根据控制策略，电池储能系统输入/输出最大功率为其额定功率。

风电功率输出参考标准值 P_{ref}

$$P_{ref}(T) = \left(\sum_{i=1}^{N} P'_{wG}(i) \times m_i\right)\Big/N_1 \qquad (4-8)$$

风电输出功率与风电功率输出参考标准值的平均误差 $\overline{P}_E$ 为

$$P_E(t) = [P_{wG}(t) - P_{ref}(T)]/C_{ap} \qquad (4-9)$$

$$\overline{P}_E = \sum_{i=1}^{N} P_E(i)\Big/N_2 \qquad (4-10)$$

风电功率数据与风电功率输出参考标准值的差值 ΔP 为

$$\Delta P(t) = P_{wG}(t) - P_{ref}(T) \qquad (4-11)$$

风电功率波动允许的最大功率量 P_{limit} 为

$$P_{limit}=0.5 \times C_{ap}/5 \qquad (4-12)$$

风电输出功率的平均功率波动率 $\overline{\delta}_p$ 为

$$\delta_p = \left| \left[P_{wG}(t) - P_{wG}(t-1) \right] / C_{ap} \right| \qquad (4-13)$$

$$\overline{\delta}_p = \sum_{i=1}^{N} P_b(i) \Big/ N_2 \qquad (4-14)$$

式中　　$P_{ref}(T)$——时间窗口 T 时间内的风电功率输出参考标准值；

$P'_{wG}(i)$——时间窗口 T 时间内第 i 时刻的风电功率预测值（调度值）；

N_1——时间窗口 T 内风电功率参考值的总个数；

m_i——时间窗口 T 内风电功率输出参考值 $P'_{wG}(i)$ 出现的频次；

$P_{WG}(t)$——t 时刻的风电功率数据；

$\Delta P(t)$——t 时刻的风电功率数据与风电功率输出参考标准值的差值；

C_{ap}——风电场的开机容量；

N_2——风电功率样本数据统计时间内的数据点个数。

用风电输出功率的平均功率波动率 $\overline{\delta}_p$ 反映风储合成出力的最大有功功率变化量的变化。

储能系统如果将风电场最恶劣情况下所需功率作为额定功率，此时可以保证储能系统输出功率在任何情况下都可以满足减小小时级风电场输出功率峰谷差值要求，但风电场出现恶劣情况的次数较少，并且在实际工程中要考虑储能系统成本和经济性问题，因此可由风电场一年的数据得出储能系统输出功率的变化范围，根据其正态分布来选取储能系统的额定输出功率 P_{bess}。

储能系统输出功率变化范围为

$$0 \leqslant |P_{bess}(t)| \leqslant \Delta P_{wG}(t) + P_{limit} \qquad (4-15)$$

为实现风电功率的部分削峰填谷控制，需确定电池储能系统的额定输出功率，将 $\Delta P(t)$ 作为计算电池储能系统输出功率的参考值，并对其进行概率统计，其符合正态分布密度函数

$$\mu = \overline{P}_{bess} = \frac{1}{N} \times \sum_{0}^{N} |P_{bess}(k)| \qquad (4-16)$$

$$\sigma = \sqrt{\frac{1}{N} \left\{ [P_{bess}(1) - \overline{P}_{bess}] + [P_{bess}(2) - \overline{P}_{bess}] + \cdots + [P_{bess}(k) - \overline{P}_{bess}] \right\}} \qquad (4-17)$$

式中　　$\overline{P}_{bess}$——该风电功率样本在 t_i 时间内需要储能输出功率的平均值；

N——样本数量；

μ、σ——该风电功率样本中 $\Delta P(t)$ 的平均值和标准差。

储能系统的额定输出功率可选取为

$$P_{b\_rate} = \max \left\{ |\mu - 3\sigma|, |\mu + 3\sigma| \right\} \qquad (4-18)$$

根据正态分布的 3σ 原理，在正态分布中约 99.7%的情况都处于样本 $\mu \pm 3\sigma$ 这个区间内。

以时间窗口 $T=4h$ 为例计算储能电池额定功率，结果如图 4-16 所示，图 4-16 中展示了 ΔP 的概率密度分布、拟合曲线和正态分布曲线。

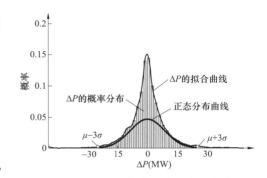

图 4-16　ΔP 的概率密度分布、拟合曲线和正态分布曲线

经统计分析，$\mu=-4.051\,0\mathrm{e}-016$，$\sigma=8.512\,5$。

因此根据式（4-18）计算此时的电池储能系统额定功率为 25.537 5MW，可取 25MW 作为电池储能系统额定功率。

在对风电场储能容量的计算中，针对风电场配置储能系统后可在一定程度上实现功率调度的特点，以风电场风电功率预测值（调度值）的加权平均值为优化目标，寻求如何在一定的风能资源前提下，优化选取储能装置容量，以便在现有的条件下尽可能平抑风电场的输出功率，减小风电场输出功率的峰谷差，使风电场成为大系统中可调度的单元。

满足储能系统充放电需要的储能容量计算方法为

$$E_k = E_0 + \sum_{m=1}^{k} P_{\mathrm{bess}}(k) \tag{4-19}$$

式中　E_0——储能系统中的初始能量。储能系统的容量用 W 表示为

$$W = \max_{k=1,\cdots,n} E_k - \min_{k=1,\cdots,n} E_k \tag{4-20}$$

在本算例中，储能系统中的初始能量最小值定义为 0。结合以上所确定的储能功率，对风电功率进行部分削峰填谷控制，以减小风电输出功率峰谷差值并减小风电功率波动对电网的影响，合理优化储能容量。

以储能装置缩减风电功率峰谷差值为指标，计算电池储能系统的输入/输出功率范围，由电池储能系统的 SOC 确定电池储能系统的输入/输出功率值。将部分削峰填谷控制策略加入电池储能系统优化控制策略，其功率输出示意图如图 4-9 所示。

当 $|\Delta P(t)| > P_{\mathrm{limit}}$ 时则需要对风电功率进行削峰控制，电池储能系统参与控制，为使风储合成出力的功率输出满足要求，t 时刻的电池储能系统功率输出 $P_{\mathrm{bess}}(t)$ 变化范围为：

当 $\Delta P(t) > P_{\mathrm{limit}}$ 时，电池储能系统功率输出范围为

$$\Delta P_{\mathrm{wG}}(t) - P_{\mathrm{limit}} \leqslant P_{\mathrm{bess}}(t) \leqslant \Delta P_{\mathrm{wG}}(t) + P_{\mathrm{limit}} \tag{4-21}$$

当 $\Delta P(t) < -P_{\mathrm{limit}}$ 时，电池储能系统输出功率范围为

$$\Delta P_{\mathrm{wG}}(t) + P_{\mathrm{limit}} \leqslant P_{\mathrm{bess}}(t) \leqslant \Delta P_{\mathrm{wG}}(t) - P_{\mathrm{limit}} \tag{4-22}$$

根据 t 时刻的电池储能系统出力情况决定风储合成出力的功率输出为 P_{out}，如下式所示

$$P_{\mathrm{out}}(t) = P_{\mathrm{wG}}(t) - P_{\mathrm{bess}}(t) \tag{4-23}$$

储能装置存在充放电功率极限约束，在储能电池充电过程中满足

$$0 \leqslant P_{\mathrm{out}}(t) \leqslant C_{\mathrm{ap}} \tag{4-24}$$

储能系统的 SOC 跟随储能系统平抑风电功率的需要而变化，为了进一步提升储能系统控制算法的性能，对储能系统进行 SOC 优化控制。为了便于储能系统的长期稳定运行，要使储能系统 SOC 状态尽量在靠近 50% 的区间运行，缩减 SOC 的变化范围，以达到优化储能容量配置的目的。根据电池储能系统的 SOC 状态和控制效果，在不同的 SOC 区间，电池储能系统的充/放电功率如表 4-2 所示。

项目	I区	II区	III区	IV区	V区
充电	0	最大值	中值	最小值	0
放电	0	最小值	中值	最大值	0

表 4-2   不同 SOC 的电池充放电状态

电池储能系统正常运行的 SOC 上边界约束因子为 SOC_{max}，SOC 下边界约束因子为 SOC_{min}，SOC 上边界参考约束因子为 a，SOC 下边界参考约束因子为 b。

设储能装置的充电状态为 $u_{ch}(t)$，放电状态为 $u_{disch}(t)$。当 $P_{bess}(t) < 0$ 时储能电池放电；$P_{bess}(t) > 0$ 时储能电池充电

$$\begin{cases} u_{ch}(t) = 1, \quad u_{disch}(t) = 0, \quad [P_{bess}(t) > 0] \\ u_{ch}(t) = 0, \quad u_{disch}(t) = 1, \quad [P_{bess}(t) < 0] \end{cases} \quad (4-25)$$

则储能电池的充放电次数约束为

$$\begin{cases} \sum_{t=2}^{T} |u_{ch}(t) u_{ch}(t-1)| \leqslant \lambda_1 \\ \sum_{t=2}^{T} |u_{disch}(t) - u_{disch}(t-1)| \leqslant \lambda_2 \end{cases} \quad (4-26)$$

在式（4-26）中，充放电次数 λ_1、λ_2 的具体取值可根据负荷预测情况、储能装置的寿命及其在系统运行中所发挥的作用等因素综合考虑确定。

4.1.3 仿真分析

1. 平滑风电出力波动算例分析

图 4-17 所示为某风电场单台 3MW 机组 29 天实测风电功率（P_{WG}）曲线，其采样时间周期为 1min。

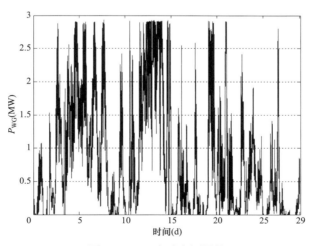

图 4-17   风电功率测量值

根据成本/性能比得出最佳电池容量。在平滑风电功率波动时，满足 BESS 充放电需要的储能容量计算方法见式（4-19）。BESS 的容量计算方法见式（4-20）。实际 BESS 的能量不

能为负，因此 BESS 的初始能量为

$$E_0 = \min_{k=1,\cdots,n} E_k \tag{4-27}$$

为便于观察，选取风电功率数据中 3h 的数据进行对比分析，由式（4-27）可得储能容量为 180kWh。当滤波器时间常数 $T=300s$ 时，采用 BESS 平滑风电功率，风电功率、风储合成出力、储能电池 SOC 的变化率如图 4-18 所示。

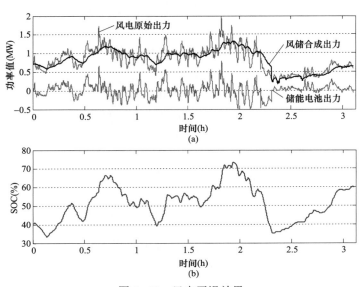

图 4-18　风电平滑效果
（a）功率随时间变化曲线；（b）SOC 随时间变化曲线

从图 4-18 看出，风储合成出力曲线较平滑，减小了风电功率的波动，且储能电池 SOC 维持在较小的波动范围内。

不同时间常数下的风储合成出力如图 4-19 所示。由图 4-19 可知，随着 T 增大，风电功率的平滑效果越好，风储合成出力曲线越平滑。

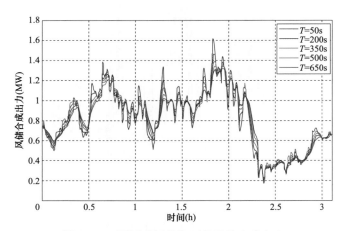

图 4-19　不同时间常数下的风储合成出力

储能容量（0.1MWh）保持不变，T 变化时，采用 BESS 平滑风电功率，储能电池的 SOC 和功率的变化如图 4-20 所示。

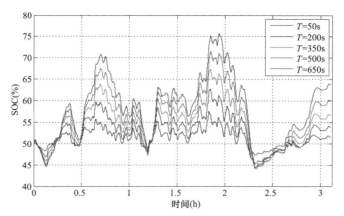

图 4-20　储能容量相同的情况下储能电池的 SOC 随滤波器
时间常数的变化曲线

由图 4-20 可看出，在相同储能容量下，随着 T 增大，SOC 变化范围变大。T 越大，风电功率的平滑效果越好，但所需的 BESS 功率增大。储能容量及功率在 T 变化的情况下，对风电功率进行平滑控制，得出最佳的 BESS 容量 W，T 与 W 的关系如图 4-21 所示。图 4-21 中：曲线 1 为全月风电功率的平滑效果；曲线 2 为后半个月风电功率的平滑效果；曲线 3 为前半个月风电功率的平滑效果。

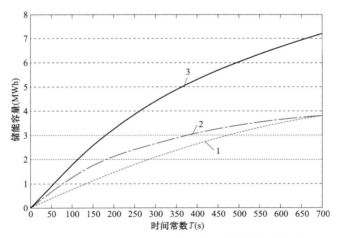

图 4-21　BESS 容量与滤波器时间常数的关系曲线

由图 4-21 可知，随着 T 增大，平滑风电功率所需的储能容量不断增加。$T=300\text{s}$ 时，针对图 4-17 中功率数据进行功率平滑处理。功率平滑前后，风电功率波动率的概率分布如图 4-22 所示。对比风电功率平滑前后风电功率的波动率变化，可以得出：风储合成出力波动率大多控制在 2% 以内，平滑效果良好。

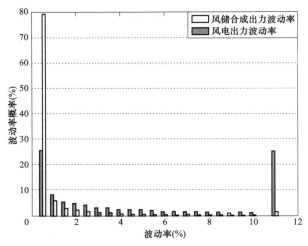

图 4-22　风电功率波动率概率分布

　　针对图 4-17 中的功率数据，结合图 4-21 选取合适的储能容量，采用不同的时间常数平滑风电功率，统计风储合成出力分钟级功率波动率小于 2% 的概率分布，结果如图 4-23 所示。从图 4-23 可得出：$T>200s$ 时，平滑后风储合成出力功率波动率小于 2% 的区域占 90.11%，且随 T 增大，平滑效果越不明显。

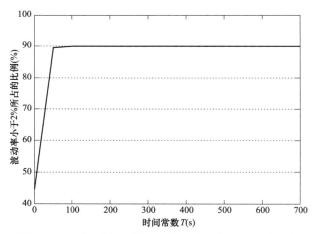

图 4-23　不同时间常数下风储合成出力分钟级波动率
小于 2% 的概率分布

　　功率平滑前后，波动率平均下降率 η 的变化如图 4-24 所示。由图 4-24 可知，$T>200s$ 时，平滑前后的波动率平均下降率变化不大，储能对风电功率的平滑效果不明显。
　　单位储能容量作用下风电输出功率波动下降率为单位储能容量平抑率 λ，其随 T 的变化曲线如图 4-25 所示。由图 4-25 可知，开始时，随 T 增大，λ 变化较大，说明随 T 增大，在对应的时间常数变化范围内所配置的储能容量达到的平滑效益变化明显；当 T 增大到 400s 之后，λ 基本保持不变，说明随 T 增大，在对应的时间常数范围内所配置的储能容量达到的平滑效益变化不明显。

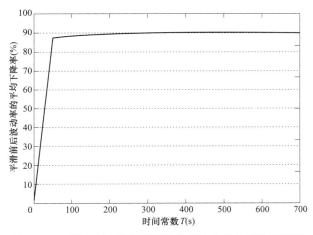

图 4-24　不同时间常数下平滑前后波动率的平均下降率

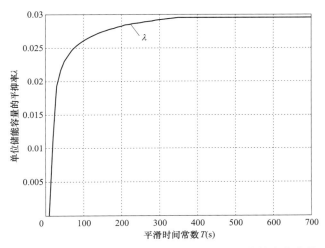

图 4-25　储能容量的平抑率随滤波器时间常数的变化曲线

2. 辅助削峰填谷算例分析

选取某 100MW 风电场 6 月份的风电功率数据，采样时间为 1min，在不同的时间窗口下进行部分削峰填谷控制，分析在不同时间窗口下的控制效果，如图 4-26 所示。

图 4-26（a）所示为随时间窗口的增大即因风电功率短期预测数据（调度数据）精度而导致的风电功率输出标准值的误差曲线，其平均误差均小于 10%，只有当时间窗口小于 4h 时最大预测误差小于 25%，满足国家标准中最大日预测误差小于 25% 的要求。图 4-26（b）、（c）所示为随部分"削峰填谷"时间窗口的增大所需的电池储能系统额定功率和容量值，两者都是随时间窗口的增大呈增大的趋势，但经过电池储能系统优化控制之后所需的电池储能容量总体比未经过储能优化控制所需的电池储能系统容量减小，且当 T 大于 4h 后，所需储能容量变化不大。图 4-26（d）所示为随时间窗口的变化，风储合成出力（P_{out}）的最大有功功率的变化量曲线，随 T 的增大（P_{out}），最大有功功率迅速增大，但当 T 增大到 6h 之后，风电功率的最大有功功率的变化量变化缓慢。当时间窗口大于 4h 时分钟级的最大有功功率变化量大于 20MW。

随时间窗口的增大，风电功率输出标准值因风电功率预测值（调度值）误差而引起的误

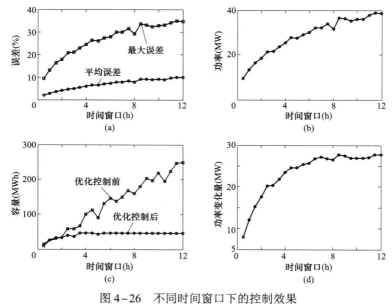

图 4-26　不同时间窗口下的控制效果

（a）误差曲线；（b）功率曲线；（c）容量曲线；（d）功率变化量曲线

差变大，使所需的电池储能系统功率与容量值变大，风储合成出力的最大有功功率变化量变大，而影响该控制策略的控制效果。

选取电池储能系统功率为 25MW，储能容量为 47MWh，分别选取不同的时间窗口对该月数据进行部分削峰填谷控制，不同时间窗口下的电池储能系统 SOC 变化曲线，如图 4-27 所示。

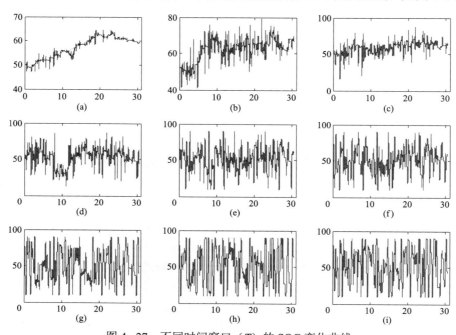

图 4-27　不同时间窗口（T）的 SOC 变化曲线

（a）T = 0.5h；（b）T = 2h；（c）T = 3.5h；（d）T = 5h；（e）T = 6.5h；

（f）T = 8h；（g）T = 9.5h；（h）T = 11h；（i）T = 12h

由图 4-27 可以看出，随着时间窗口的增大，本算例中的电池储能系统 SOC 变化频繁且变化幅度比较大，说明储能电池的利用比较充分；但从另一个角度说明储能电池深充深放比较频繁，充放电次数增加，从电池使用寿命角度考虑，过度的深充深放不利于电池储能系统使用寿命的延长。

分析在不同时间窗口下的风电功率部分削峰填谷后的风储合成出力的功率波动，如图 4-28 所示。

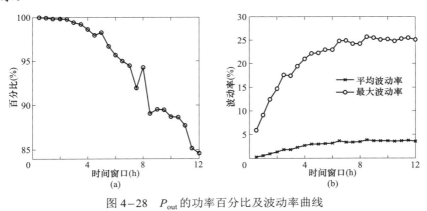

图 4-28　P_{out} 的功率百分比及波动率曲线

（a）功率百分比曲线；（b）功率波动率曲线

图 4-28（a）所示为在储能容量和功率固定的情况下随着风电部分削峰填谷控制时间窗口的增大，风储合成出力的功率波动在输出参考标准值 P_{ref} 为中心的 10% 带宽范围内波动的功率占所有数据的百分比曲线；当 T 小于 6h 时，其所占的比例仍较大（95%）；图 4-28（b）所示为分钟级的风储合成出力功率波动率曲线，随时间窗口的增大，分钟级功率波动率变大。结合图 4-26（a）和图 4-28 可以看出，在固定储能功率和储能容量的情况下，随时间窗口的变化（风电功率输出标准值的误差的变化）而影响该控制策略的控制效果。

选取电池储能系统额定输出功率为 25MW，储能容量为 47MWh，风电部分削峰填谷控制时间窗口为 4h，截取典型日的功率输出曲线，如图 4-29 所示。

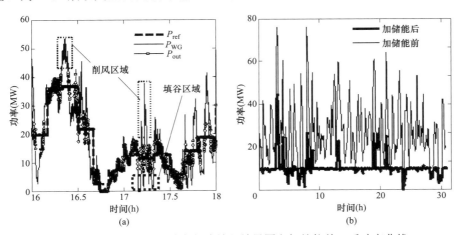

图 4-29　典型日风电功率削峰填谷效果图和加储能前、后功率曲线

（a）加入电池储能系统后典型日"削峰填谷"效果图；（b）加储能前、后功率曲线

图 4-29（a）所示为加入电池储能系统后典型日部分削峰、填谷效果图，由图可以看出风储合成出力的功率值在风电功率输出参考标准值附近波动且起到了部分削峰填谷的作用。图 4-29（b）所示为加入电池储能系统前、后并采用 SOC 优化控制策略的风储合成出力在 4h 时间窗口内的峰谷差值。

4.2 基于附加频率响应的储能系统新型并网控制策略

4.2.1 储能系统现有控制策略分析

1. 平抑控制

平抑控制以短期功率预测技术为基础，获取未来 0～24h 内的预测出力（分辨率一般为 15min），以预测的平均功率值作为参考，结合电网可接受的功率波动范围，通过预先设置储能系统启停控制操作，结合新能源电站的实际出力通过储能的控制将在 0～24h 内的功率波动抑制在给定的包络线以内，实现储能系统对新能源电站的削峰填谷，提高新能源出力的可靠性。

平抑控制本质上是以实际功率与预测功率的偏差信号控制和调整储能电站的出力，从而在 0～24h 时间尺度内抑制风电+储能联合电站的功率波动，其控制策略大致可描述如下：

（1）当风电实际功率大于基于预测功率提出的参考值，且偏差超过电网可接受的波动上限时，储能系统进入充电状态，进行削峰操作；

（2）当风电实际功率小于基于预测功率提出的参考值，且偏差低于电网可接受的波动下限时，储能系统进入放电状态，进行填谷操作；

（3）当风电实际功率为其他状态时，储能系统处于热备用状态。

可见，平抑控制强调的是对风电场在 0～24h 以内功率波动幅值的缩减作用，以改善风电场的反调峰特点，降低系统备用容量的压力。平抑控制考虑的 0～24h 内时间尺度的调控主要属于电网调度计划的考虑范畴。

2. 平滑控制

在平抑控制中，功率预测精度是影响储能系统调控能力的重要因素。由于受到天气预报、历史数据、预测算法等多种因素的影响，平抑控制使用的 0～24h 的短期功率预测误差仍较大，故平抑控制在抑制风电的出力快速波动上作用不够明显。因此，很多学者和研究人员提出了着眼于缩减风电出力在 0～15min 以内的波动平滑控制，以降低风电出力在短时间的快速波动对系统频率、电压等的影响。

目前，平滑控制主要有以下两种控制方法：

（1）以超短期功率预测为基础，确定风电在 15min 内的功率波动，综合考虑电网内 AGC 机组的调节速度和能力、电池的工作状态、储能电站的总体调节能力、联合电站允许的功率波动范围等因素，得到联合电站的出力参考值 P_{ref}，以此参考值与风电的实际出力偏差 $P_{bess}=P_{ref}-P_w$ 作为储能系统的平滑控制目标，控制储能系统的充放电状态，达到抑制联合电站 0～15min 内功率波动的目的。此控制方法类似于平抑控制，但其以精度更高的超短期功率预测为基础，可明显抑制风电的短时功率突变，着眼于解决大规模风电接入后的电网调频问题。

（2）为了减小平滑控制对功率预测技术的依赖，有学者提出一种基于微分环节的开环控制方法。其基本原理是以风电的出力为输入，利用经典控制理论中的微分控制环节自动提取风电的波动幅值和波动速度，动态地形成储能系统的出力目标值，从而达到平滑功率波动的目的。此控制方法可以摆脱对功率预测技术的依赖，方法易于实现，但对参数 T 的选择要求较高，且适应性和可扩展性不高，在实际工程中使用较少。

3. 现有并网控制策略对暂态稳定的影响

无论是平抑控制还是平滑控制，其原理都是通过一定的方法生成一个随风电出力变化而动态调整的储能出力控制目标值，然后通过储能系统并网换流器的外环控制实现此目标，达到抑制风储联合电站功率波动的目的。从电力系统机电暂态仿真分析角度出发，它们都属于储能系统外环控制模型中的有功功率控制，如图 4-30 所示。

在平抑控制/平滑控制中，储能系统控制策略的原理和效果都是降低由于天气、温度等外界条件带来的风电功率波动。但

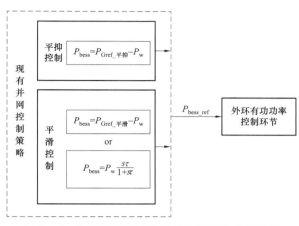

图 4-30 储能系统现有并网控制策略的总体结构

是，这些属于储能系统的外环有功功率控制的并网策略，对电力系统内部的扰动（如短路、切机等）造成的暂态变化过程基本没有响应，不能从提高电力系统暂态稳定性的角度去改善风电+储能联合电站的源网协调能力，在这一点上联合电站的并网特性与常规机组相比有较大的差距。目前，储能系统的单位成本在电力系统中偏高，如果不能充分发挥储能系统的调控能力，也是不经济的。因此，需要一种使风电+储能联合电站的特性更接近常规电源的并网控制策略，能够充分发挥储能的作用，提高储能电站对电网暂态稳定的支撑能力，以更好地提升联合电站的源网协调能力，增强电网对风电的接纳能力。

4.2.2 基于附加频率响应的储能系统新型并网控制策略

由 4.2.1 节可知，现有并网控制策略对电网中的扰动几乎没有响应，不能改善电力系统暂态稳定性。针对此问题，有学者提出了基于下垂控制的储能系统有功控制策略，以及基于频率和电压的 V_f 并网控制策略，以达到利用储能系统提高电网稳定性的目的。这两种方法实际上是采用了外环频率控制。这种并网控制策略的本质是将对功率参考值的控制改为对频率参考值的控制，从而达到提高电力系统暂态稳定性的目的。但是，此并网控制策略将影响现有的平抑/平滑控制策略，无法较好地利用储能系统来抑制风电出力波动，这破坏了利用电池储能技术来抑制风电功率波动的初衷，不利于工程实际应用。

本节在图 4-30 所示的现有平抑/平滑并网控制策略的基础上，利用常规机组的调速器控制原理，提出一种基于附加频率响应的储能系统新型并网控制策略，如图 4-31 所示。该控制策略主要包含以下三部分。

1. 现有平抑/平滑控制策略部分

如前所述，该策略以风电出力为输入信号，根据风电的波动特点，按照平抑/平滑控制在不同时间尺度的控制目标值得到抑制联合电站功率波动的储能电站出力参考值。

2. 基于频率响应的附加控制策略部分

该策略以系统频率为输入信号，通过设置功率/频率响应因子 K 得到附加控制的储能系

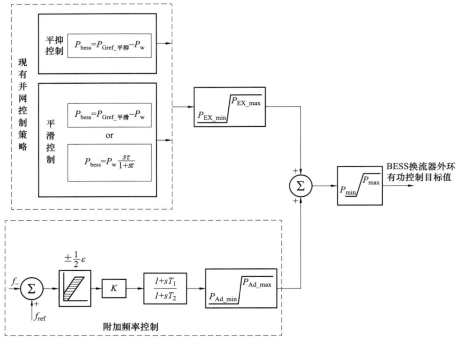

图 4-31　基于附加频率响应的储能系统并网控制策略

统的出力目标值。其可以实现风电场+储能电站对频率的一次调整，能够对电网中的扰动进行主动控制以提高系统的暂态稳定性。

该策略设置了超前/滞后环节，可以根据实际电网动态稳定性的要求对储能电站的并网功率进行一定的相位补偿，从而较好地增加系统的阻尼。

为了避免由于对附加频率控制的快速响应，电池出现频繁浅充浅放的现象而影响电池使用寿命，该策略带有类似常规机组调速器的死区环节。通过合理地设置死区 ε 的范围，保证储能系统既能对系统的大扰动产生响应又能避免频繁动作损坏电池。

该策略还设置了限幅环节。储能系统的主要作用是抑制风电出力波动，限幅环节的设置可以避免因为附加频率控制策略的出现而影响现有平抑/平滑控制的效果。P_{Ad_max} 和 P_{Ad_min} 的限幅值可以由储能系统的能量管理系统根据电池的实际运行状态（如荷电状态、可放电倍数）动态地调整，以最大化地发挥储能系统的作用。

3. 总体限幅部分

因为附加频率控制策略的引入，储能系统有功控制目标值需要实现抑制出力波动和提高暂态稳定性两个目标。限幅环节的上下限同样可以根据电池的实际运行状态动态地调整，从而合理分配储能系统容量在抑制新能源电站出力波动和提高电力系统稳定性两方面所占的比例，以达到均衡和最大化地利用储能系统。

基于附加频率控制的并网控制策略最终将得到储能系统的有功控制目标值，通过并网换流器外环有功功率控制环节实现储能系统的并网功率调整，达到抑制出力波动和提高稳定性的双重作用。

另外，储能系统是一个可以功率四象限调整的多功能设备，可以同时快速调整并网有功、无功。虽然换流器价格较高，不适于采用更大容量的换流器来增加储能系统无功容量，但储能系统因运行时有功出力大多不在满功率运行状态而具备一定的无功动态调节能力。因此在实际工程中，储能系统的无功类控制可以采用交流电压控制，及以有功控制为主、无功控制为辅的电流调控措施（图4-32），以充分发挥储能系统对电网的调节能力，达到类似常规同步机组在有功、无功两方面对电网暂态稳定性的支撑能力，进一步增强风电场+储能电站的源网协调能力。

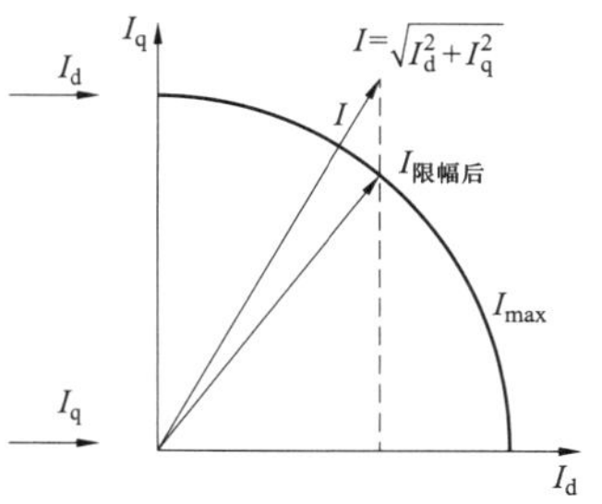

图4-32　以有功控制为主、无功控制为辅的并网电流限制

4.2.3　仿真算例

为了验证新型并网控制策略的有效性，本节以西北电网酒泉风电基地为例，针对酒泉基地的风电场设置了多种储能电站的配置方案，形成"风电+储能"联合电站模式下新的酒泉风电基地，具体如下：

方案一：按照功率容量的储能/风电配比为2%配置储能电站，组成"风电+储能"联合电站，整个风电基地的储能功率总容量共计254.2MW。所有储能系统都采用如图4-31所示的基于附加频率响应的并网控制策略，其主要参数如表4-3所示。

方案二：按照储能/风电配比为4%形成"风电+储能"联合电站，储能功率总容量共计508.4MW。所有储能系统同样采用基于附加频率响应的并网控制策略，主要参数如表4-3所示。

方案三：按照储能/风电配比为5%形成"风电+储能"联合电站，储能功率总容量共计635.5MW。所有储能系统同样采用基于附加频率响应的并网控制策略，主要参数如表4-3所示。

表4-3　　　　　　　　　酒泉风电基地的储能功率容量配置及控制参数

方案号	储能功率总容量（MW）	储能/风电配比	功率/频率因子 K	死区 ε
一	254.2	2%	0.5	0.001
二	508.4	4%	1.4	0.001
三	635.5	5%	1.8	0.001

三永 $N-1$ 故障设置：0s酒泉—金昌750kV的I回线路酒泉侧发生三永故障，0.08s跳开线路酒泉侧，0.1s跳开线路金昌侧。

从图4-33（a）可以看出，由于故障后系统频率的变化，基于附加频率响应的储能并网控制策略能够对电网中的扰动进行响应。扰动越大，系统频率变化越明显，储能的调控也越强。图4-33中（b）～图4-33（d）显示，新型并网控制策略有效地降低输电断面的功率振荡和常规机组的功角振荡，增加了系统的阻尼，达到了暂态过程中增强电网的功角稳定性和动态稳定性的目的，提高了联合电站的源网协调能力。同时，新的并网控制策略采用了频率作为附加控制的输入信号，类似于常规机组的调速系统，因此对电网的频率也有一定的改善作用，如图4-33（e）所示。需要指出的是，新型并网控制策略虽然具有以有功控制为主、无功控制为辅的调控措施，但方案一、二、三的储能系统总容量都不大，使得其无功调节能力偏小，因此，新型并网控制策略对电压的改善作用并不明显，如图4-33（f）所示。

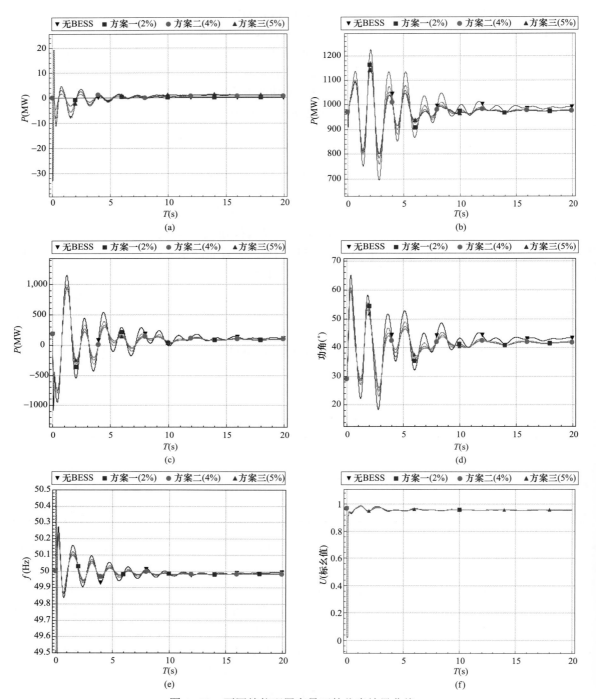

图 4-33 不同储能配置容量下的仿真结果曲线

（a）某风电场储能电站的有功出力；（b）甘肃—陕西断面功率；（c）吐鲁番—哈密断面功率；

（d）常乐电厂 2 号机组功角；（e）酒泉 750kV 母线频率偏差；

（f）酒泉 750kV 母线电压

表 4-4 为酒泉风电基地在不同储能配置方案下针对酒泉—金昌三永故障的极限切除时间对比。从表中可以看出，在储能系统采用新并网控制策略的前提下，随着储能配置容量的增大，酒泉—金昌三永故障的极限切除时间也随之增大，从无储能方案下的 0.184s 提高到方案三（储能/风电配比 5%）下的 0.248s。由此也可看出，基于附加频率响应的储能系统并网控制策略对提高电力系统暂态稳定性效果明显，有利于电网外送更多的新能源电力。

表 4-4   不同储能配置方案对极限切除时间的影响

方　　案	极限切除时间（s）	方　　案	极限切除时间（s）
无 bess	0.184	方案二	0.238
方案一	0.220	方案三	0.248

注　限制故障采用酒泉—金昌 750kV 的 I 回线路酒泉侧三永故障。

4.3　基于低通滤波原理的混合储能系统控制策略

4.3.1　混合储能系统的数学模型

受经济约束，能量型储能系统如电池储能，因其循环寿命有限而难以胜任对风电功率高频波动分量的调控；功率型储能系统，如超级电容器，因其能量密度低而难以承担对大幅度风电功率波动的调控。

混合储能系统（hybrid energy storage system, HESS）是指功率型－能量型储能介质构成的储能系统，如电池－超级电容器构成的 HESS，具有循环次数高、功率密度高和能量密度高等优点，最大程度地解决了单独使用功率型或能量型储能系统受能量密度和运行寿命等因素制约的问题，可望成为平抑风电功率波动的有效储能形态。HESS 运行的关键是如何合理设计控制策略以充分发挥两种储能介质的各自优势，进而优化 HESS 的整体性能。

相关文献已介绍了电池－超级电容器构成的 HESS 的运行控制策略进行的研究。文献[24] 提出了一种模块化的混合储能系统结构，并基于电池寿命约束设计了控制策略。文献[25] 提出了一种能量层－系统层的双层结构控制模型，优化了 HESS 的能量管理。文献[26]设计了混合储能功率电路和包括中央和本地控制单元且具有自适应特征的能量管理方案。文献[27] 研究了基于模糊控制的 HESS 的功率优化分配策略。以上研究在优化 HESS 控制策略方面做了有益探索，但在 HESS 工程应用中，还需关注控制策略对储能系统运行寿命的影响。

针对电池－超级电容器构成的 HESS，设计了基于低通滤波原理的风电功率波动滞环平抑控制策略以减小储能系统不必要的动作次数，基于滑动平均值原理确定了电池参考输出功率以实现电池对风电功率趋势性波动分量的控制，超级电容器用于平抑其中的风电功率快变波动分量；通过检测电池充放电状态，构建了内蕴运行寿命测算的 HESS 控制策略性能评价方法。基于某风电场实际运行数据，开展了 HESS 平抑风电场输出功率波动的仿真，分析了在不同低通滤波时间常数和滑动平均值时间尺度下电池的运行性能，对所提出的控制策略的有效性和可用性进行了仿真分析，研究结果对 HESS 在工程中的应用具有理论指导作用。

HESS 数学模型是在给定运行约束条件下其充放电过程的能量变化数学表达式。

HESS 平抑风电场输出功率波动控制如图 4-34 所示，$P_{\text{wind}}(t)$ 和 $P'_{\text{wind}}(t)$ 分别为 t 时刻经 HESS 平抑前、后的风电功率，$P_{\text{ess}}(t)$ 为 t 时刻 HESS 充电功率，数学模型如下。

充电过程

$$E_{\text{bess}}(t) = E_{\text{bess}}(t - \Delta t) + P_{\text{bess}}(t)\Delta t\, \eta_{\text{bess.C}} \qquad (4-28)$$

$$E_{\text{cap}}(t) = E_{\text{cap}}(t - \Delta t) + P_{\text{cap}}(t)\Delta t\, \eta_{\text{cap.C}} \qquad (4-29)$$

放电过程

$$E_{\text{bess}}(t) = E_{\text{bess}}(t - \Delta t) + P_{\text{bess}}(t)\Delta t\, / \eta_{\text{bess.D}} \qquad (4-30)$$

$$E_{\text{cap}}(t) = E_{\text{cap}}(t - \Delta t) + P_{\text{cap}}(t)\Delta t\, / \eta_{\text{cap.D}} \qquad (4-31)$$

式中 Δt——采样间隔；

$P_{\text{bess}}(t)$ 和 $P_{\text{cap}}(t)$ ——t 时刻电池和超级电容器的充电功率；

$E_{\text{bess}}(t)$ 和 $E_{\text{cap}}(t)$ ——t 时刻电池和超级电容器的剩余能量，受两种储能介质物理条件的约束；

$\eta_{\text{bess.C}}$ 和 $\eta_{\text{cap.C}}$ ——电池和超级电容器的充电效率；

$\eta_{\text{bess.D}}$ 和 $\eta_{\text{cap.D}}$ ——电池和超级电容器的放电效率。

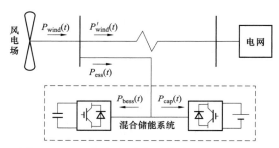

图 4-34　HESS 平抑风电功率波动过程示意图

1. HESS 平抑控制目标的确定

这里采用低通滤波算法对风电功率波动的高频分量进行平抑控制，即储能系统充电功率为

$$P_{\text{ess}}(t) = \tau\Delta P_{\text{wind}}(t) / (\tau + \Delta t) \qquad (4-32)$$

$$\Delta P_{\text{wind}}(t) = P_{\text{wind}}(t) - P'_{\text{wind}}(t - \Delta t)$$

式中 $\Delta P_{\text{wind}}(t)$ ——经平抑前的风电功率波动量；

    τ ——滤波时间常数。

引入滞环控制以避免 HESS 不必要的频繁充放电，以提高其运行寿命。当风电功率波动幅度 ΔP_{wind} 小于给定的滞宽 ΔP_{ε} 时，令 HESS 输出功率为 0；反之，控制 HESS 使风电功率波动值小于给定的滞宽。其中，ΔP_{ε} 按下述方法选取

$$\Delta P_{\varepsilon} = \max\left\{ \frac{\Delta t}{\Delta t + \tau}\Delta P_{\text{wind}}(t) \ , \ \max_{t' = 0\ldots,\, t - \Delta t}\left\{ \ldots \left| \Delta P'_{\text{wind}}(t') \right| \ldots \right\} \right\} \qquad (4-33)$$

$$\Delta P'_{\text{wind}}(t) = P'_{\text{wind}}(t) - P'_{\text{wind}}(t - \Delta t)$$

式中 $\Delta P'_{\text{wind}}(t)$——经平抑后的风电功率波动量。

由此可将风电功率波动限制在 ΔP_{ε} 内，避免 HESS 频繁充放电。

2. 电池与超级电容器的功率分配策略

将 4.3.1 节所述算法确定的 HESS 充电功率 $P_{ess}(t)$ 在电池与超级电容器之间优化分配以优化 HESS 的整体性能。两种储能介质之间的功率分配策略原则：电池承担趋势性慢变分量风电的平抑，超级电容器负责平抑快变分量的风电。

则基于滑动平均值原理设计电池参考功率

$$\begin{cases} P_{bess}(t) = 0 & t < T_a \\ P_{bess}(t) = \int_{t-T_a}^{t} P_{ess}(t')\,\mathrm{d}t' & t \geq T_a \end{cases} \tag{4-34}$$

超级电容器充电功率

$$P_{cap}(t) = P_{ess}(t) - P_{bess}(t) \tag{4-35}$$

式中　T_a——滑动平均值时间尺度，T_a 越大，$P_{bess}(t)$ 变化越平缓，反之，$P_{bess}(t)$ 变化越剧烈；

$P_{bess}(t)$ 和 $P_{cap}(t)$ 受其物理条件约束。

通过对 $P_{ess}(t)$ 的合理分配，电池承担了总充电功率中趋势性慢变分量，而超级电容器承担其中的快变分量。

4.3.2　内蕴寿命测算的控制策略性能评价方法

由于超级电容器比电池具有更多的循环次数，HESS 的运行寿命取决于电池寿命，故可通过测算电池运行寿命以评价运行控制策略的可用性。电池运行寿命与充放电深度密切相关，可将电池在不同充放电深度下的充放电次数等效为全充全放条件下的充放电次数，从而根据电池在全充全放条件下的最大循环次数计算电池的运行寿命。

设电池的充放电深度为 C_{depth}，最大循环次数为 N_{bess}，锂离子电池 N_{bess} 与 C_{depth} 之间的关系曲线如图 4-35 所示。定义电池的等效充放电系数见式（4-36），其含义是电池在 $C_{depth}=x$ 时 [$x \in (0,1)$] 充放电 1 次时，等效为电池 $C_{depth}=1$ 时的充放电次数，取值范围为 0~1。

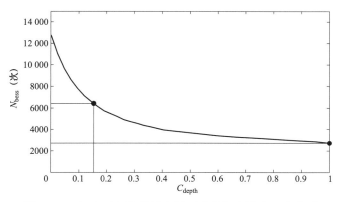

图 4-35　锂离子电池的最大循环次数与充放电深度关系

$$\alpha(x) = N_{bess}(1) / N_{bess}(x) \tag{4-36}$$

式中　$N_{bess}(x)$ ——当 $C_{depth}=x$（$x \in (0,1)$）时电池的最大循环次数；

$N_{bess}(1)$ ——当 $C_{depth}=1$ 时电池的最大循环次数。

设电池每天充放电次数为 N，充放电深度分别为 x_1、$\cdots$、x_n，则电池每天等效充放电次数为

$$N'_{\text{bess}} = \sum_{k=1}^{n} \alpha(x_k) \qquad (4-37)$$

电池运行寿命计算公式见下式

$$T_{\text{bess}} = \frac{N_{\text{bess}}(1)}{N'_{\text{bess}}} \qquad (4-38)$$

通过定义电池的等效充放电系数，可统计电池每天的充放电次数，进而计算电池运行寿命，为评价 HESS 控制策略的可用性提供理论依据。

4.3.3 仿真分析

取某装机容量为 49.3MW 的风电场，采用由锂离子电池和超级电容器组成的 HESS 对其输出功率波动进行平抑，采样间隔 $\Delta t = 10\text{s}$；锂离子电池与超级电容器最大充放电功率分别为 5MW 和 4.9MW，额定容量分别为 5MWh 和 0.4MWh，充放电效率均为 0.9，锂离子电池运行寿命曲线如图 4-35 所示，储能介质初始荷电状态初始值取 50%。

1. HESS 控制策略的有效性验证

选取低通滤波截止频率 $f_C[f_C = 1/(2\pi\tau)]$ 为 1/1h，滑动平均值时间尺度 $T_a = 10\text{min}$，图 4-36 给出了经 HESS 平抑前、后风电场输出功率和 HESS 充电功率波形图。图 4-36（a）中，经平抑后的风电场输出功率 1min 最大波动量为 572.9kW，远小于经平抑前风电场输出功率 1min 最大波动量（3651.2kW），风电场输出功率波动程度明显降低。由图 4-36（b）可知，HESS 充电功率波动剧烈，但是电池只承担慢变分量（小时级）的平抑控制。

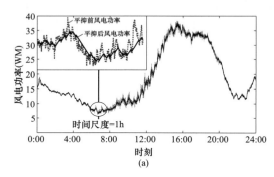 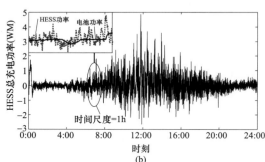

图 4-36　平抑前、后风电场输出功率和 HESS 充电功率

（a）平抑前、后风电场输出功率；（b）HESS 充电功率

图 4-37 给出了 HESS 充电功率局部放大图（时段 6:35:00～6:41:40），由此图可知，超级电容器承担了对风电功率波动快变分量的平抑任务，其充电功率在零值附近上下波动，相当于在短时间尺度（分钟级）内对 HESS 总充电功率"削峰填谷"。

图 4-38 给出了不同截止频率下平抑前、后的风电场输出功率局部放大图（时段 6:35:00～6:41:40），由此图可知：逐渐减小 f_C 时，平抑后的风电场输出功率更趋平缓。

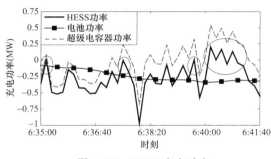

图4-37 HESS充电功率

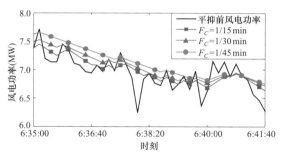

图4-38 不同截止频率下平抑前、后的风电场输出功率

表4-5给出了平抑前、后风电场输出功率的各频带分布,由表4-5可知:当f_C由1/15min减小到1/45min时(10^{-4}Hz量级频率),平抑后风电功率中大于10^{-4}Hz频带分量所占比例逐渐减小,平抑控制效果显著。

表4-5 平抑前、后风电场输出功率的各频次分布

频带范围/Hz	P_{wind}在各频带比例(%)	P'_{wind}在各频带比例(%)		
		$f_C=1/15min$	$f_C=1/30min$	$f_C=1/45min$
≤10^{-4}	50.45	75.83	80.39	82.98
>10^{-4}	49.55	24.17	19.61	17.02

图4-39给出了不同f_C下HESS的充电功率和电池放电功率局部放大图(时段6:35:00~6:41:40),由此图可知:在所选f_C下电池均保持较平稳的放电状态,有效避免了不必要的频繁充放电。

2. HESS控制参数对其运行性能影响的分析

分析f_C取不同数值时HESS的工作性能,结果如表4-6所示。其中,ΔP_{max}为经平抑后风电功率1min内最大波动量;T_{bess}为电池运行寿命。

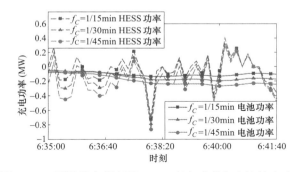

图4-39 不同截止频率下HESS充电功率和电池放电功率

表4-6 f_C对HESS工作性能的影响分析

f_C(1/min)	1/15	1/30	1/45
ΔP_{max}(kW)	1573.99	978.11	667.44
T_{bess}(天)	1275.7	917.0	838.8

由表4-6可知,当f_C逐渐降低时,ΔP_{max}逐渐减小,即HESS需要对风电功率波动进行更为频繁的平抑调控,从而导致电池运行寿命随之降低,如由1275.7天减小到838.8天。

取$f_C=1/45min$,分析在不同滑动平均值时间T_a下电池的运行寿命和超级电容器荷电量日变化最大值$\Delta S_{C-SOC.max}$,其中$\Delta S_{C-SOC.max}$为超级电容器每天荷电状态变化的峰谷差。分析结

果如表 4-7 所示。

表 4-7　　　　　　　　　T_a 对 T_{bess} 和 $\Delta S_{C-SOC.max}$ 的影响分析结果

T_a (min)	2	5	8	11	14
T_{bess}（天）	174.3	552.0	865.4	877.6	1228.9
$\Delta S_{C-SOC.max}$ (%)	23.9	43.6	54.0	71.1	82.7

由表 4-7 可知：

（1）T_{bess}、$\Delta S_{C-SOC.max}$ 均随 T_a 的增大而增加，当 T_a=2min 时，T_{bess} 仅为 174.3 天，且 $\Delta S_{C-SOC.max}$ 仅为 23.9%；当 T_a=14min 时，T_{bess}=1228.9 天，且 $\Delta S_{C-SOC.max}$=82.7%。由此可知，当低通滤波截止频率为 1/45min 时，在给定储能配置下，T_a=14min 时，可最大限度延长电池运行寿命，且可充分利用超级电容器的容量。

（2）当 T_a>14min 并逐渐增大，直至 $\Delta S_{C-SOC.max}$ 达到 100%，此时如增加超级电容器的容量配置，电池运行寿命也可得到进一步延长，即通过增加超级电容器投资换取电池运行寿命的延长，在工程应用中可根据电池与超级电容器的实际成本选取适当的 T_a，以实现投资成本的最小化。

4.4　抑制风电并网影响的储能系统调峰控制策略

风力发电以其可持续利用、无污染等优点成为发展低碳经济的重要选择。但由于风能具有随机性、波动性和不可准确预测性，且凌晨负荷低谷时段风速较大，导致风电具有较明显的反调峰特性，严重影响了电力系统正常的调峰工作，必要时需弃风限电或启停调峰以维持电网有功平衡，这成为限制风电并网规模的主要因素。

大规模风电并网引发调峰问题的本质原因在于风电出力可控性差，电池储能系统能够实现对电能的吞吐而被认为是控制风电出力、提高电网接纳风电能力的有效手段。而储能电池价格昂贵且充放电次数有限，因此，能否设计技术经济性较为合理且可有效提高风电接纳能力的储能系统控制策略成为关键。

已有相关文献对电池储能系统控制策略进行了研究。文献［38］提出了一种基于动态规划的储能系统削峰填谷实时优化控制策略，可在有效降低电池充放电次数的前提下减小负荷峰谷差。文献［39］提出了一种基于电池荷电状态和可变滤波时间常数的储能系统控制策略，可在有效避免电池过充/放的前提下平滑风电出力。文献［40］在平滑风电出力的基础上引入超级电容器配合储能电池充放电，以减小充放电过程对储能电池的损耗。以上研究成果或可降低负荷峰谷差，或可降低风电出力在短时间内的波动幅度，在一定程度上可提高电网接纳风电的能力，但都未考虑电力系统在运行过程中的实际需求。实际上在储能系统运行过程中，需根据电力系统运行工况实时制订其出力计划，以实现电力系统整体的优化运行。

本节针对风电出力反调峰特性导致系统调峰容量不足的情况，分析了大规模风电接入对负荷低谷时段常规机组出力计划制订的影响机制和储能系统对提高电力系统调峰容量的调控机制，设计了含动作死区参与负荷低谷时段调峰的电池储能系统控制策略，以实现储能系统与常规机组的协调配合控制。

4.4.1　大规模风电并网对调峰影响机制

电力系统常规机组按功能可分为非自动发电控制（NON-AGC）机组、按期望运行点调整（BLO）型自动发电控制（AGC）机组和按区域控制偏差（ACE）自动调节（BLR）型 AGC 机组 3 类。在预调度时间级（一般为 1h）安排 NON-AGC 机组出力以保证电网运行的经济性，在在线调度时间级（一般为 5min）和 AGC 时间级（一般为 1min）安排 BLO 型与 BLR 型 AGC 机组出力，以维持系统有功供需平衡。其最终目的是使发电功率跟踪负荷功率，以维持电网有功平衡，但风电出力的反调峰特性会改变原有的负荷特性，将影响电力系统正常的调峰工作。

某些风电出力具有明显的反调峰特性，即风电出力与原始负荷功率叠加后的等效负荷峰谷差大于原始负荷峰谷差，这要求运行机组具有更大的调峰容量，若电网常规机组调峰容量不足，则在负荷低谷时段可能会出现图 4-40 所示情况，$P_{NA.min}$ 为 NON-AGC 机组最小出力；$P_{total.min}$ 为系统所有并网机组最小出力；$P'_{total.min} = P_{total.min} + \Delta P_A$，$\Delta P_A$ 为 AGC 机组旋转备用容量。

由图 4-40 可知，等效负荷在低谷时段存在 P_{load1} 和 P_{load2} 两种情况，其最小值分别在 $P_{total.min}$ 之下和之上，即常规机组不满足负荷为 P_{load1} 时的调峰需求，可满足负荷为 P_{load2} 时的调峰需求。但在电网实际运行过程中，P_{load1} 和 P_{load2} 在 T_1 时刻都达到了 $P'_{total.min}$ 而又无法准确预测其最小值，为保证 AGC 机组预留 ΔP_A 的旋转备用容量，T_1 时刻制订 NON-AGC 机组出力计划时都将采取启停调峰策略，显然当负荷为 P_{load2} 时采取启停调峰策略并未充分利用 AGC 机组向下调节容量。

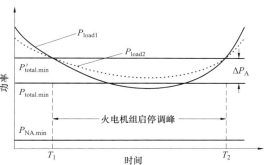

图 4-40　大规模风电并网对调峰影响机制

由以上分析可知，大规模风电并网后，在 AGC 机组向下调节空间充足和不足 2 种情况下，皆有可能导致常规机组启停调峰。

4.4.2　储能系统参与电网调峰作用机制

由上节分析可知，大规模风电并网引发常规机组调峰容量不足，可能导致因预留 AGC 机组旋转备用容量在未充分利用 AGC 机组向下调节空间的情况下启停调峰。如图 4-41 所示，若配置额定功率为 $P_{ess.max}$ 的电池储能系统参与电网调度，AGC 机组的旋转备用容量相当于增加了 $P_{ess.max}$，在 T_1 时刻不必采取启停调峰策略。当负荷为 P_{load1} 时，储能系统将一直处于备用状态；当负荷为 P_{load2} 时，储能系统将在 AGC 机组调节容量不足时参与电网调度。

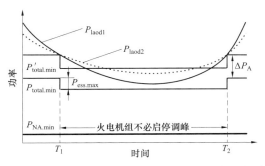

图 4-41　储能系统提高负荷低谷时段风电接纳能力

电网常规机组出力计划制订机制如图 4-42 所示，P_{NA}、P_{BLO} 和 P_{BLR} 分别为

NON−AGC 机组、BLO 和 BLR 型 AGC 机组的计划出力，$P_{BLR.min}$ 为 BLR 型 AGC 机组的最小出力，在 T_1 时刻制订 NON−AGC 机组出力计划时，为保证 BLR 型 AGC 机组预留 $P_{BLR.R}$ 的旋转备用容量，将启停 NON−AGC 机组调峰。由图 4−42 可以看出，在图示中圆圈标记处负荷已接近电网常规机组的最小出力，若非启停调峰为 AGC 机组预留部分旋转备用容量，必然影响电网有功平衡。

在储能系统投入运行后，其参与电网调度机制如图 4−43 所示，在 T_1 时刻不采取启停调峰策略，在 T_2 时刻常规机组出力已达到最低且负荷持续减小，依靠调节常规机组出力已不能满足有功平衡需求，此时储能系统投入运行相当于将 $P_{BLR.min}$ 拉低了 $P_{ess.max}$，在阴影区域部分储能系统参与电网调度可满足电网有功平衡。

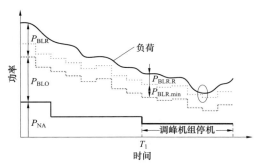

图 4−42 电网常规机组出力计划制订机制　　　　图 4−43 储能系统参与电网调度机制

由以上分析可知，储能系统在负荷低谷时段参与电网调度，相当于增加了 AGC 机组的旋转备用容量，避免为预留 AGC 机组旋转备用容量而启停调峰，补足 AGC 机组调节容量不足引发的功率缺额。

4.4.3　储能系统参与电网调峰控制策略

储能系统控制策略设计的关键是实现储能系统与电网常规机组的协调配合，即充分发挥储能系统对电网常规机组的补充作用，同时尽量避免储能系统不必要的频繁充放电。

储能系统参与电网调峰示意图如图 4−44 所示，其中，$P_{load}(t)$ 为 t 时刻负荷功率，$P_G(t)$ 为 t 时刻调度中心对常规机组下达的指令功率，$P_{ess}(t)$ 和 $E_{ess}(t)$ 分别为 t 时刻调度中心对储能系统下达的指令功率和储能电池剩余能量。$E_{ess}(t)$ 表达式如下。

充电时

$$E_{ess}(t+\Delta t)=E_{ess}(t)+P_{ess}(t)\Delta t\eta \qquad (4-39)$$

放电时

$$E_{ess}(t+\Delta t)=E_{ess}(t)+\frac{P_{ess}(t)\Delta t}{\eta} \qquad (4-40)$$

式中　Δt ——采样间隔；

　　　η ——储能电池充放电效率。

调度中心实时获取负荷数据和电网调峰空间及储能系统运行状态，根据电网实际有功平衡需求对常规机组及储能系统下达相应的控制指令。

设计储能系统参与电网调峰的控制策略流程如图 4−45 所示。

在预调度时间级判断 $P_{\text{total.min}}+\Delta P_A-P_{\text{ess.max}}$ 是否小于预测负荷，即将储能系统计入 AGC 旋转备用容量后，电网调峰容量是否满足需求，在预留足够 AGC 旋转备用容量的基础上以启停机组数最少为原则制订 NON–AGC 机组的启停计划。

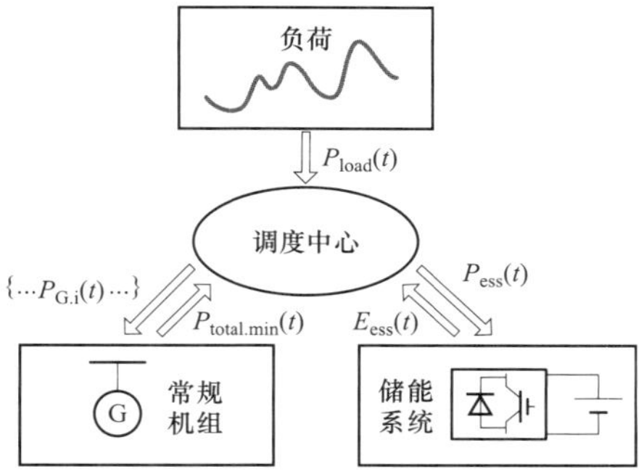

在 AGC 时间级判断电网常规机组是否满足有功平衡需求，若不满足，根据功率缺额对储能系统下达相应的指令功率。储能系统充放电约束条件如下

$$|P_{\text{ess}}(t)|<P_{\text{ess.max}} \qquad (4\text{-}41)$$

$$0<E_{\text{ess}}(t)<E_{\text{ess.max}} \qquad (4\text{-}42)$$

式中　$P_{\text{ess.max}}$——储能系统最大功率，MW；

　　　$E_{\text{ess.max}}$——储能系统最大容量，MWh。

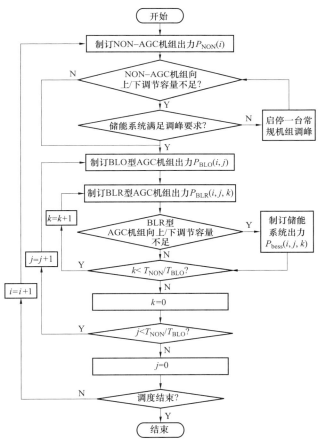

图 4-44　储能系统参与电网调峰示意图

图 4-45　储能系统参与电网调峰控制策略流程

为避免频繁充放电和过充/放电对储能电池的过度损耗，设计储能系统的动作死区，即当系统功率缺额在允许范围内时，储能系统不动作；设计储能电池的荷电状态（SOC）校正策

略，即当 SOC 变化超出一定范围且无需储能系统参与当前时刻的电网调度，在满足当前时刻系统有功平衡的前提下控制储能系统充放电以调整其 SOC。

由以上叙述可知，储能系统在常规机组调整空间不足时与其配合共同实现电网的有功平衡，充分发挥了储能系统对常规机组的补充作用，同时尽量避免了储能系统不必要的频繁充放电。

4.4.4 仿真分析

以 2011 年东北某省级电网为分析对象，该电网有 64 台 NON-AGC 机组、25 台 BLO 型 AGC 机组、8 台 BLR 型 AGC 机组，含 1200MW×1h 的锂电池储能系统，储能电池初始荷电

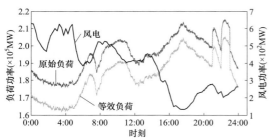

图 4-46   东北某省网日负荷及风电出力

状态取 60%，冬季某日原始/等效负荷、并网风电出力曲线如图 4-46 所示。由图 4-46 可知，该省网风电出力具有明显的反调峰特性，风电并网后对电网调峰容量的要求更高。

1. 储能系统参与电网调度情况分析

加入储能系统之前，系统调峰空间分析如图 4-47 所示。由图 4-47 可知，在负荷低谷时段该省网常规机组最小出力高于等效负荷，这

必然导致系统机组启停调峰。若无启停调峰，则在负荷低谷时段必然存在功率缺额。如图 4-48 所示，在 2:00 时电网常规机组出力（$P_{total.min}$ 以上虚线部分）已降到最低且负荷功率持续减小，此时若未采取启停策略将在 2:00~4:30 导致电网有功不平衡。

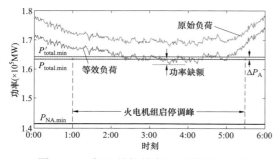

图 4-47   加入储能前电网调峰空间分析

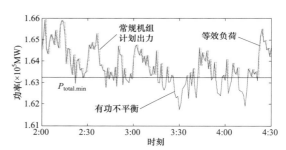

图 4-48   无启停调峰电网功率缺额分析

加入 120 万 kW 储能系统后，相当于将并网机组最小出力降低了 120 万 kW，此时的负荷低谷时段电网调度情况如图 4-49 所示。由图 4-49 可知，同样在 2:00 时，电网常规机组出力已降到最低且负荷持续减小，但储能系统相当于增加了 AGC 机组旋转备用容量，因此不必关闭 NON-AGC 机组调峰。

当电网常规机组调峰容量不足时，即图中 $P_{total.min}$ 以下负荷部分由储能系统参与电网调峰，在常规机组未启停调峰的情况下，储能系统配合常规机组出力（$P_{total.min}$ 以下虚线部分）可较好地跟踪负荷曲线，且较小范围的功

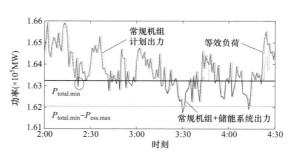

图 4-49   负荷低谷时段含储能系统的电网调度情况

率缺额并未引起储能系统动作（如图中圆圈标记处），有效避免了储能系统不必要的频繁充放电。

2. 储能系统充放电功率特性分析

储能系统日充电功率如图 4-50 所示。由图 4-50 可知，储能系统充电功率变化速率较快且充放电次数较少，按照文献［17］所述，按电池等效充放电次数计算方法统计，电池日等效充放电次数为 2 次，充分发挥了储能电池充放电功率可快速变化的优点，同时避免了对储能电池运行寿命的过度损耗。图 4-50 中储能电池的放电过程（充电功率＜0）即为调整储能电池 SOC 的过程。

储能电池日 SOC 变化如图 4-51 所示。由图 4-51 可知，所设计的 SOC 校正策略可将储能电池 SOC 变化保持在一定范围内，为储能系统参与电网调峰预留了足够的能量变化空间。

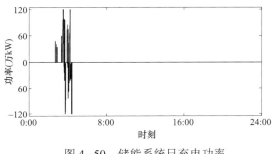
图 4-50　储能系统日充电功率

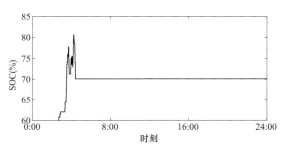
图 4-51　储能电池日 SOC 变化

算例分析表明，本节所设计储能系统控制策略，可有效减少因风电接入所引发的火电机组启停调峰次数，大大提高电网运行的经济性，且在充分发挥储能电池充放电功率可快速变化等优点的基础上，有效避免电池过充/放电和不必要的频繁充放电对电池寿命的过度损耗，降低储能系统的运行成本。

4.5　小　　结

本章依据风电场出力特性及相关风电场并网规范，分析了风电场对储能系统的需求以及储能系统在风电场中的应用模式。在储能系统现有平抑/平滑控制策略基础上，提出了一种基于附加频率响应的储能系统控制策略，并通过实际电网的仿真结果验证了新型并网控制策略能够提高电力系统暂态稳定性，增强风储联合发电站的源网协调能力。针对由能量型储能设备和功率型储能设备组成的混合储能系统，提出了一种基于低通滤波滞环控制和滑动平均值相结合的控制策略，并通过内蕴运行寿命测算对混合储能系统控制策略进行评价。同时，针对风电的反调峰特性可引发电网调峰容量不足的问题，提出了一种抑制风电并网影响的储能系统调峰控制策略，基于所设计的储能调峰控制策略可有效降低常规机组启停次数，且所设计的动作死区和 SOC 调整方案可有效降低不必要频繁充放电对电池寿命的过度损耗，保证储能系统预留足够的容量参与电网调度。

参 考 文 献

[1] 王建，李兴源，邱晓燕. 含有分布式发电装置的电力系统研究综述 [J]. 电力系统自动化，2005，29（24）：90-97.

[2] 孟虹年，谢开贵. 计及电池储能设备运行特性的风电场可靠性评估 [J]. 电网技术，2012，36（6）：214-219.

[3] 崔杨，严干贵，孟磊，等. 双馈感应风电机组异常脱网及其无功需求分析 [J]. 电网技术，2011，35（1）：158-163.

[4] 孙春顺，王耀南，李欣然. 飞轮辅助的风力发电系统功率和频率综合控制 [J]. 中国电机工程学报，2008，28（29）：111-116.

[5] 李霄，胡长生，刘昌金，等. 基于超级电容储能的风电场功率调节系统建模与控制 [J]. 电力系统自动化，2009，33（9）：86-90.

[6] 李军徽，朱昱，严干贵，等. 储能系统控制策略及主电路参数设计的研究. 电力系统保护与控制，2012，40（7）：7-12.

[7] 靳文涛，李蓓，谢志佳. 电池储能系统在跟踪风电计划出力中的需求分析 [J]. 储能科学与技术，2013，2（3）：294-299.

[8] 李蓓，郭剑波. 平抑风电功率的电池储能系统控制策略 [J]. 电网技术，2012，36（8）：38-43.

[9] 徐少华，李建林. 光储微网系统并网/孤岛运行控制策略 [J]. 中国电机工程学报，2013，33（34）：25-33.

[10] 靳文涛，马会萌，谢志佳. 电池储能系统平滑风电功率控制策略 [J]. 电力建设，2012，33（7）：7-11.

[11] 靳文涛，李建林. 电池储能系统用于风电功率部分"削峰填谷"控制及容量配置 [J]. 中国电力，2013，46（8）：16-21.

[12] 李国杰，唐志伟，聂宏展，等. 钒液流储能电池建模及其平抑风电波动研究 [J]. 电力系统保护与控制，2010，38（22）：115-119.

[13] 李战鹰，贾旭东，陆志刚. 大容量电池储能系统实时数字仿真测试技术研究 [J]. 南方电网技术，2011，5（2）：7-11.

[14] 毕大强，葛宝明，柴建云，等. 基于钒电池储能系统的风电场并网功率控制 [J]. 电力系统自动化，2010，34（13）：72-78.

[15] 杨秀媛，肖洋，陈树勇. 风电场风速和发电功率预测研究 [J]. 中国电机工程学报，2005，25（11）：1-5.

[16] 王丽婕，廖晓钟，高阳，等. 风电场发电功率的建模和预测研究综述 [J]. 电力系统保护与控制，2009，37（13）：118-121.

[17] Sideratos G, Hatziargyriou N D. An advanced statistical method for wind power forcasting [J]. IEEE Transanction on Power Systems, 22（1）：258-265.

[18] 中国电力科学研究院. 阿里光/水/蓄互补发电系统电网稳定性技术研究 [R]. 2008.

[19] 郭成达. 风光互补发电能量转换系统研究 [D]. 大连：大连理工大学，2010.

[20] 王菊芬，李宣富，杨海平，等. 光伏发电系统中影响蓄电池寿命因素分析 [J]. 蓄电池，2002（2）：51-54.

［21］ Smith T A，Mars J P，Turner G A. Using supercapacitors to improve battery performance ［C］//Power Electronics Specialists Conference，Jun23－27，2002，Cairns，Australia：124－128.

［22］ Spyker R L，Nelms R M. Optimization of double－layer capacitorarrays ［J］. IEEE Trans on Industry Applications，2000，36（1）：194－198.

［23］ Conway B E. Electrochemical Supercapacitors：Scientific fundamentals and technological applications［M］. New York：Plenum，1999：381－409.

［24］ 李军徽，朱星旭，严干贵，等. 模块化 VRB－EC 混合储能系统配置与控制的优化 ［J］. 电力自动化设备，2014，34（5）：67－71.

［25］ 于芃，周玮，孙辉，等. 用于风电功率平抑的混合储能系统及其控制系统设计 ［J］. 中国电机工程学报，2011，31（17）：127－133.

［26］ 张国驹，唐西胜，齐智平. 平抑间歇式电源功率波动的混合储能系统设计［J］. 电力系统自动化，2011，35（20）：24－93.

［27］ 丁明，林根德，陈自年，等. 一种适用于混合储能系统的控制策略 ［J］. 中国电机工程学报，2012，32（7）：1－6.

［28］ BenediktLunz，HannesWalz，Dirk Uwe Sauer. Optimizing Vehicle-to-Grid Charging StrategiesUsing Genetic Algorithms under the Considerationof Battery Aging ［C］//Vehicle Power and Propulsion Conference，Sept 6－9，2011，Chicago，IL：1－7.

［29］ 严干贵，朱星旭，李军徽，等. 内蕴运行寿命测算的混合储能系统控制策略设计 ［J］. 电力系统自动化，2013，37（1）：110－114.

［30］ 李军徽. 抑制风电对电网影响的储能系统优化配置及控制研究 ［D］. 北京：华北电力大学，2012.

［31］ 国家电网公司"电网新技术前景研究"项目咨询组. 大规模储能技术在电力系统中的应用前景分析［J］. 电力系统自动化，2013，37（1）：3－8，30.

［32］ 国家电网公司"电网新技术前景研究"项目咨询组. 大规模储能技术在电力系统中的应用前景分析 ［J］. 电力系统自动化，2013，37（1）：3－8，30.

［33］ Consulting group of state grid corporation of china to prospects of new technologies in power systems. An analysis of prospects for application of large－scale energy storage technology in power systems ［J］. Automation of Electric Power Systems，2013，37（1）：3－8，30.

［34］ 韩小琪，宋璇坤，李冰寒，等. 风电出力变化对系统调频的影响［J］. 中国电力，2010，43（6）：26－29.

［35］ 曹昉，张粒子. 满足调峰约束的可接纳风电容量计算 ［J］. 现代电力，2013，30（4）：7－12.

［36］ 陈焕远，刘新东，余彩绮. 基于小波分析的风电系统负荷调峰 ［J］. 现代电力，2011，28（3）：66－69.

［37］ 刘振华，陈磊，闵勇. 含风电的节能发电调度实用化模型. 中国电力，2011，44（6）：52－57.

［38］ 鲍冠南，陆超，袁志昌，等. 基于动态规划的电池储能系统削峰填谷实时优化 ［J］. 电力系统自动化，2012，36（12）：11－15.

［39］ 张野，郭力，贾宏杰，等. 基于电池荷电状态和可变滤波时间常数的储能控制方法 ［J］. 电力系统自动化，2012，36（6）：34－38，62.

［40］ 李军徽，朱星旭，严干贵，等. 抑制风电并网影响的储能系统调峰控制策略设计［J］. 中国电力，2014，47（7）：91－95.

第5章

大规模风储联合发电系统广域协调
调　度　技　术

随着大容量储能技术的发展，它不仅可以实现削峰填谷的作用，还可以在风电厂侧实现减小甚至消除风电功率预测误差的作用，这属于风电厂同储能系统协调控制的问题。随着技术的不断成熟及成本的降低，储能系统在电力系统中还将有深入广泛的发展和应用，而目前的调度运行系统很少考虑化学储能系统的建模及计划的制订，这也是调度计划计算中迫切需要解决的问题。

化学储能系统是由多个储能电池建立的储能系统。尽管化学储能系统可能包含不同种类的储能电池，但从电网调度运行的角度来看，化学储能系统的功率特性整体上是类似的。化学储能系统不同于火电机组的主要特点在于：

（1）它既可以作为电网运行中的电源，又可以作为负荷，并且存在电能容量约束。

（2）储能电池的使用寿命同其充放电次数及充放电深度有着密切联系，为了使储能系统有较长的使用寿命，储能系统在每个运行时段一般有存储电能上下限约束。

（3）储能系统的充放电功率都存在额定值，当充放电功率超过其额定值时，它可以短时间运行，并且储能系统最大充放电功率与其对应时段的存储电能相关。

（4）储能系统可以实现充放电功率以及充放电状态的迅速调整，单个储能电池从满充（放）状态到满放（充）状态的时间一般为秒级。

（5）储能系统在充放电过程中会存在一定的功率损耗，即储能系统所充电能并不能全部释放，这可以用储能系统的充电能量效率系数和放电能量效率系数来表征。

化学储能系统不仅可作为电源或负荷出现在电网中，同时它具有充放电状态及充放电功率快速可调、建设受地理环境影响弱等优点，随着生产制造成本的降低，化学储能系统必将有广阔的应用前景。在现阶段，小规模的化学储能系统一方面可以单独作为系统的 AGC 调节容量参与系统频率调节；另一方面它可以通过公共连接点同风电厂在电网同一节点并网，并通过控制系统来平抑风电功率的波动性。随着储能规模的进一步扩大，储能系统同风电厂可以作为联合电厂上报计划曲线，联合电厂在调度中可以看做一个各时段出力固定的常规机组，这将大大减小风电功率预测误差或波动性对电网调度运行带来的影响。化学储能系统作为 AGC 备用，不属于电力系统调度的研究范畴，而化学储能系统同风电厂组成联合电站运行情况，同传统调度方法中将风电当做"负负荷"处理方法是一致的；当储能系统在电力系统中的并网规模发展到一定程度时，它可以作为一个独立的系统并入到电网中。

本章主要介绍风储联合调度技术，包括：风储联合发电系统日前发电计划和日内滚动发电计划的制订方法、集群风电场的协调调度控制技术等具体内容。

5.1 风储联合发电系统的日前发电计划

5.1.1 含储能系统的日前发电计划模型

本节根据储能系统的功率特性，建立其在调度计划中的数学模型。在调度计划模型中，主要考虑储能系统的功率–电能约束、充放电功率约束、爬坡约束、各时段电能上下限约束等。储能系统接入后，将成为联合优化调度计划模型的一部分，它能够提供系统备用、参与系统负荷平衡，从而影响调度计划结果及系统对风电的消纳能力。

1. 目标函数

模型的目标函数见下式

$$\min \sum_{i=1}^{NG} \sum_{h=1}^{H} [F_{ci}(P_{i,h}, I_{i,h}) + SU_{i,h}(I_{i,h}, I_{i,h-1} \cdots)] + \sum_{m=1}^{W} \sum_{h=1}^{H} (P_{f,m,h} \times F_{\text{wind}})$$
$$-M \times \sum_{m=1}^{W} \sum_{h=1}^{H} (|q_{m,h}^{\text{up,actual}}| + |q_{m,h}^{\text{down,actual}}|) + N \times \sum_{m=1}^{W} \sum_{h=1}^{H} (P_{f,m,h}^{\text{forecast}} - P_{f,m,h}) \tag{5-1}$$

式中　　NG, W——火电机组及风电数目；

　　　　　　H——决策时段数；

　　下标 i, m, h——火电机组、风电及时段编号；

　　　　F_{wind}——风电购电单价；

$q_{m,h}^{\text{up,actual}}$, $q_{m,h}^{\text{down,actual}}$——风电功率预测偏差；

　　　　$P_{f,m,h}^{\text{forecast}}$——风电预测功率。

决策变量 $P_{i,h}$、$P_{f,m,h}$ 为火电机组、风电出力，$I_{i,h}$ 为火电机组启停变量。目标函数的第一项为火电机组燃料和开机费用，第二项为风电购电费用，第三项为风电功率预测偏差罚函数，第四项为系统弃用风电罚函数。

2. 约束条件

在约束条件中，除了考虑传统的风电、火电机组出力上下限约束，备用容量约束，开停机约束，爬坡约束外，还需要根据储能系统的功率特性，建立储能系统对调度计划的约束模型。

（1）充放电功率约束。储能系统充放电受其所接逆变器的控制，同时受储能系统类型、储能系统电能等因素影响。储能系统的充放电功率特性曲线是给定的，可用分段折线来表示。模型中，曲线横坐标对应于储能系统的荷电状态，也即储能系统存储电能占电能容量的百分比，纵坐标对应于储能系统的最大充电或放电功率，因此储能系统的充放电功率约束可以用式（5-2）来表示

$$-P_{\text{stor},s,h}^{\text{cha,max}} \leq P_{\text{stor},s,h} \leq P_{\text{stor},s,h}^{\text{discha,max}} \quad (s=1,\cdots,S; h=1,\cdots,H) \tag{5-2}$$

式中　S——储能系统数目；

　　下标 s——储能系统编号；

　　$P_{\text{stor},s,h}$——储能系统充放电功率，以放电为正；

$P_{\text{stor},s,h}^{\text{discha,max}}$ ——储能系统放电功率上限；

$P_{\text{stor},s,h}^{\text{cha,max}}$ ——储能系统充电功率上限。

对于每一个储能系统而言，$P_{\text{stor},s,h}^{\text{cha,max}}$、$P_{\text{stor},s,h}^{\text{discha,max}}$ 可以通过折线化的充放电功率特性曲线来表示，如图 5-1 所示，其中 SOC 取为固定值，即 10%，20%，…，100%。

实际情况下，储能系统的充放电功率特性曲线不同，需分别给定储能系统充电、放电的功率特性曲线参数 $P0_{\text{cha,pra}}^{\text{stor}}$，$P1_{\text{cha,pra}}^{\text{stor}}$，…，$P10_{\text{cha,pra}}^{\text{stor}}$ 和 $P0_{\text{discha,pra}}^{\text{stor}}$，$P1_{\text{discha,pra}}^{\text{stor}}$，…，$P10_{\text{discha,pra}}^{\text{stor}}$，它代表在各个荷电状态下储能系统最大充、放电功率与储能系统额定充、放电功率的比值。对于由不同类型化学电池构成的储能系统，充放电功率特性曲线可叠加构成，相应的充电、放电功率特性曲线参数分别为 $\sum P0_{\text{cha,pra}}^{\text{stor}}$，…，$\sum P10_{\text{cha,pra}}^{\text{stor}}$ 和 $\sum P0_{\text{discha,pra}}^{\text{stor}}$，…，$\sum P10_{\text{discha,pra}}^{\text{stor}}$。

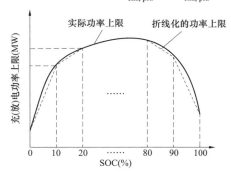

图 5-1 储能系统充（放）电功率上限示意图

（2）电能容量约束。储能系统的使用寿命同其充放电次数、充放电深度有关，为了尽量延长储能系统的使用寿命，一般会给定储能系统运行的电能容量范围，具体约束如式（5-3）所示

$$\eta_{\text{stor},s,\min}C_{\text{stor},s,\max} \leqslant C_{\text{stor},s,h} \leqslant \eta_{\text{stor},s,\max}C_{\text{stor},s,\max} \quad (s=1,\cdots,S; h=1,\cdots,H) \quad (5\text{-}3)$$

式中 $C_{\text{stor},s,h}$ ——储能系统存储电能；

$C_{\text{stor},s,\max}$ ——储能系统最大储能；

$\eta_{\text{stor},s,\max}$ ——储能系统储能比例上限；

$\eta_{\text{stor},s,\min}$ ——储能系统储能比例下限。

（3）功率—电能等式约束。储能系统自身存在一定的电能损耗，这可以用储能系统的充电能量效率系数 η_s^{cha} 和放电能量效率系数 η_s^{discha} 来表示。将储能系统从 $A\% \cdot C_{\text{stor},s,\max}$ 充电到 $B\% \cdot C_{\text{stor},s,\max}$ 所需电能为 C_1，此时有 $B\% \cdot C_{\text{stor},s,\max} - A\% \cdot C_{\text{stor},s,\max} < C_1$，减少部分即为储能系统的充电损耗，此时有 $\eta_s^{\text{cha}} = \dfrac{(B\%-A\%)C_{\text{stor},s,\max}}{C_1}$。同理，若将储能系统电能从 $B\% \cdot C_{\text{stor},s,\max}$ 放电到 $A\% \cdot C_{\text{stor},s,\max}$，释放电能为 C_2，此时有 $B\% \cdot C_{\text{stor},s,\max} - A\% \cdot C_{\text{stor},s,\max} > C_2$，减少部分即为储能系统的放电损耗，此时有 $\eta_s^{\text{discha}} = \dfrac{C_2}{(B\%-A\%)C_{\text{stor},s,\max}}$。储能系统的功率—电能等式约束如下

$$C_{\text{stor},s,0} - \sum_{k=1}^{h} \begin{cases} \eta_s^{\text{discha}}P_{\text{stor},s,k}1_H(P_{\text{stor},s,k}>0) \\ \eta_s^{\text{cha}}P_{\text{stor},s,k}1_H(P_{\text{stor},s,k}\leqslant 0) \end{cases} = C_{\text{stor},s,h} \quad (s=1,\cdots,S; h=1,\cdots,H) \quad (5\text{-}4)$$

或

$$C_{\text{stor},s,h-1} - \begin{cases} \eta_s^{\text{discha}}P_{\text{stor},s,h}1_H(P_{\text{stor},s,h}>0) \\ \eta_s^{\text{cha}}P_{\text{stor},s,h}1_H(P_{\text{stor},s,h}\leqslant 0) \end{cases} = C_{\text{stor},s,h} \quad (s=1,\cdots,S; h=1,\cdots,H) \quad (5\text{-}5)$$

式中 $C_{\text{stor},s,0}$ ——储能系统初始电能值；

1_H——1个时间单位。

（4）爬坡约束。储能系统的功率爬坡约束类似火电机组，区别在于其功率值可以为负，即储能系统可以运行在充电状态作为系统负荷出现，具体如式（5-6）所示

$$P_{\text{stor},s,h} - P_{\text{stor},s,h-1} \leqslant US_s \quad (s=1,\cdots,S; h=1,\cdots,H)$$

$$P_{\text{stor},s,h-1} - P_{\text{stor},s,h} \leqslant DS_s \quad (s=1,\cdots,S; h=1,\cdots,H) \tag{5-6}$$

式中 $P_{\text{stor},s,0}$——储能系统初始功率值；

$\quad\quad US_s$——一个时段内放电功率增加上限（充电功率减少上限）；

$\quad\quad DS_s$——一个时段内放电功率减少上限（充电功率增加上限）。

化学储能系统中的单体电池满放电状态到满充电状态的转变时间是毫秒级的。储能系统由大量的电池单体构成，考虑到储能系统所配套的逆变装置及控制通信装置的时间延迟，储能系统从满放（充）电状态到满充（放）电状态的转变时间也不会超过 1～2s。因此，对于化学储能系统而言，其功率爬坡速率及滑坡速率远大于火电机组。

（5）备用约束。储能系统所能提供的备用容量一方面受其在不同时段的最大充放电功率影响，另一方面受储能系统在不同时段所存储电能的影响，二者共同决定了储能系统在不同时段所能提供的备用容量，具体如式（5-7）所示

$$R_{\text{stor,up},s,h} = \min\left\{ P_{\text{stor},s,h}^{\text{discha,max}} - P_{\text{stor},s,h}, \frac{C_{\text{stor},s,h} - \eta_{\text{stor},s,\min} C_{\text{stor},s,\max}}{1_H} \right\}$$

$$R_{\text{stor,down},s,h} = \min\left\{ P_{\text{stor},s,h} + P_{\text{stor},s,h}^{\text{cha,max}}, \frac{\eta_{\text{stor},s,\max} C_{\text{stor},s,\max} - C_{\text{stor},s,h}}{1_H} \right\} \tag{5-7}$$

$$(s=1,\cdots,S; h=1,\cdots,H)$$

式中 $R_{\text{stor,up},s,h}$——储能系统向上备用容量；

$\quad\quad R_{\text{stor,down},s,h}$——储能系统向下备用容量。

（6）计划最后时段电能约束。在某些情况下，需要建立储能系统在计划周期最后时段的电能约束，即要求执行完充放电计划后，储能系统有一定的电能储存，具体如式（5-8）所示

$$C_{\text{stor},s,h} \geqslant C_{\text{stor},s,\max} \eta_{\text{stor},s,\min}^{\text{cap}} \quad (s=1,\cdots,S; h=H) \tag{5-8}$$

式中 $\eta_{\text{stor},s,\min}^{\text{cap}}$——周期末系统储能比例最小值。

（7）并网下系统负荷平衡约束。储能系统并网后，系统电力供需仍然要时刻平衡，此时各时段火电机组、风电机组及储能系统功率计划值之和应与系统对应时段的负荷值相等。考虑风电功率预测误差后，模型中火电机组对应于风电高于预测值时的出力 P_L 以及对应于风电低于预测值时的出力 P_U 也要满足相应的功率等式约束，但储能系统的功率值在这两种情况下均是不变的。

（8）并网下系统备用容量约束。储能系统并网后，系统备用容量约束应添加各时段储能系统所能提供的备用容量值。

（9）系统网络约束。储能系统并网后，它将作为一个发电机节点或负荷节点出现在电网中，储能系统在各时段的功率也会影响到系统的网络潮流。系统网络约束不仅包含火电机组、风电机组的计划功率，还应包括储能系统的计划功率。

5.1.2 含电池储能系统的调度计划算法

1. 线性规划

含储能系统的调度计划是一个包含复杂的线性、非线性约束条件的数学规划问题，对此人们提出了各种优化算法进行求解。其中，线性规划（Linear Programming, LP）算法计算速度快，收敛可靠，在实际系统中得到广泛应用。通过将模型线性化，采用 LP 求解，既保证了计算精度，又能满足实时调度应用对计算速度的要求。

线性规划是研究在一组线性约束条件下，寻找目标函数的最大值或最小值的优化方法。线性规划理论完整，方法成熟，有着计算迅速、收敛可靠的特点，它是规划数学中发展最为完善的静态优化类方法，全部约束条件和目标函数都是线性的。早在 20 世纪 30 年代发表的《生产组织与计划的数学方法》就对线性规划问题进行了论述。1947 年提出了单纯形法，其后在计算机上的成功实现使得应用线性规划解决的问题迅速增加。线性规划已广泛用于国防工业中。随着电子计算机技术的普及和发展，线性规划方法在实际应用中将发挥越来越大的作用。

为了提高求解速度，又出现了改进单纯形法、对偶单纯形法、原始对偶方法、分解算法和内点法等算法。下面简单介绍求解线性规划的三种主要算法：单纯形法、对偶单纯形、内点法。

（1）单纯形法。单纯形是求解线性规划问题的通用方法，是美国数学家丹齐克于 1947 年首先提出来的。它的理论根据是：线性规划问题的可行域是 n 维向量空间 $\mathbf{R}_n$ 中的多面凸集，其最优值如果存在必在该凸集的某顶点处达到。顶点所对应的可行解称为基本可行解。单纯形法的基本思想是：先找出一个基本可行解，对它进行鉴别，看是否是最优解；若不是，则按照一定法则转换到另一改进的基本可行解，再鉴别；若仍不是，则再转换，按此重复进行。因基本可行解的个数有限，故经有限次转换必能得出问题的最优解。如果问题无最优解，也可用此法判别。

根据单纯形法的原理，在线性规划问题中，决策变量（控制变量）x_1，x_2，$\cdots x_n$ 的值称为一个解，满足所有的约束条件的解称为可行解。使目标函数达到最大值（或最小值）的可行解称为最优解。这样，一个最优解能在整个由约束条件所确定的可行区域内使目标函数达到最大值（或最小值）。求解线性规划问题的目的就是要找出最优解。

最优解可能出现下列情况之一：① 存在着一个最优解；② 存在着无穷多个最优解；③ 不存在最优解，这只在两种情况下发生，即没有可行解或各项约束条件不阻止目标函数的值无限增大（或向负的方向无限增大）。

单纯形法的一般解题步骤可归纳如下：

1）把线性规划问题的约束方程组表达成典范型方程组，找出基本可行解作为初始基本可行解；

2）若基本可行解不存在，即约束条件有矛盾，则问题无解；

3）若基本可行解存在，以初始基本可行解作为起点，根据最优性条件和可行性条件，引入非基变量取代某一基变量，找出目标函数值更优的另一基本可行解；

4）按步骤 3）进行迭代，直到对应检验数满足最优性条件（这时目标函数值不能再改善），即得到问题的最优解；

5）若迭代过程中发现问题的目标函数值无界，则终止迭代。

用单纯形法求解线性规划问题所需的迭代次数主要取决于约束条件的个数。现在一般的线性规划问题都是应用单纯形法标准软件在计算机上求解。

（2）对偶单纯形法。对于线性规划的最大值问题，相应存在着一个特定的包含同样数据的最小值问题，也就是说，一个问题可以从两个不同的方面提出：一个方面是在一定的资源条件下，如何最合理地规划使用这些资源，使得完成的任务量最大；另一个方面是根据已确定的任务如何规划使用资源，使得消耗的资源最少。这样的问题可以看作从两个不同的角度对同一个问题所进行的分析与研究，是根据同样的条件与数据构成的两个问题。它们之间的关系是相对的，通常称一个问题是另一个问题的对偶问题。如果把前者称为原始问题，后者就称为对偶问题。反之，如果把后者称为原始问题，前者就称为对偶问题，两者互为对偶，这就是线性规划的对偶性。

如果线性规划的原始问题和对偶问题中，一个存在有限最优解，那么另一个也有最优解，而且相应的目标函数值相等；如果任何一个问题的目标函数值无上界，那么另一个问题就无可行解。

1954年美国数学家莱姆基提出对偶单纯形法。单纯形法是从原始问题的一个可行解通过迭代转到另一个可行解，直到检验数满足最优性条件为止。对偶单纯形法则是从满足对偶可行性条件出发通过迭代逐步搜索原始问题的最优解。在迭代过程中始终保持基解的对偶可行性，而使不可行性逐步消失。所谓满足对偶可行性，即指其检验数满足最优性条件。因此在保持对偶可行性的前提下，一旦基解成为可行解，便也就是最优解。

（3）内点法。一个快速有效的优化算法应该是具有多项式时间特性的算法，即其运算迭代次数应为问题维数的多项式。但是优化领域里的大多数算法都不是多项式时间算法，其中大部分都是幂指数时间算法。因此，这些算法在解决大规模优化问题时就显得能力有限。例如线性规划中的单纯形法，一直以来都是最优化问题实际应用中极其有效的计算方法。但是，人们在实践中发现单纯形法的迭代次数会随约束条件和变量数目的增加而迅速增加，在最坏的情况下，单纯形法的迭代次数会按其所解问题维数的指数上升，收敛很慢，甚至最终导致不收敛。正因为如此，广大学者开始寻找一种新的具有多项式时间特性的最优化算法。

1984年，美籍印度学者 Karmarkar 提出了一种具有多项式时间特性的线性规划新算法，利用它求解大规模优化问题时，其计算时间比单纯形法快得多。与单纯形法沿着可行域边界寻优不同，Karmarkar 算法是从初始内点出发，沿着最速下降方向，从可行域直接走向最优解。因此，Karmarkar 算法也称为内点法。由于 Karmarkar 算法是在可行域内寻优，故对于大规模线性规划问题，当约束条件和变量数目增加时，迭代次数变化比较小，一般都稳定在一个范围里，收敛性较好，速度较快。

对于任意给定的线性规划（LP）可行解，从理论上说，存在一个最好的方向，沿着此方向移动或者得到 LP 的可行解，或者判定 LP 无界。但是，从所有的方向中找出一个可行方向，特别是最优的可行方向并不是一件容易的事。假设 LP 的可行域是一个多胞形，Karmarkar 注意到以下两个基本事实：① 如果一个内点居于多胞形的中心，那么目标函数的最速下降方向是比较好的可行方向；② 在不改变问题基本特性的条件下，存在一个适当的变换，能够将可行域中给定的内点置于变换后的可行域的中心。根据这两个基本事实，Karmarkar 构造了一个求解 LP 问题的投影尺度算法，即内点法。

内点法的基本思想是：选定一个内点解作为迭代过程的初始点，利用可行域的投影尺度变换，将当前的内点解置于变换后的可行域的中心；然后，在变换后的可行域中沿着目标函数最速下降方向的正交投影移动，获得新的可行内点，并通过投影尺度逆变换将新的可行内点映射到原来的可行域，作为新的迭代点。重复这一过程，直至求出满足一定精度的近优解。

2. 安全校核

含储能系统的日前调度计划需要包含传统的安全校核环节，对含储能系统的日前调度计划的安全校核的判据是设备不过载，并需要进行 $N-1$ 开断计算，即在所研究的计划潮流方式基础上，逐个无故障断开线路、变压器等单一元件，再进行潮流计算，获得 $N-1$ 开断后的潮流分布，主要判据是 $N-1$ 开断后设备不过载。

含储能系统的日前调度计划的安全校核还应包含风电波动仿真环节，即在对系统各风电机组的功率预测误差分析基础上，通过正态随机函数产生一组风电功率模拟场景，测试含储能系统的日前调度计划的经济性、安全性和风电功率接纳程度，保证含储能系统的日前调度计划的合理性。

风电波动仿真模型以调度计划结果中火电机组开停状态、计划功率，储能系统计划功率（若存在）以及风电功率模拟曲线为基本输入数据，在对系统日内经济调度的简化模拟基础上提出的。日内经济调度模拟中，假定风电短期功率预测是精确的，即在 h 时段，系统各风电机组未来一个或多个时段的功率预测值是精确并可知的。在校验模型中，风电短期功率预测值通过风电功率曲线模拟值来表示。

风电功率模拟曲线是在系统各风电机组的功率预测误差分析基础上，通过正态随机过程函数产生的。如果一个随机变量服从期望为 μ，标准差为 σ 的正态分布，那么正态随机过程每次会产生一个随机值，当随机值有无穷多个时，所有随机值的均值即为 μ，标准差为 σ。假定调度计划总共有 H 个时段，对于一个风电机组而言，其每条随机模拟曲线需要 H 次随机过程才能产生，而每次随机过程中随机变量的期望与标准差即为各时段的风电功率预测值及预测误差标准差。

对于一个有 W 个风电机组的系统而言，每次模拟可随机产生 W 条对应于各个风电机组的功率模拟曲线，也即进行 $W \cdot H$ 次正态随机过程，这 W 条功率模拟曲线构成一组风电功率模拟曲线，校验模型的随机性体现在产生风电功率模拟曲线的随机性方面。用于校验的模拟曲线族越多，对调度计划结果的校验就越精确。若需要产生 K 族风电功率模拟曲线，则将上述过程重复 K 次即可。

需要说明的是，上述风电功率模拟曲线是在忽略各风电机组之间预测误差相关性、单个风电机组不同时刻预测误差相关性基础上产生的，是对实际风电功率曲线的近似模拟，要获得更加精确的结果，需对各风电机组预测误差的历史数据进行详细分析，依据多维正态随机过程产生模拟曲线。

系统功率值、风电机组功率值均为其计划值，并将计划值作为模型 $h+1$ 时段校验模型的初始值，具体如图 5-2 所示。模型对每一组风电功率模拟曲线进行校验时，会循环进行 h 次计算，若校验通过，则代表所有风电机组的功率值从该时段计划值变到下时段模拟值时，系统可通过调整火电机组出力来消纳风电功率的偏差。假定对于第 k 族曲线，校验通过的时段数为 H_{past}，则记 $\lambda_k = \dfrac{H_{past}}{H} \times 100\%$ 为第 k 族曲线的校验通过率。对于每一族曲线，传统机组组合和联合优化调度计划校验通过率可能是不同的，这可以作为表征两种模型对消纳风电功率预测误差能力的一种方法；对于多族曲线，可以分别对比两种调度计划方法对每族曲线的校验通过率，或者是对比所有风电模拟曲线族的平均校验通过率。

风电随机模拟校验模型在本质上同对比分析火电机组在各时段的功率调节裕度是一致的，它的优点在于考虑了风电功率预测误差分布特性，能够更加直观地从校验通过率上来对比分析系统消纳风电功率预测误差的能力。以一个包含 5 个时段的简单调度计划为例，假定计划结果 1 中每个时段的火电机组上调功率裕度依次为 10、10、35、10、10MW，计划结果 2 中每个时段的火电机组上调功率裕度依次为 15、15、15、15、15MW，则风电在每个时段低于预测值的偏差不会大于 12MW。显然，在上述例子中，

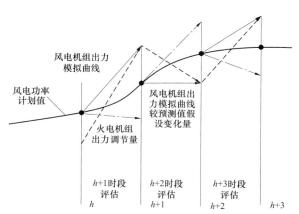

图 5-2　风电随机模拟校验模型示意图

计划结果 2 对风电功率误差的消纳能力更强，但二者在每个时段的平均上调功率裕度均为 15MW，此时通过对比系统火电机组各时段功率调节裕度不能明确说明计划结果的优劣，但通过风电随机模拟校验的方法可以有效辨别出两种计划结果的优劣。

5.1.3　算例分析

1. 10 机算例

在 10 机系统的节点 6 添加一个储能系统，其额定功率为 100MW，占装机容量的 4.63%。整个系统中，火电机组的总装机容量所占比例为 76.87%，风电装机所占比例为 18.50%。

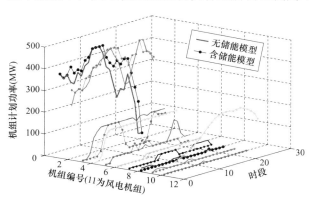

图 5-3　储能系统接入前、后联合优化调度结果

储能系统接入前后，联合优化调度中火电机组各时段的出力对比如图 5-3 所示；储能接入前、后火电及风电机组和储能系统出力在各时段的充放电功率的示意图如图 5-4 所示，储能接入前后风电出力所占比例如图 5-5 所示。

储能系统接入后，火电机组出力变化集中在机组 1～5，机组 1 在时段 4～8，时段 14～24 出力有了较为明显的上升，而机组 2 在时段 14～19 也有较为明显的上升，机组 1～2 增加出力主要弥补了相应时段机组 3～5 出力的减少，即经济性较好的机组 1 和机组 2 承担了更多的系统负荷，系统大部分时段火电开机数则有了不同程度减少。由于储能系统的充放电作用，火电及风电机组出力和在低谷时段 16～18 有所增大，在高峰时段 19～21 有所减小，这说明储能起到了一定的削峰填谷作用。风电系统及储能系统出力之和整体变化趋势同系统负荷趋于一致。

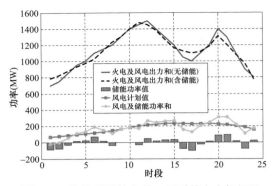

图 5-4 储能系统接入前、后系统火电机组及
储能系统出力

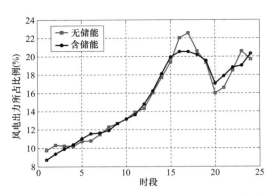

图 5-5 储能系统接入前、后风电出力所占比例

储能系统接入前、后联合优化调度结果的火电备用容量如图 5-6 所示,储能系统接入后,系统火电机组在各时段所提供的上调备用容量除时段 6~7、时段 23 略有增加外均有不同程度下降,而系统火电机组在各时段所提供的下调备用容量整体上变化不明显。

储能系统接入前、后系统火电机组各时段的功率调节裕度如图 5-7 所示,储能系统接入后,系统火电机组功率调节裕度整体上有减小趋势。从风电允许功率偏差边界角度来评估,储能系统接入后,联合优化调度结果对风电功率预测误差的消纳能力有所提高。

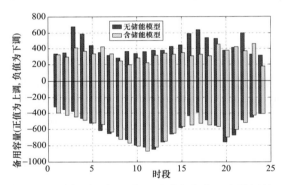

图 5-6 储能系统接入前、后联合优化调度结果的
火电备用容量

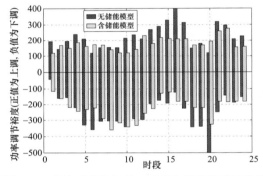

图 5-7 储能系统接入前、后联合优化调度结果的
火电机组功率调节裕度

本节建立了储能系统在优化调度中的模型,模型考虑了储能系统的功率—电能、充放电功率、爬坡、各时段电能上下限等约束条件。研究了储能系统提高消纳风电的方法,并以算例验证了储能模型的正确性。储能系统在联合优化调度模型中的主要作用:① 对系统负荷削峰填谷;② 降低系统总购电成本,提高计划的经济性;③ 提高系统对风电的消纳能力,有助于可再生能源的接入。考虑到储能系统功率快速可调及可充放电的特点,系统各时段的功率调节裕度将大于火电机组总功率调节裕度,在实际运行中可提高系统对风电波动性及功率预测误差的消纳能力。

2. 实际调度系统

应用上文研究的优化算法实现基于智能调度平台的发电计划调度系统。总体方案如图 5-8 所示。整个方案包括联络线计划的确定、系统负荷以及母线负荷预测、功率预测、系统备用容量的确定、系统检修计划的确定、系统发电计划的制订、系统发电计划的安全校核和日内计划调整等几个方面。与传统的系统运行调度相比,总体方案中添加了风电功率预测、储能电站的监控两项,但这两项对后续的备用容量确定以及检修、发电计划的制订产生较大的影响,风电功率预测以及对储能电站的实际监控效果在很大程度上影响着风储调度技术的运行效率。

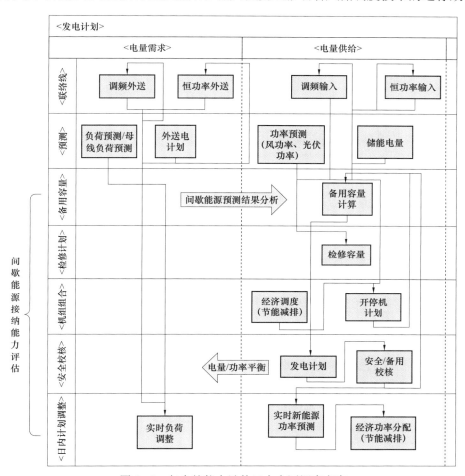

图 5-8　包含储能电站的风电电网调度方案

5.2　风储联合发电系统的日内滚动发电计划

5.2.1　日内滚动发电计划的决策模式

风电功率预测精度随着预测的时间尺度减少而提高是风电随机波动的主要特点之一。依据这个特点及"多级协调,逐级细化"的思想,可以建立消纳大规模风电的有功调度体系,在传统的"日前发电计划+自动发电控制"的调度模式的基础上,增加日内滚动发电计划环节和实时调度计划环节,以逐级消除风电不确定性的影响。在此基础之上,进一步还可建立风储联合发电系统的有功协调调度方法,将储能系统纳入含大规模风电电力系统的有功调度体系中,实现风电机组、储能系统、常规火电机组的多级协调调度。其中,日内滚动发电计划环节是在日前发电计划的基础上基于超短期风电功率预测信息对常规机组的发电计划、储能系统的充放电计划进行滚动修正。

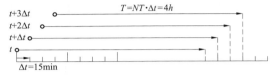

图 5-9　日内滚动发电计划决策模式

根据风电并网标准的相关要求，风电场滚动上报超短期风电功率预测信息的时间间隔为 15min。日内滚动发电计划每 15min 执行一次，决策模式如图 5-9 所示。

大规模风电的不确定性将增加电力系统备用容量需求。按照系统备用容量响应时间尺度，电力系统备用容量可以分为一次备用（瞬时备用）、二次备用（快速备用）和三次备用（长期备用），以实现电力系统调度控制在时间尺度上的解耦协调。其中，一次备用用于自动平抑电力系统频率的秒级波动，二次备用是指 10min 以内响应的备用容量，而三次备用响应时间尺度更长，一般指 30min 以内响应的备用容量。

风储联合发电系统的在线协调调度包括日内滚动发电计划环节和实时调度计划环节。将超短期风电功率预测信息用于前瞻未来时段的系统调度需求，对日前发电计划进行滚动修正。从调度时间尺度和系统备用容量的性质来看，日内滚动发电计划一方面要考虑日前发电计划的约束，另一方面要为实时调度计划环节预留足够的二次备用容量以跟踪系统净负荷的波动。选择常规机组中性能良好、具有分钟级响应能力的机组作为实时校正机组，在滚动发电计划环节预留二次备用容量，用于在实时调度环节对系统净负荷波动进行平抑，而控制区内其他调节能力相对较差的机组作为计划跟踪机组，执行基于超短期预测信息制订的日内滚动发电计划。

计划跟踪机组、实时校正机组、风电机组、储能系统之间的协调关系及调度优先级如图 5-10 所示。其中：① 风电受清洁能源政策保护优先调度，只有在系统调节手段无法满足需求时才限制风电出力；② 计划跟踪机组按照经济运行的要求执行日内滚动发电计划；③ 储能系统属于灵活电源，但频繁充放电将影响使用寿命，并且充放电过程存在损耗，因此主要参与滚动计划环节的协调以跟踪风储联合发电站日前计划，只在必要时辅助实时校正机组进行调节；④ 实时校正机组按照实测风电功率和负荷功率对超短期预测偏差进行补偿。

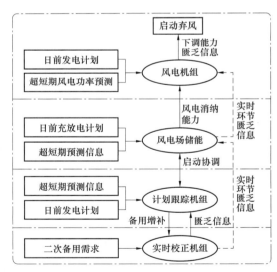

图 5-10　不同类型电源之间的协调关系及调度优先级

在执行日内滚动发电计划时，需要完成的工作包括以下几项：

（1）各风电场进行未来 4h 超短期风电功率预测，并上报至调度中心；

（2）调度中心采集系统当前运行状态，包括计划跟踪机组、实时校正机组的当前出力、风电场储能系统当前的荷电状态（SOC）；

（3）根据机组当前出力和超短期预测信息，判断实时校正机组二次备用容量是否充足，当调节能力不足时，启动协调策略对二次备用容量进行增补；

（4）基于超短期预测信息和二次备用容量需求，利用风电机组、储能系统和计划跟踪机组进行协调调度以制订日内滚动发电计划。

5.2.2 不同类型机组的协调调度策略

1. 风储协调调度策略

按照多时间尺度有功协调调度体系，储能系统需要对风电场短期风电功率预测误差进行补偿，跟踪发电计划。由于受到储能系统容量的限制，单个储能系统可能无法补偿全部本地风电功率预测误差。当风电场储能系统无法完全补偿风电功率日前预测误差时，需要由系统的计划跟踪机组出力进行补偿。通过多个风储联合发电站的协调调度对全网风电功率预测误差进行补偿，可减少常规机组的调节负担。

这里采用计及风电出力互补性的风储协调策略，惩罚功率 $P_{w,t}^{\text{punish}}$ 用受控风电场实际提供的充放电功率和调节任务之间的差值表示。受控风电场的选择策略及调节任务的分配如表 5-1 所示。

表 5-1   受控风电场及其调节任务

条件	需提供上调备用	需提供下调备用
受控风电场选择	$\{w \in W \mid \Delta P_{w,t} < 0\}$	$\{w \in W \mid \Delta P_{w,t} > 0\}$
本地调节任务	$\min\{-\Delta P_{w,t} - \lambda P_w^{\text{cap}}, 0\}$	$\min\{\Delta P_{w,t} - \lambda P_w^{\text{cap}}, 0\}$
系统调节任务	$-\dfrac{\Delta P_{w,t}}{\sum\limits_{w \in W_{\text{CO}}} \Delta P_{w,t}} \sum\limits_{w_0 \in W} \Delta P_{w_0,t}$	$\dfrac{\Delta P_{w,t}}{\sum\limits_{w \in W_{\text{CO}}} \Delta P_{w,t}} \sum\limits_{w_0 \in W} \Delta P_{w_0,t}$
调节任务	$\min\{P_{w,t}^{\text{d,req1}}, P_{w,t}^{\text{d,req2}}\}$	$\min\{P_{w,t}^{\text{ch,req1}}, P_{w,t}^{\text{ch,req2}}\}$

表 5-1 中，$\Delta P_{w,t}$ 为超短期风电功率预测与日前风电功率预测的差值，P_w^{cap} 为风电场 w 的装机容量，λ 为并网标准允许的风电功率预测误差占风电装机容量的百分比。上标"req1"表示本地预测误差要求的调节任务，上标"req2"表示系统整体预测误差要求的调节任务。

2. 常规机组协调调度策略

制订日内滚动发电计划，是在兼顾日前发电计划约束的同时，依据超短期风电功率预测信息前瞻未来时段的调度要求，为实时调度环节预留足够的调节容量，以满足在线有功平衡的需求。实时校正机组的调节容量不足时，启动协调策略，利用计划跟踪机组和储能系统对实时校正机组的二次备用容量进行增补。

根据实时校正机组提供上调备用和下调备用的能力来判断二次备用容量是否充足，上调备用和下调备用充足的条件如式（5-9）和式（5-10）所示

$$\sum_{i \in C_A} (P_i^{\max} - P_{i,t}^A) < \mu_1 \sum_{i \in C_A} (P_i^{\max} - P_i^{\text{base}}) \qquad (5-9)$$

$$\sum_{i \in C_A} (P_{i,t}^A - P_i^{\min}) < \mu_2 \sum_{i \in C_A} (P_i^{\text{base}} - P_i^{\min}) \qquad (5-10)$$

式中 C_A ——实时校正机组集合；

P_i^{max}、P_i^{min} ——分别为机组 i 的最大、最小出力；

$P_{i,t}^A$ ——实时校正机组 i 在时段 t 的有功出力；

P_i^{base} ——实时校正机组 i 的基准功率。

二次备用容量的风险决策方法：针对各风电场超短期预测误差分布和负荷超短期预测误差分布，基于拉丁超立方抽样方法抽样产生系统净负荷波动场景，计算实时校正功率偏差，得到如图 5-11 所示的二次备用需求分布。

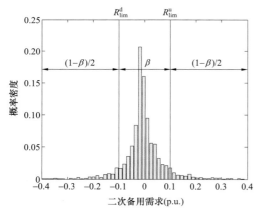

图 5-11 二次备用的需求分布

给定置信度 β，按照如图 5-11 所示的方法得到系统的二次备用需求 R_{lim}^u（上调）和 R_{lim}^d（下调），据此可以计算得到实时校正机组备用系数 μ_1 和 μ_2，如式（5-11）所示

$$\begin{cases} \mu_1 = \dfrac{R_{lim}^u}{\sum\limits_{i \in C_A}(P_i^{max} - P_i^{base})} \\[3mm] \mu_2 = \dfrac{R_{lim}^d}{\sum\limits_{i \in C_A}(P_i^{base} - P_i^{min})} \end{cases} \quad (5-11)$$

当实时校正机组二次备用容量不足[即不满足式（5-9）或式（5-10）]时，需要通过计划跟踪机组和实时校正机组的协调对系统二次备用容量进行增补，以保证系统在下一时段具有足够的调节能力。下一时段 t 实时校正机组出力 $P_{i,t}^A$ 如式（5-12）所示

$$\begin{cases} \text{系统调节容量充足时,} \sum\limits_{i \in C_A} P_{i,t}^A = \sum\limits_{i \in C_A} P_{i,t-1}^A \\[2mm] \text{系统上调容量不足时,} \sum\limits_{i \in C_A} P_{i,t}^A = \mu_1 \sum\limits_{i \in C_A}(P_i^{max} - P_i^{base}) \\[2mm] \text{系统下调容量不足时,} \sum\limits_{i \in C_A} P_{i,t}^A = \mu_2 \sum\limits_{i \in C_A}(P_i^{base} - P_i^{min}) \end{cases} \quad (5-12)$$

5.2.3 滚动发电计划的优化模型

1. 滚动发电计划多目标决策模型

风储联合发电系统滚动发电计划属于电力系统经济调度问题。在日前发电计划的基础上，基于超短期风电功率预测和超短期负荷预测信息对发电计划进行调整。与已有的电力系统日前滚动发电计划优化模型相比，本节提出了适用于风储联合发电系统的日内滚动发电计划模型，具有以下特点：

（1）考虑"三公"调度的要求，将滚动发电计划扩展为多目标决策问题，优化目标综合考虑了系统风电消纳能力、运行经济性、可靠性和调度的公平性，通过分层解耦协调实现多目标决策。

（2）将储能系统纳入电力系统滚动发电计划环节进行考虑，综合考虑了日前发电计划的约束和实时校正环节的调节需求，并实现了风储联合发电站、计划跟踪机组、实时校正机组的综合协调调度。

（3）决策变量中除了常规机组有功出力、储能系统充放电功率、风电场弃风功率以外，还增加了负荷节点的切负荷功率，以便考虑系统供电可靠性。

2. 优化目标

本节所讨论的储能系统配置在各个风电场，属于分布式储能系统。常规机组的实时调度计划是利用实时风电功率和超短期风电功率预测信息，对日前发电计划进行修正。考虑分布式储能系统的在线经济调度是多目标决策问题，优化目标包括系统经济性、可靠性以及调度公平性指标。

（1）系统经济性指标。系统运行经济性目标用常规机组运行费用以及风电场弃风电量总和表示，分别如式（5-13）和式（5-14）所示

$$\min f_1 = \sum_{t=1}^{NT} \sum_{i=1}^{NG} \tilde{u}_{i,t}(a_i P_{i,t}^2 + b_i P_{i,t} + c_i) \tag{5-13}$$

$$f_2 = \sum_{t=1}^{NT} \sum_{i=1}^{NW} (P_{w,t}^{curt} \cdot \Delta t) \tag{5-14}$$

式中　Δt——时段长度，此处取 15min；

　　NG——常规机组数量；

　　NW——风电场数量；

　　NT——前瞻时间窗口时段数量，此处取 $NT=16$。

几个决策变量的意义为：$\tilde{u}_{i,t}$ 为表示机组启停状态的 0-1 变量，由日前发电计划确定；$P_{i,t}$ 为常规机组 i 在时段 t 的出力；$P_{w,t}^{curt}$ 为风电场 w 在时段 t 的弃风功率。

（2）系统可靠性指标。系统的可靠性指标用前瞻时间窗口内系统的切负荷电量总和表示，即

$$f_3 = \sum_{t=1}^{NT} \sum_{j=1}^{NJ} (D_{j,t}^{curt} \cdot \Delta t) \tag{5-15}$$

式中　NJ——负荷节点数量。

决策变量 $D_{j,t}^{curt}$ 为负荷节点 j 在时段 t 的切负荷功率。

（3）风储联合发电站调度公平性指标。风储联合发电站调度公平性指标采用风电场日前预测误差未达到风电并网标准的惩罚电量表示，即

$$f_4 = \sum_{t=1}^{NT} \sum_{w=1}^{NW} (\delta_{w,t} \cdot P_{w,t}^{punish} \cdot \Delta t) \tag{5-16}$$

决策变量 $\delta_{w,t}$ 表示风电场类型的 0-1 变量，若风电场 w 为受控风电场（集合 W_{CO}），则 $\delta_{w,t}=1$，否则 $\delta_{w,t}=0$。采用不同的受控风电场选择方法和惩罚功率计算方法，可表示不同的风储协调调度策略。

3. 约束条件

常规动态经济调度模型的约束条件包括：系统运行约束、常规机组运行约束、风电场约束、储能系统运行约束。本节提出一种适用于风储联合系统多时间尺度有功协调调度模型，常规机组和储能系统的实时计划是在日前发电计划的基础上进行修正得到。因此本节提出的优化模型还增加了一系列的协调约束，如与日前发电计划的协调约束、多个风电场之间的协

调约束等。

（1）系统运行约束。风储联合发电系统日内滚动发电计划的系统运行约束包括：系统功率平衡约束式（5-17）、网络安全约束式（5-18）、各负荷节点的切负荷功率约束式（5-19）

$$\sum_{i=1}^{NG} P_{i,t} + \sum_{w=1}^{NW} (P_{w,t} + P_{w,t}^{d} - P_{w,t}^{ch} - P_{w,t}^{curt}) = \sum_{j=1}^{NJ} (D_{j,t} - D_{j,t}^{curt}) \tag{5-17}$$

$$\left| \sum_{i=1}^{NG} G_{li} P_{i,t} + \sum_{w=1}^{NW} G_{lw} (P_{w,t} + P_{w,t}^{d} - P_{w,t}^{ch} - P_{w,t}^{curt}) - \sum_{j=1}^{NJ} G_{lj} (D_{j,t} - D_{j,t}^{curt}) \right| \leqslant P_{l}^{max} \tag{5-18}$$

$$0 \leqslant D_{j,t}^{curt} \leqslant D_{j,t} \tag{5-19}$$

式中　　$P_{i,t}$——机组 i 在时段 t 的出力；

$P_{w,t}$——风电场 w 在时段 t 的超短期预测风电功率；

$P_{w,t}^{d}$ 和 $P_{w,t}^{ch}$——风电场 w 的储能系统的放电功率和充电功率；

$P_{w,t}^{curt}$——弃风功率；

$D_{j,t}$——节点 j 的负荷需求；

G_{lj}——节点 i 对潮流断面 l 的直流潮流灵敏度；

P_{l}^{max}——断面 l 的最大传输容量；

$D_{j,t}^{curt}$——节点 j 的切负荷功率。

（2）常规机组运行约束。常规机组运行约束包括：机组出力约束式（5-20）、爬坡速率约束式（5-21）。除此之外，对于实时校正机组还需要满足二次备用容量约束式（5-12），而对于计划跟踪机组需要满足与日前发电计划的协调约束

$$\tilde{u}_{i,t} P_{i}^{min} \leqslant P_{i,t} \leqslant \tilde{u}_{i,t} P_{i}^{max} \tag{5-20}$$

$$\begin{cases} P_{i,t} - P_{i,t-1} \leqslant (1 - \tilde{y}_{i,t}) r_{i}^{u} \Delta t + \tilde{y}_{i,t} P_{i}^{min} \\ P_{i,t-1} - P_{i,t} \leqslant (1 - \tilde{z}_{i,t}) r_{i}^{d} \Delta t + \tilde{z}_{i,t} P_{i}^{min} \end{cases} \tag{5-21}$$

式中　　r_{i}^{u}、r_{i}^{d}——机组单位时间内最大的向上、向下爬坡速率，MW/min；

P_{i}^{max}、P_{i}^{min}——机组的最大、最小有功出力。

决策变量 $\tilde{y}_{i,t}$ 为表示机组从停机到运行状态转换（开机）的 0-1 变量，当且仅当 $\tilde{u}_{i,t-1}=0$，$\tilde{u}_{i,t}=1$ 时，$\tilde{y}_{i,t}=1$，否则 $\tilde{y}_{i,t}=0$；$\tilde{z}_{i,t}$ 为表示机组从运行到停机状态转换（关停）的 0-1 变量，当且仅当 $\tilde{u}_{i,t-1}=1$，$\tilde{u}_{i,t}=0$ 时，$\tilde{z}_{i,t}=1$，否则 $\tilde{z}_{i,t}=0$。

电力系统日前发电计划一般综合考虑了机组检修计划、经济运行要求、静态安全约束、备用容量约束等，因此，需要将修正后的滚动发电计划和日前发电计划的差值控制在一定范围之内。因此，计划跟踪机组的协调调度中需要考虑滚动发电计划和日前发电计划的协调，约束条件如式（5-22）所示

$$-\Delta \tilde{P}_{i,t}^{max} \leqslant P_{i,t}^{NA} - \tilde{P}_{i,t}^{NA} \leqslant \Delta \tilde{P}_{i,t}^{max} \tag{5-22}$$

式中　　$\Delta \tilde{P}_{i,t}^{max}$——日前发电计划允许的最大偏差量。

决策变量 $\tilde{P}_{i,t}^{NA}$ 为计划跟踪机组 i 在时段 t 的日前发电计划。

（3）风电运行约束（弃风功率约束）。在滚动计划中，风电运行约束即风电场弃风功率约束，用式（5-23）表示

$$0 \leqslant P_{\text{w},t}^{\text{curt}} \leqslant P_{\text{w},t} \qquad (5-23)$$

（4）储能系统运行约束。为按照风电并网标准将风储联合发电站有功出力控制在规定范围内，储能系统的日内滚动发电计划是在日前发电计划基础上修正得到，运行约束条件包括充放电功率修正量约束、充放电功率约束、容量约束以及滚动发电计划与日前发电计划的协调约束。

1）充放电功率修正量约束。修正功率需满足储能系统最大充、放电功率的约束，如式（5-24）和式（5-25）所示

$$\begin{cases} 0 \leqslant \Delta u_{\text{w},t}^{\text{ch}} \leqslant 1, 0 \leqslant \Delta u_{\text{w},t}^{\text{d}} \leqslant 1 \\ \Delta u_{\text{w},t}^{\text{d}} + \Delta u_{\text{w},t}^{\text{ch}} \leqslant 1 \end{cases} \qquad (5-24)$$

$$\begin{cases} 0 \leqslant \Delta P_{\text{w},t}^{\text{d}} \leqslant \Delta u_{\text{w},t}^{\text{d}} P_{\text{w,max}}^{\text{d}} \\ 0 \leqslant \Delta P_{\text{w},t}^{\text{ch}} \leqslant \Delta u_{\text{w},t}^{\text{ch}} P_{\text{w,max}}^{\text{ch}} \end{cases} \qquad (5-25)$$

式中　$P_{\text{w,max}}^{\text{d}}$、$P_{\text{w,max}}^{\text{ch}}$——储能系统最大的放电功率、充电功率。

决策变量 $\Delta P_{\text{w},t}^{\text{ch}}$ 和 $\Delta P_{\text{w},t}^{\text{d}}$ 为增加的充电功率和放电功率，$\Delta u_{\text{w},t}^{\text{ch}}$ 和 $\Delta u_{\text{w},t}^{\text{d}}$ 为 0-1 变量，表示充放电计划修正方向，当 $\Delta u_{\text{w},t}^{\text{ch}} = 1$ 时，表示储能系统在日前发电计划的基础上增加充电功率或减少放电功率；当 $\Delta u_{\text{w},t}^{\text{d}} = 1$ 时，表示在日前发电计划的基础上增加放电功率或减少充电功率。

2）充放电功率约束。储能系统不能同时进行充电和放电，充放电计划经修正后需满足充放电状态约束式（5-26），同时需要满足充放电功率约束式（5-27）

$$\begin{cases} 0 \leqslant u_{\text{w},t}^{\text{d}} \leqslant 1, 0 \leqslant u_{\text{w},t}^{\text{ch}} \leqslant 1 \\ u_{\text{w},t}^{\text{d}} + u_{\text{w},t}^{\text{ch}} \leqslant 1 \end{cases} \qquad (5-26)$$

$$\begin{cases} P_{\text{w},t}^{\text{ch}} = \tilde{P}_{\text{w},t}^{\text{ch}} + \Delta P_{\text{w},t}^{\text{ch}}, P_{\text{w},t}^{\text{d}} = \tilde{P}_{\text{w},t}^{\text{d}} + \Delta P_{\text{w},t}^{\text{d}} \\ 0 \leqslant P_{\text{w},t}^{\text{ch}} \leqslant u_{\text{w},t}^{\text{ch}} P_{\text{w,max}}^{\text{ch}}, 0 \leqslant P_{\text{w},t}^{\text{d}} \leqslant u_{\text{w},t}^{\text{d}} P_{\text{w,max}}^{\text{d}} \end{cases} \qquad (5-27)$$

决策变量 $u_{\text{w},t}^{\text{ch}}$ 和 $u_{\text{w},t}^{\text{d}}$ 表示滚动计划中储能系统 w 在时段 t 的充放电状态的 0-1 变量；$P_{\text{w},t}^{\text{d}}$ 和 $P_{\text{w},t}^{\text{ch}}$ 为储能系统充放电功率滚动计划；$\tilde{P}_{\text{w},t}^{\text{d}}$ 和 $\tilde{P}_{\text{w},t}^{\text{ch}}$ 为储能系统的日前计划。

3）储能系统容量约束（SOC 约束）如下式

$$\begin{cases} E_{\text{w},t} = E_{\text{w},t-1} - \dfrac{P_{\text{w},t}^{\text{d}} \cdot \Delta t}{\eta_{\text{w}}^{\text{d}}} + P_{\text{w},t}^{\text{ch}} \cdot \Delta t \cdot \eta_{\text{w}}^{\text{ch}} \\ \text{SOC}_{\text{w}}^{\text{min}} \cdot S_{\text{w}}^{\text{ess}} \leqslant E_{\text{w},t} \leqslant \text{SOC}_{\text{w}}^{\text{max}} \cdot S_{\text{w}}^{\text{ess}} \end{cases} \qquad (5-28)$$

决策变量 $E_{\text{w},t}$ 为风电场 w 的储能系统在时段 t 的剩余电量，$S_{\text{w}}^{\text{ess}}$ 为储能系统的额定容量，$\text{SOC}_{\text{w}}^{\text{max}}$ 和 $\text{SOC}_{\text{w}}^{\text{min}}$ 为允许的最大、最小荷电状态；$\eta_{\text{w}}^{\text{ch}}$ 和 $\eta_{\text{w}}^{\text{d}}$ 为储能系统的充电效率和放电效率。

4）与日前发电计划的协调约束。低谷时段风电实际出力低于日前预测或高峰时段风电实际出力高于日前预测对于系统调峰是有利的。因此，这里通过协调约束式（5-29）对储能

系统高峰和低谷等特殊时段的充放电状态进行限制

$$\begin{cases} \tilde{P}_{w,t}^{d} + \Delta P_{w,t}^{d} - \tilde{P}_{w,t}^{ch} \leqslant (1 - \tilde{u}_{w,t}^{ch}) P_{w,max}^{d} \\ \tilde{P}_{w,t}^{ch} + \Delta P_{w,t}^{ch} - \tilde{P}_{w,t}^{d} \leqslant (1 - \tilde{u}_{w,t}^{d}) P_{w,max}^{ch} \end{cases} \tag{5-29}$$

决策变量 $\tilde{u}_{w,t}^{ch}$ 和 $\tilde{u}_{w,t}^{d}$ 为日前计划中风电场 w 的储能系统在时段 t 的充放电状态。在此约束条件下，低谷时段风电出力高于预测值时，储能系统可增加充电功率，而风电出力低于预测值时，储能系统只减少充电功率而不能放电；同样，在高峰时段，当风电高于预测值时储能系统只能减少放电功率而不能充电。

5.2.4　滚动发电计划的两阶段优化模型

为实现 $f_1 \sim f_4$ 的多目标决策，本节基于分解协调的思想提出一种两阶段优化模型对日内滚动发电计划优化模型进行分层协调，决策流程如图 5-12 所示。

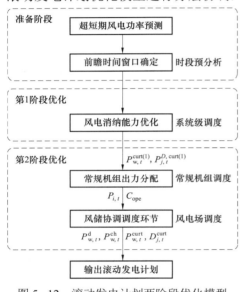

图 5-12　滚动发电计划两阶段优化模型

第 1 阶段优化为系统级协调调度，通过风电场储能系统和常规机组的综合协调调度，确定系统的风电消纳能力和供电可靠性，优化目标为 f_2 和 f_3；第 2 阶段优化为风电场和常规机组出力的优化，由风储协调调度环节（优化目标为 f_4）和常规机组出力分配环节（优化目标为 f_1）组成。经过分解协调，每个优化环节优化模型不会同时包含非线性项和整数型决策变量，从而降低了两阶段优化模型的求解难度。

两阶段优化模型具有明确的工程意义：第 1 阶段属于电网调度机构的动态经济调度，根据网络安全约束和系统整体调整能力确定各时段系统最大的风电消纳能力，并下发风电的最大发电曲线；第 2 阶段优化是在各个风电场和各个常规机组之间分配发电计划，风储协调调度环节基于风电并网标准分配风电场储能充放电任务和弃风功率，常规机组出力分配环节是基于经济调度的原则在各个常规机组之间分配出力计划。

1. 第 1 阶段优化模型

第 1 阶段的优化目标为系统风电弃风量和切负荷量最少，即 f_2 和 f_3 的加权和最小化，权重系数均取为 1。约束条件包括通用模型的所有约束条件，决策变量为各时段弃风总量和切负荷总量。第 1 阶段优化模型为线性混合整数规划模型，可采用分支定界法（branch and bound）求解。

2. 第 2 阶段优化模型

（1）常规机组出力分配环节。日内滚动发电计划环节通过第 1 阶段优化确定系统的最大风电消纳能力和最大失负荷功率，从而可以得到系统最终的等效负荷曲线（负荷减去风电场的出力总和）。常规机组功率分配环节按照经济调度的原则分配常规机组出力，优化目标为机组运行费用最低，即 f_1 最小。约束条件除包含原多目标决策模型的全部约束条件以外，还需要增加弃风总量约束式（5-30）、切负荷电量约束式（5-31）

$$\sum_{w=1}^{NW} P_{w,t}^{curt} = \sum_{w=1}^{NW} P_{w,t}^{curt(1)} \qquad (5-30)$$

$$\sum_{j=1}^{NJ} D_{j,t}^{curt} = \sum_{j=1}^{NJ} D_{j,t}^{curt(1)} \qquad (5-31)$$

式中　　$P_{w,t}^{curt(1)}$ 和 $D_{j,t}^{curt(1)}$——第一阶段优化得到的风电场弃风功率和各负荷节点的切负荷功率。

常规机组出力分配环节的决策变量为常规机组的出力。常规机组出力分配环节不包含整数型决策变量，属于普通的二次规划模型，求解难度相对较低。

（2）风储协调调度环节。风储协调调度环节的优化目标为各风电场的惩罚功率最少（即最小化 f_4），以实现风储联合发电站有功出力的合理分配。约束条件包括通用模型的所有约束条件，弃风功率总量约束式（5-30）、切负荷功率总量约束式（5-31）、系统运行总费用约束式（5-32）以及风电场储能系统之间的协调约束（即惩罚功率表示方法）

$$\sum_{t=1}^{NT}\sum_{i=1}^{NG} \tilde{u}_{i,t}(a_i P_{i,t}^2 + b_i P_{i,t} + c_i) = C_{ope} \qquad (5-32)$$

风储协调调度环节优化也是线性混合整数规划模型，采用分支定界法求解。

5.2.5　算例分析

采用修改后的 IEEE 30 节点标准系统进行仿真分析。在节点 3、节点 7 和节点 21 处分别增加了 3 个风储联合发电站 WF1、WF2 和 WF3。常规火电机组经济调度参数如表 5-2 所示，风电场储能系统运行参数如表 5-3 所示。仿真算例中采用的负荷曲线取自辽宁电网典型负荷曲线并折算到仿真系统容量，风电数据取自辽宁电网 3 个实际风电场，负荷曲线和风电功率曲线如图 5-13 所示。

表 5-2　　　　　　　　　　　常规火电机组经济调度参数

Unit	P_i^{max}（MW）	P_i^{min}（MW）	c_i	b_i	a_i	r_i^u / r_i^d（MW/min）	C_i^{su}（美元）	C_i^{sd}（美元）	T_i^{on}（h）	T_i^{off}（h）	T_i^0（h）
G1	200	80	0	2.00	0.003 75	2.830	176	50	1	1	25
G2	80	40	0	1.70	0.017 50	1.330	187	60	2	2	3
G5	50	20	0	1.00	0.062 50	0.617	113	30	1	1	2
G8	35	10	0	3.25	0.008 34	0.450	267	85	1	2	3
G11	30	10	0	3.00	0.025 00	0.533	180	52	2	1	-2
G13	40	20	0	3.00	0.025 00	0.467	113	30	1	1	-3

表 5-3　　　　　　　　　　不同装机容量风电场储能系统运行参数

序号	风电装机容量（MW）	额定功率（MW）	额定容量（MWh）	效率系数	SOC_max（%）	SOC_min（%）
1	100.05	10	20	0.9	85	15
2	49.50	5	10	0.9	85	15
3	81.00	8	16	0.9	85	15

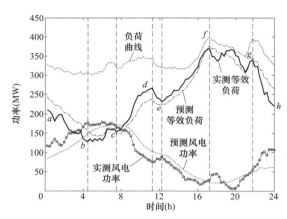

图 5-13 仿真算例的负荷曲线和风电功率曲线

从图 5-13 可以看出，由于风电的波动性，可能使原来波动较为平缓的时段变得相对陡峭而变成可能影响风电消纳或供电可靠性的"瓶颈"时段：① 时段 *ab* 所处低谷时段，由于实际风电出力高于预测值，对系统的下调容量的需求增加；② 时段 *cd* 所处爬坡阶段由于风电出力低于预测值，对系统上调速率的需求增加；③ 时段 *gh* 所处下降阶段由于风电出力高于预测值，对系统下调速率的要求增加。

仿真分析由日前发电计划、日内滚动发电计划和实时调度计划 3 个环节组成，仿真流程如图 5-14 所示。

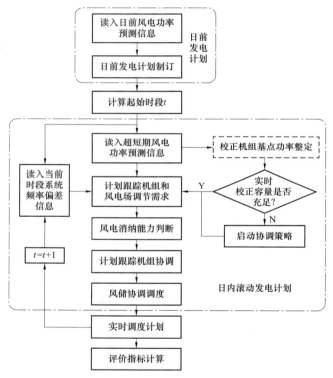

图 5-14 仿真计算流程

仿真的风储经济调度策略见表 5-4。

表 5-4 仿真的风储经济调度策略

模式	经济调度模型	储能参与日前发电计划的情况	储能协调调度
I	原优化模型	不参与	分散调度
II	原优化模型	参与	分散调度

模式	经济调度模型	储能参与日前发电计划的情况	储能协调调度
III	原优化模型	不参与	协调调度
IV	原优化模型	参与	协调调度
V	两阶段优化模型	不参与	协调调度
VI	两阶段优化模型	参与	协调调度

6 种调度模式大致分为 2 类：采用原优化模型的模式 I～IV、采用两阶段优化模型的模式 V～VI。原优化模型的优化目标设定为优化目标 f_1～f_4 的加权和，其中，弃风量 f_2 和切负荷量 f_3 的权重 λ_2 和 λ_3 设为一个较大的整数，这里取为 10^4，而惩罚功率 f_2 的权重取为 10^2。对于本节提出的两阶段优化模型，通过不同优化目标的分层解耦，对各项优化目标的重要程度已有区分，不存在权重系数的选择问题。

1. 不考虑二次备用需求的仿真分析

假设风电并网后增加的附加旋转备用容量为日前预测风电功率的 10%，则制订日前发电计划时，其机组组合费用如表 5-5 所示。

表 5-5　　　　　　　　　　机 组 组 合 费 用

策　略	机组组合费用（美元）	机组运行费用（美元）	启停费用（美元）
储能参与日前发电计划	63 676.03	63 383.03	293
储能不参与日前发电计划	64 099.80	63 663.80	436

在表 5-5 的日前发电计划基础上，对上述三种不同调度策略的运行经济性、可靠性以及调度公平性进行对比分析：经济性指标包括系统运行费用 C_G、系统单位发电成本 c_u、常规机组单位发电成本 c_g 和弃风电量 E_{WC}；可靠性指标是切负荷电量 E_{DC}。

（1）协调策略效果分析。在表 5-5 日前发电计划的基础上，基于表 5-4 中不同的调度模式进行仿真分析，日内滚动发电计划的经济性指标和可靠性指标如表 5-6 所示。

表 5-6　　　　　　　　　　动态经济调度仿真结果对比

调度模式	经济性指标				可靠性指标
	C_G（美元）	c_u [美元/（MWh）]	c_g（美元/MWh）	E_{WC}（MWh）	E_{DC}（MWh）
I	63 975.31	7.879	10.781	46.784	0.000
II	63 718.36	7.848	10.732	50.061	0.000
III	63 325.29	7.799	10.710	25.307	0.000
IV	63 495.02	7.820	10.713	39.499	0.000
V	63 603.27	7.834	10.773	16.666	0.000
VI	63 396.33	7.808	10.722	25.307	0.000

从表 5-6 的仿真结果可以看出，模式 I～II 中风电场储能系统不进行协调调度，风电场储能系统仅按照风电并网标准将风电预测偏差控制在规定范围内，但从电网调度来看，储能

系统充放电呈"无序性"，未能起到提高风电消纳能力和系统运行经济性的目的。调度模式Ⅲ～Ⅳ采用了风储协调策略，储能系统首先由系统进行统一调度，能有效提高风电消纳能力：储能系统不参与日前发电计划的模式下，弃风电量从 46.784MWh（模式Ⅰ）减少到 25.307MWh（模式Ⅲ）；储能系统参与日前发电计划时，系统弃风量从 50.061MWh（模式Ⅱ）减少到 39.499MWh。储能系统进行协调调度还能提高系统运行的经济性：储能系统不参与日前计划的模式能减少机组运行费用 650.02 美元；参与日前发电计划的模式下能减少费用 223.34 美元，系统单位发电成本和常规机组单位发电成本也相应地减少。

模式Ⅴ～Ⅵ 采用两阶段优化模型，以系统风电消纳能力和供电可靠性为首先优化目标，弃风电量和失负荷电量不会大于原多目标决策问题的弃风电量和失负荷电量。采用两阶段优化模型的模式Ⅴ～Ⅵ相比于采用通用模型的模式Ⅲ～Ⅳ，由于储能系统优先和常规机组进行协调调度以提高风电消纳能力，因此系统的弃风量分别从 25.307MWh（模式Ⅲ）、39.499MWh（模式Ⅳ）减少到 16.666MWh（模式Ⅴ）、25.307MWh（模式Ⅵ）。储能系统不参与日前发电计划的模式Ⅴ相比于模式Ⅵ，储能系统在滚动发电计划环节能够提供更多的备用容量，弃风电量从 25.307MWh 减少到 16.666MWh。但从表 5-5 和表 5-6 的结果可知，储能系统参与日前发电计划能够有效减少常规机组的启停，从而提高系统整体运行的经济性。因此模式Ⅵ的系统运行费用（63 396.33 美元）较模式Ⅴ（63 603.27 美元）要低。

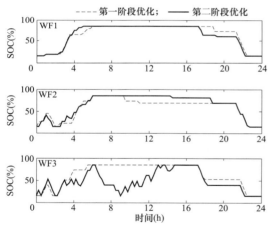

图 5-15　两阶段优化模型的储能 SOC 曲线

（2）调度公平性分析。采用两阶段优化模型的模式Ⅵ的两阶段优化结果如图 5-15 所示。

从图 5-15 可以看出，第一阶段优化是从全局利益出发，以提高风电消纳能力为目标，在各个时段储能系统的充放电策略趋于一致（图中虚线）；第二阶段优化兼顾局部利益，体现调度的公平性。按照风电并网标准在第一阶段优化的基础上在各风电场之间分配调节任务。对于预测精度较高的风电场 WF1 和 WF2［日前风电功率预测误差均方根分别为 0.111（标幺值）、0.114（标幺值）］，不需要频繁地切换充放电状态；对于预测精度较差的风电场 WF3［日前风电功率预测误差均方根为 0.252（标幺值）］，则需要反复切换储能系统的充放电状态（图中实线），将增加储能系统自身的损耗，从而促使各风电场努力提升自身的风电功率预测水平。

（3）超短期预测信息的影响。按照风电并网标准，各风电场需向调度中心实时滚动上报实测风电功率和未来 4h 的超短期预测信息。在实时调度中，利用本节提出的协调调度方法执行滚动计划的周期为 15min，构造时段数 NT 为 16 的动态经济调度模型。在无超短期预测信息的情况下，也可基于实时风电功率构造时段数 NT 为 1 的静态经济调度模型。采用调度模式Ⅵ的两阶段优化模型，两种不同调度模式的结果如表 5-7 所示。

表 5-7

表 5-7 超短期预测信息的影响

调度模式	经济性指标				可靠性指标
	C_G（美元）	c_u（美元/MWh）	c_g（美元/MWh）	E_{WC}（MWh）	E_{DC}（MWh）
动态经济调度	63 396.33	7.808	10.722	25.307	0.000
静态经济调度	63840.65	7.863	10.737	38.770	0.000

从仿真结果可以看出，考虑超短期风电功率预测采用计及多时段的动态经济调度模型，弃风电量从 38.77MWh 减少至 25.307MWh，系统运行费用及单位发电成本均有所降低，系统可以通过前瞻未来一段时间的调度需求，达到更好的控制效果，系统的风电消纳能力和运行经济性都有所提高。

2. 考虑二次备用需求的仿真分析

假设风电并网后增加的附加旋转备用容量为风电容量的 10%，选定机组 G2 作为实时校正机组，在制订日前发电计划时需要考虑实时校正机组的功率基值。日前机组组合的费用的计算结果如表 5-8 所示。

表 5-8 考虑二次备用需求的日前机组组合费用 单位：美元

模 式	机组组合费用	运行费用	启动费用	停机费用
储能参与日前发电计划	64172.33	63527.33	560	85

在此基础之上采用图 5-14 所示的仿真计算流程进行在线协调调度仿真，在线调度环节以风电弃风电量和失负荷电量最小为首要优化目标，采用两阶段优化方法进行计算。

针对如表 5-9 所示的 4 种不同策略进行对比仿真分析。

表 5-9 对比仿真的 4 种不同策略

策略	实时校正需求	储能紧急协调
1	√	√
2	√	×
3	×	√
4	×	×

考虑二次备用需求的日内滚动发电计划的仿真结果如表 5-10 所示，不同策略下实时调度计划的仿真结果如表 5-11 所示。

表 5-10 考虑二次备用需求的滚动发电计划仿真结果

调度模式	经济性指标				可靠性指标
	C_G（美元）	c_u（美元/MWh）	c_g（美元/MWh）	E_{WC}（MWh）	E_{DC}（MWh）
1	63856.37	7.919	10.871	27.580	0.000
2	63905.84	7.925	10.873	30.289	0.000
3	63784.71	7.910	10.883	16.078	0.000
4	63917.64	7.926	10.894	20.140	0.000

表 5-11　　　　　　　　　　　　　　实时调度计划的仿真结果

策略	经济性指标				可靠性指标
	C_G（美元）	c_u（美元/MWh）	c_g（美元/MWh）	E_{WC}（MWh）	E_{DC}（MWh）
1	63 771.17	7.906	11.441	2.908	0.000
2	63 811.62	7.911	11.444	10.073	0.593
3	63 840.32	7.914	11.452	3.408	0.000
4	63 931.65	7.925	11.461	13.774	2.863

从表 5-10 可以看出，在滚动发电计划环节，策略 1 和策略 2 由于考虑了实时校正环节的调节需求，相当于在滚动发电计划模型中增加了系统的二次备用需求，相比于不考虑实时校正需求的策略 3 和策略 4，日内滚动发电计划的经济性并没有优势。同时，由于增加了二次备用需求，系统的调节能力进一步受到限制，因此滚动发电计划环节的计划弃风电量都所有增加。

从表 5-11 的实时校正环节仿真结果可以看出，策略 1 和策略 2 由于考虑了实时校正需求，相对于未考虑实时校正需求的策略 3 和策略 4，在系统经济性和可靠性方面都有所提高。其中，在考虑储能系统紧急协调策略时，系统运行总费用从 63 840.32 美元（策略 3）减少至 63 771.17 美元（策略 1），相应的系统发电成本和常规机组单位发电成本有所减少，同时系统的弃风电量从 3.408MWh 减少至 2.908MWh。从表 5-11 还可以看出，储能系统不参与实时调度计划的紧急控制，系统在实时校正环节需要弃风、切负荷，但考虑储能系统参与紧急协调校正后，系统的弃风电量减少，也无需切负荷，就能保证实时校正环节的有功平衡。

5.3　集群风储联合系统的协调调度

风电场投资建设储能系统可以提高自身的可控性和接入友好性，从而满足并网需求并进一步参与电网调度，是目前提高风电接入能力的主要模式。围绕风储联合系统中的储能容量配置、风储联合优化运行与控制等方面已有很多相关研究，但多以风储系统的本地控制为研究对象，不考虑多个风储系统间的广域协调。

然而，由于储能的成本较高，进行容量配置时一般会根据风资源特性和控制策略选取合理的置信水平，在满足控制要求和减少投资成本间取得适度的折中。因此实际运行中将有可能出现储能调节能力不足的情况，使得风储系统出力不能满足系统要求。此外，由于风电波动性较大，根据长期风资源特性配置的储能在分钟至日级的调度周期内可能出现富余的调节能力，可为其他风储系统提供必要协助。因此，当风储系统数目较多、总体规模较大时，建立多风储系统的广域协调机制，可有效减小分散无序的储能控制带来的不确定性，对提高储能利用效率、增强风电出力的整体可控性、提高电网运行的经济性和安全性具有重要意义。

集群风储联合系统的协调是建立在风资源具有一定时空差异特性、具备通信通道和统一管理考核条件的基础之上的，而我国风电集群开发、集中外送的发展模式正好为风储系统广域协调控制提供了适用条件。本节基于多时间尺度储能广域协调的基本思路，重点研究 15～30min 风储系统滚动优化时间尺度的控制方法，设计了集群风储系统协调控制的基本框架，提出基于超短期风电功率预测的本地控制和广域协调控制的详细模型及控制策略，并基于实际风电场数据对所提出的策略进行了仿真验证。

5.3.1 集群风储联合系统总体协调框架

风储系统广域协调控制包括本地风储系统、集群控制中心和电网调度中心 3 个部分，如图 5-16 所示。本地风储系统包含功能层和设备层。功能层包含储能状态优化、请求协助事件和提供协助服务 3 个模块，将根据预测信息滚动优化储能状态，并在储能调节能力不足将生成事件向集群控制中心请求协助，或在能力富余时提供协助服务，最终生成风电场和储能系统的控制指令。设备层一方面为功能层提供超短期风电功率预测信息及储能状态信息服务，另一方面根据功能层的指令实现对风力机和储能分组子模块的优化控制。

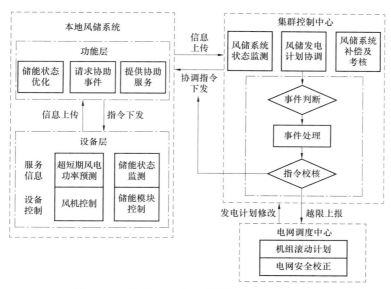

图 5-16　集群风储联合系统协调优化整体框架

集群控制中心通过监视本地风储系统的状态，针对上报的申请协助事件进行协调优化，主要包括事件判断、事件处理、指令校核 3 个模块。若校核后不满足要求，则上报至电网；若满足要求，则将协调指令下发至本地风储系统。另外，集群中心还将对各风储系统申请和提供的协助服务进行相应的考核和补偿，建立合理的辅助服务市场，保证广域协调控制的公平性。

电网调度中心根据集群控制中心上报的控制越限事件，及时调整常规机组的出力计划；当电网进行安全校正时，也可向集群控制中心下发安全指令，要求其协助进行安全控制。

这种以分散控制为主、协调控制为辅的控制模式具有利益主体清晰、运营灵活简单、可靠性高的优点，工程实用性较强。集群风储联合系统作为一个有机整体，对外可接受电网的调度指令，对内可进行协调控制，保证风储联合系统整体出力满足电网要求，从而有效提高风电接入的可控性和可靠性，促使风电成为一个绿色、友好、优质的电源。

5.3.2 风储系统本地控制策略

储能系统的 SOC 体现了储能系统可提供的吞吐能量的能力，是储能系统最重要的运行

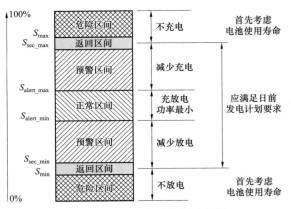

图 5-17　SOC 分区控制示意图

状态指标之一。本节将充分利用预测精度较高的超短期风电功率预测信息，对储能状态进行预控制，使 SOC 趋于中间值，从而保证足够的调整裕度，以应对更长调度周期的风电不确定性，并可在事故情况下快速响应电网紧急安全控制，提供功率支撑。

将 SOC 状态分为正常区间、预警区间、危险区间和返回区间 4 个部分，如图 5-17 所示。正常区间和预警区间要求风储联合系统出力满足日前发电计划，而危险区间和返回区间则首先考虑电池使用寿命，保证储能不过充或过放。

1. 正常区间

当储能系统 SOC 处于正常区间（即 SOC 满足 $S_{alert\_min} < S < S_{alert\_max}$，其中 S 为 SOC 值的大小）时，控制目标为使储能系统的充放电功率最小，从而保持 SOC 的正常状态。控制逻辑为

$$\begin{cases} P_{dtmin} \leqslant P_{wt} \leqslant P_{dtmax}, & P_{bt} = 0 \\ P_{wt} > P_{dtmax}, & P_{bt} = P_{dtmax} - P_{wt} \\ P_{wt} < P_{dtmin}, & P_{bt} = P_{dtmin} - P_{wt} \end{cases} \tag{5-33}$$

式中　　P_{wt} ——下一时刻 t 的风电功率预测值；

P_{dtmax}，P_{dtmin} ——风储联合系统的出力范围上下限；

P_{bt} ——储能输出功率（放电为正，充电为负）。

2. 预警区间

当储能系统 SOC 处于预警区间（即 SOC 满足 $S_{min} < S < S_{alert\_min}$ 或 $S_{alert\_max} < S < S_{max}$）时，将利用未来一段时间 m 的预测信息，令优化时段内储能系统 SOC 的平均水平趋于 50%，控制策略的数学模型为

$$\begin{cases} \min \sum_{t=1}^{m} (S_t - 50\% S_{rate})^2 \\ \text{s.t.} \begin{cases} S_t = S_0 - \sum_{k=1}^{t} \eta_k P_{bk} \Delta t / S_{rate} \\ P_{dtmin} \leqslant P_{bt} + P_{wt} \leqslant P_{dtmax} \\ P_{bmin} \leqslant P_{bt} \leqslant P_{bmax} \\ t = 1, 2, \cdots, m \end{cases} \end{cases} \tag{5-34}$$

式中　　S_t —— t 时刻储能系统的 SOC 值；

S_0 ——当前时刻值；

η_k —— k 时段的充放电效率，与充放电功率有关；

t ——储能控制时间间隔；

S_{rate} ——储能额定容量。

模型中，不等式约束包括风储联合系统出力范围约束和储能功率约束。

式（5－34）通过优化未来控制时段内的储能功率 $P_{b1} \sim P_{bm}$，使得 SOC 值与最优值的平方差最小。一方面可促使储能系统 SOC 回到正常区间内；另一方面当未来储能系统 SOC 调整空间不足时，可利用超短期预测信息，在允许的范围内提前安排储能系统的充放电功率，为未来的控制预留容量空间，从而更好地实现储能系统有限容量的合理利用。

3. 危险区间

当储能系统 SOC 处于危险区间（即 SOC 满足 $S < S_{min}$ 或 $S > S_{max}$）时，应先考虑保护储能系统使用寿命，保证其不过充或过放，因此需对其充放电方向进行限制，限制规则为

$$P_{bt} = \begin{cases} \max(0, P_{dt\,max} - P_{wt}) \geqslant 0, S > S_{max} \\ \min(0, P_{dt\,min} - P_{wt}) \leqslant 0, S < S_{min} \end{cases} \quad （5－35）$$

当储能进入危险区域，则令标志位 flag＝1。

4. 返回区间

当 SOC 从危险区间返回预警区间时，由于控制策略的变换，可能使得 SOC 再次进入危险区间，造成储能系统 SOC 频繁越限，损害储能寿命。因此在危险区和预警区之间增加了返回区间，其判断条件如下：

若 $S < S_{sec\,min}$ 或 $S > S_{sec\,max}$ 且 flag＝1，则处于返回区间，仍保持相应危险区间的控制方法；

若 $S > S_{sec\,min}$ 或 $S < S_{sec\,max}$ 且 flag＝1，则离开返回区间，切换到预警区间控制模式，并令 flag＝0，标志着 SOC 恢复安全水平。

综上，根据当前的 SOC 和风功率预测信息，可得到下一时段的风储联合系统的控制预指令 $P_{bt} + P_{wt}$，下发至设备层由实时控制器进行闭环控制。需要注意的是，参与滚动计划的风电场储能系统一般为能量型电池储能系统，在实际应用中电池储能系统将由多组子系统构成，而这里的 SOC 实际上为整体等效的荷电状态，因此从保留更多控制裕度的角度考虑，控制策略使其趋近于 50%。而针对放电深度对电池循环寿命的影响，可采用分组轮流充放电的方式实现电池内部分组的满充和满放，以延长电池使用寿命。储能分组子系统的能量管理由设备层模块实现，在此不多做讨论。

5.3.3 集群风储系统协调调度策略

1. 本地风储系统协调策略

（1）本地风储系统请求协助。当本地储能系统的功率或容量配置无法满足日前制订的计划要求时，本地风储系统将向集群控制中心请求协助。本地储能系统调节能力不足可分为 2 种情况。

1）功率事件。当功率偏差大于储能可提供的最大充放电功率时，定义为功率事件。此时控制指令为

$$P_{bt} = \begin{cases} \max(P_{b\,min}, P_{char}), P_{b\,min} > P_{dt\,max} - P_{wt} \\ \min(P_{b\,max}, P_{dis}), P_{b\,max} < P_{dt\,min} - P_{wt} \end{cases} \quad （5－36）$$

式中 P_{char}，P_{dis} ——SOC 不越限情况下储能可提供的最大充、放电功率，表达式为

$$\begin{cases} P_{\text{char}} = \dfrac{(S_0 - S_{\max})S_{\text{rate}}}{\eta_{\max}\Delta t} \\[3mm] P_{\text{dis}} = \dfrac{(S_0 - S_{\min})S_{\text{rate}}}{\eta_{\max}\Delta t} \end{cases} \qquad (5-37)$$

可见，当发生功率事件时，本地储能系统将在容量不越限的前提下尽可能地提供最大充放电功率，不足部分可向集群中心请求协助，由其他风储系统进行补偿，此时本地风储系统可实现自身被考核损失的最小化。

2）容量事件。当储能 SOC 处于危险或返回区间，且其受限的出力方向与控制需求相同时，将无法满足出力范围要求，定义为容量事件。此时控制指令为

$$P_{bt} = \begin{cases} 0, & S > S_{\max} \text{ 且 } P_{wt} > P_{dt\max} \\ 0, & S < S_{\min} \text{ 且 } P_{wt} < P_{dt\min} \end{cases} \qquad (5-38)$$

可见，发生容量事件时，储能系统无法提供功率控制，须请求协助，缺额部分全部由其他风储系统进行补偿。

（2）本地风储系统提供协助。由于风电场群出力的错峰效应以及所配置储能参数的差异性，各个风电场储能系统的运行状态不尽相同，从而为广域协调提供了可能。本地风储系统需根据自身储能的 SOC 状态和原有的优化功率 P_{bt}，确定其可提供的附加协助功率和容量范围，上传至集群控制中心。

由于各风储系统的状态不同，其提供协助和接受帮助的角色是不确定的，如发生容量越上限事件的储能系统需要请求协助，但其自身可为其他风电场提供放电功率和容量协助。本地储能系统可提供的协助功率方向受自身状态的约束，具体限制规则如表 5-12 所示。

表 5-12　　　　　　　　　　本地储能系统可提供的协助功率方向规则表

条　件	协助功率受限方向	状态说明
$P_{b\min} > P_{dt\max} - P_{wt}$	$\Delta P_{bt} \geq 0$	发生功率事件，提供协助方向受限
$P_{b\max} < P_{dt\min} - P_{wt}$	$\Delta P_{bt} \leq 0$	
$(S > S_{\max}) \,||\, (S > S_{\text{sec\_max}}$ 且 flag $=1)$	$\Delta P_{bt} \geq 0$	SOC 处于危险或返回区间，提供协助方向受限
$(S < S_{\min}) \,||\, (S < S_{\text{sec\_min}}$ 且 flag $=1)$	$\Delta P_{bt} \leq 0$	
$S_{\text{pre}} > S_{\max}$	$\Delta P_{bt} \geq 0$	预测 SOC 即将进入危险区间，提供协助方向受限
$S_{\text{pre}} < S_{\min}$	$\Delta P_{bt} \leq 0$	
其他	无限制	提供协助方向无限制

注　P_{bt}——提供的协助功率；S_{pre}——执行原有优化指令 P_{bt} 时下一时刻 SOC 的预测值。

为其他风电场提供临时性的功率和容量支援可为自身风储系统带来补偿收益，但也需要付出调节代价。因此，风电场提供的协助功率和协助容量大小与储能系统性能参数、储能系统当前以及未来一段时间的 SOC 状态以及广域协调的考核和补偿价格机制有关。在此为简化问题，假设风电场在安全允许的范围内尽可能提供功率和容量协助。

2. 集群系统广域协调策略

集群控制中心接到协助申请后，对各风电场的出力曲线进行广域协调，保证整体出力在电网要求的范围之内。控制中心广域协调控制采用事件驱动的机制，其处理流程包括事件判断、事件处理、指令校核 3 个模块。

（1）事件判断。当有本地风电场请求协助时，由于集群风电出力的空间差异性，可能不会引起总外送风电的越限，因此首先需要判断是否发生越限事件，若满足式（5-39），则触发事件处理环节，若不满足，则仍维持原有的本地控制指令

$$P_{t\min} \leqslant \sum_i (P_{wti} + P_{bti}) \leqslant P_{t\max} \ \& \ P_1 \leqslant P_{1\max} \qquad (5-39)$$

式中　P_{wti}，P_{bti}——风储系统 i 上传的下一控制时段 t 的风电预测值和计划储能出力；

　　　$P_{t\min}$，$P_{t\max}$——计划外送风电总和上下限；

　　　P_1——集群风电内部线路的有功潮流，可根据风电场有功出力对线路有功的灵敏度计算得到；

　　　$P_{1\max}$——线路的最大传输容量。上式要求外送风电满足电网要求范围，同时集群风电内部线路不过载。

（2）事件处理。当越限事件发生时，需要有调节能力的风储系统协助吸收富余的风功率或补偿缺额功率，从而保证整体外送功率和线路潮流不越限。

当外送功率越上限时，需下调风储系统出力，控制模型为

$$\begin{cases} \min \alpha \sum_{i \in C_d} G_i \Delta P_{bti} + \beta \sum_{i \in C_d} \Delta P_{bti}^2 \\ \text{s.t.} \begin{cases} \sum_{i \in C_d} \Delta P_{bti} = P_{t\max} - \sum_i (P_{wti} + P_{bti}) \\ \max(P_{bi\min}, P_{ichar}) \leqslant P_{bti} + \Delta P_{bti} \leqslant P_{bti}, i \in C_d \\ P_1 + S\Delta P_{bt} \leqslant P_{1\max} \end{cases} \end{cases} \qquad (5-40)$$

式中　C_d——可提供下调协助功率的风储系统集合；

　　　G_i——式（5-34）中下一时刻储能出力对目标函数的梯度，表征了风储系统 i 调整储能功率对其未来一段时间 SOC 状态的影响，体现了风储系统参与功率协助的边际成本。

为防止调整量过大造成不稳定，将调整量也作为控制目标之一。等式约束为协助功率总量等于总越限量，不等式约束包括调节方向约束、协助的功率和容量约束（$P_{bi\min}$ 为储能功率约束，P_{ichar} 为保证 SOC 不越限的容量约束）、线路潮流限制。当外送功率越下限时，控制模型与之类似。

（3）指令校核。对上述的计算结果进行校核，若满足式（5-39），则当前事件可解决，将协调指令下发；若仍存在越限情况，说明集群风储系统无法满足计划要求，则需上报至电网调度中心，要求电网更改其他机组的发电计划，以维持整个系统的功率平衡。

5.3.4　算例分析

1. 本地控制策略验证

取某实际风电场数据进行仿真验证，风电场装机容量为100MW，储能额定功率为20MW，

额定容量为 60MWh。取日前风功率预测值作为发电计划，允许波动范围为预测峰值的±10%。超短期风功率预测数据每 15min 更新一次，预测长度为 2h。储能的 SOC 正常区间为 45%～55% S_{rate}，预警区间为 20%～45% S_{rate} 及 55%～80% S_{rate}，返回区间为 20%～25% S_{rate} 及 75%～80% S_{rate}，SOC 初始值设为 50%。

比较以下两种控制方案。

方案一：不依赖超短期预测数据，根据当前 SOC 对风储系统出力目标进行线性校正，校正规律为

$$P_{\text{Inter}} = \frac{P_{d\max} - P_{d\min}}{S_{\max} - S_{\min}}(S - S_{\min}) + P_{d\min} \tag{5-41}$$

方案二：根据超短期风功率预测信息，采用 3.1 节提出的控制方法。

2 种方案的仿真结果如图 5-18、图 5-19 所示。

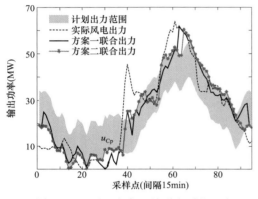

图 5-18　不同方案风储联合系统出力

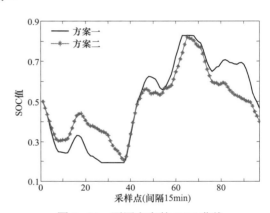

图 5-19　不同方案的 SOC 曲线

从图 5-18、图 5-19 可看出，加入储能装置后，可有效补偿风电出力的不确定性，将风电出力控制在要求范围之内。本节提出的 SOC 分区控制方法可保证各分区间的平滑过渡，不会导致 SOC 频繁地来回波动。基于预测信息的方案二可根据未来风电出力趋势提前预留充放电空间，当风电出力偏小且 SOC 偏低时（如时段 1～10），风储系统运行于控制范围的下限；当风电出力偏大且 SOC 偏高时（如时段 40～50、55～65），风储系统运行于控制范围的上限，从而有效减缓了充放电速度，没有发生容量越限事件。而方案一缺乏预测信息，因此无法预先安排容量空间，导致其 SOC 2 次越限（时段 26～37、62～70），期间风储系统失去控制能力，无法满足系统要求的功率输出范围。

统计仿真日下储能 SOC 越限概率以及风储联合出力的越限概率和越限电量（绝对值），结果如表 5-13 所示。

表 5-13　　　　　　　　　　　本地控制方案的控制效果比较

方案	SOC 越限概率（%）	出力越限概率（%）	越限电量（MWh）
无控制	—	54.74	81.47
方案一	7.37	20.0	20.23
方案二	4.21	6.32	6.11

表 5-13 的结果进一步验证了考虑预测信息的方案二可通过优化容量空间降低 SOC 越限概率，从而减小联合系统的越限概率和越限电量，提高储能的利用效率，验证了所提控制策略的有效性。

2. 协调控制策略验证

取 3 个风电场实际数据，其网络拓扑结构如图 5-20 所示。3 个风电场的装机容量和储能配置均与 5.4.4.1 节相同。

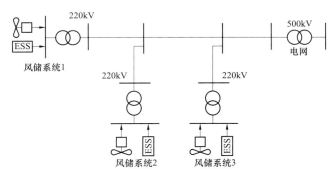

图 5-20　仿真算例中集群风电场的拓扑结构

比较 3 种方案：方案一和方案二与 4.1 相同，各风电场间无协调；方案三：本地控制方法与方案二相同，各风电场在必要时进行协调。

各方案仿真结果如图 5-21、图 5-22 所示。

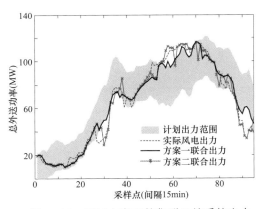

图 5-21　不同方案下的集群风储系统出力

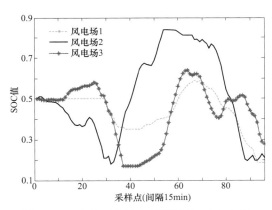

图 5-22　方案三各风电场储能的 SOC 曲线

从图 5-21、图 5-22 可知，时段 27~34 和 55~69 风电场 2 的 SOC 越限，导致方案一和二出现了集群风电功率越限，方案三中风电场 1 和 3 分别在 2 个时段提供了上调功率（SOC 下降）和下调功率（SOC 上升）协助；时段 88~95 风电场 1 和 2 的 SOC 越下限，导致方案一和二出力越限，方案三中风电场 3 提供了上调功率协助。因此，方案三通过广域协调保证了整体出力的可控性。

统计仿真日下集群风储联合出力的越限概率和越限电量，如表 5-14 所示。

表 5-14　　　　　　　　　　集群风电控制效果对比

方案名	越限概率（%）	越限电量（MWh）
方案一	32.6	66.4
方案二	27.4	69.2
方案三	12.6	2.7

从表 5-14 可以看出，虽然方案二的越限概率小于方案一，但越限电量却偏大。这是由于独立控制时，方案二为优化 SOC 轨迹，本地风储系统多趋于控制范围的上限或下限运行，在无协调时将增加集群出力越限的风险。而方案三通过各风储联合系统间的协调，可有效利用具有富余调节能力的储能系统，从而大幅度地降低越限指标，实现有限储能容量的广域优化配置。

3. 长期仿真及影响因素分析

（1）长期仿真结果。取连续 10 天的风电数据进行仿真计算，基于长期仿真的统计结果进一步分析影响控制效果的因素。

长期控制的计算结果如表 5-15 所示，与上节的短期仿真结果一致，方案二因独立控制趋于运行范围上限或下限，因此总体出力的越限电量比方案一大，协调方案三考核指标最优。

表 5-15　　　　　　　　　　长 期 控 制 效 果 对 比

方案名	越限概率（%）	越限电量（MWh）
方案一	44.5	1 568
方案二	41.9	1 672
方案三	28.6	1 052

（2）风储联合控制策略对电网的影响。假设电网根据日前风储联合系统的计划出力及范围进行机组启停及旋转备用安排，当集群风储出力越限时，电网需要重新调整发电计划以满足系统电力及电量平衡。因此，风储控制方案对电网的影响与越限的幅度和持续时间紧密相关。当越限量较小时，电网可利用旋转备用进行平衡；当越限量较大、旋转备用不足时，需要常规机组进行深度调峰；当电力系统刚性较大、调节能力较差时，甚至会导致机组的频繁启停。图 5-23 展示了 3 种方案下风储系统越限量的直方统计图，不难看出，与方案一、方案二相比，方案三对 ±5MWh 的越限范围改善效果明显；而受到储能容量的限制，对于较大幅度的越限（≥10MWh）改善效果相对较弱。

为进一步分析风储控制方案对电网运行的影响，下面计算电网补偿风储系统波动性的调节成本。为简化计算，考虑风电占电网总装机容量的 30%，根据电网备用配置原则和常规机组调节能力，设越

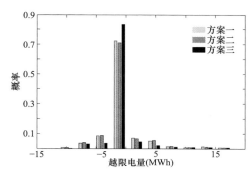

图 5-23　长期仿真越限电量直方统计图

限量小于 30MW 由旋转备用补偿，30～60MW 由机组深度调峰调节，大于 60MW 则须启停机组。表 5-16 为按照东北电网辅助服务管理条例，3 种方案下风储系统越限导致的电网辅助服务调节成本。与前文的分析结果相似，方案三可减小电网的旋转备用和深度调峰服务成本，通过广域协调提高了风储联合系统的可控性，从而改善风电的接入友好性。

表 5-16　　　　　　　　　　　　电网辅助服务调节成本

补 偿 手 段		方案一	方案二	方案三
旋转备用	越限电量（MWh）	1226	1296	709
	补偿费用（万元）	2.45	2.59	1.42
深度调峰	越限电量（MWh）	278	294	246
	补偿费用（万元）	13.89	14.72	12.30
启停调峰	越限次数（次）	1	1	1
	补偿费用（万元）	12	12	12

（3）参与协调控制的风电场数量的影响。在集群风电广域协调控制中，若协调控制的补偿及考核制度不合理，将可能导致风储系统不愿意提供协助服务。集群风电中不同数量的风储系统参与协调控制时整体出力的考核指标如表 5-17 所示（不参与协调控制的风电场采取方案 2 策略进行独立控制）。可以看到，参与协调的风电场数目越多，协调优化的空间越大，整体控制效果越好。此统计结果可为集群控制中心制定合理的协调服务费用标准提供有用的信息。

表 5-17　　　　　　　　　　不同数量风电场参与协调的控制效果

方　　案	越限概率（%）	越限电量（MWh）
无风电场参与协调控制	41.9	1672
风电场 1 参与协调控制	34.0	1238
风电场 1、2 参与协调控制	30.5	1154
风电场 1、2、3 均参与协调控制	28.6	1052

（4）集群风电时空差异特性的影响。集群风电场出力的时空差异性是影响协调控制效果的另一重要因素，也是广域协调控制的基础。采用相关系数衡量 3 个风电场两两之间的时空差异性，计算公式如式（5-42）。表 5-18 列举了长期仿真中具有不同相关系数的仿真日的控制结果。可以看到，风电出力的相关性越低，协调控制改善效果越明显

$$r = \frac{\sum_{i=1}^{n}(x_i - \overline{x})(y_i - \overline{y})}{\sqrt{\sum_{i=1}^{n}(x_i - \overline{x})^2} \cdot \sqrt{\sum_{i=1}^{n}(y_i - \overline{y})^2}} \tag{5-42}$$

表 5-18　　　　　　　　　　　　不同相关系数的控制效果比较

比较指标	相关系数	方案一	方案二	方案三
越限概率（%）	0.46, 0.74, 0.78	57.9	53.7	52.6
	0.22, 0.33, 0.46	32.6	39.0	22.1
	0.05, 0.54, 0.54	32.6	27.4	12.6
越限电量（MWh）	0.46, 0.74, 0.78	243.9	251.6	201.1
	0.22, 0.33, 0.46	76.0	84.4	73.0
	0.05, 0.54, 0.54	66.4	69.2	2.7

综上可知，本文提出的广域协调优化调度方法适合于数量多、分散空间广、时空互补特性明显的集群风储联合系统，可在广域范围内实现储能有限容量的高效利用，显著改善控制效果。

5.4　小　　结

本章在日前发电计划和日内滚动发电计划中充分考虑风电预测误差和储能系统特性，实现了对风电、火电和储能系统进行协调统一优化的高效建模，提高了储能系统参与系统优化调度，提高了风电消纳能力。储能并网下风储联合调度技术，结合储能系统功率快速可调及可充放电的特点，在实际运行中可以提高系统消纳风电功率预测误差的能力。在风储联合优化调度下，储能系统在联合优化发电计划模型中起到如下作用：① 对系统负荷削峰填谷；② 减小火电机组备用需求压力，提高了系统安全稳定运行的可靠性；③ 提高系统对风电的消纳能力，有助于风电接入。随着风电波动偏差系数上限的增大，系统通过调整不同时段机组和储能系统出力来满足风电所带来的更高的备用和爬坡要求，风电在运行中所允许的功率波动区间也会相应的增加，提高了系统消纳风电的能力。

在集群风电场的协调调度方法方面，本章设计了集群风储联合系统广域协调优化调度的基本框架，提出了风储系统本地控制策略和广域协调优化方法，并进行仿真验证，得到以下结论。① 提出本地储能的 SOC 分区控制模型以及各分区的控制方法，通过引入超短期风功率预测信息，在控制允许的范围内提前预留 SOC 空间，可有效提高储能的容量裕度及利用效率。② 针对本地控制能力不足的情况，定义了本地储能的功率事件和容量事件及其相应的处理方法，制订了本地储能申请及提供协助的基本规则，并进一步提出基于事件驱动的广域协调控制模型和方法。仿真结果表明广域协调控制可充分利用集群风电的时空平滑性和储能运行状态的差异性，实现有限储能容量的杠杆效益，显著改善集群出力的控制效果和控制能力。③ 合理的考核及补偿机制是建立健康的合作竞争市场、实现协调控制中自身利益与整体利益相一致的关键因素。建立激励合作的收益分配方式，从而引导风储系统积极参与集群广域协调控制，是值得深入探讨的问题。另外，由于目前风电不确定性建模的方法尚未成熟，难以为 SOC 优化提供有效的信息，因此本章提出的本地控制策略以 SOC 趋于中间值作为目标，以保留足够的上调和下调裕度。有必要进一步针对风电出力的不确定性进行理论建模，为风储系统运行风险提供有效的衡量工具，更好地改进本地 SOC 优化控制策略。

参 考 文 献

［1］ Alec Brooks, Ed Lu, Dan Reicher, Charles Spirakis, Bill Weihl. Demand dispatch‐using real‐time control of demand to help balance generation and load［J］. IEEE power&energy magazine, 2010（5）：21−29.

［2］ 张文亮，丘明，来小康. 储能技术在电力系统中的应用［J］. 电网技术，2008，32（7）.

［3］ 韩自奋，陈启卷. 考虑约束的风电调度模式［J］. 电力系统自动化，2010，34（2）：89−92.

［4］ Ronan Doherty, Mark O'Malley. A new approach to quantify reserve demand in systems with significant installed wind capacity［J］. IEEE Transactions on Power System, 2005, 20（2）：587−595.

［5］ Aidan Tuohy, Peter Meibom, Eleanor Denny, Mark O'Malley. Unit commitment for systems with significant wind penetration［J］. IEEE Transactions on Power Systems, 2009:24（2）.

［6］ Zhou Xi‐chao, Zheng Wei, Zhi Yong. Wind power integration into gansu power grid［C］. CIGRE 2009, Gui Lin.

［7］ 谢毓广，江晓东. 储能系统对含风电的机组组合问题影响分析［J］.电力系统自动化，2011，35（5）.

［8］ 张伯明，吴文传，郑太一，等. 消纳大规模风电的多时间尺度协调的有功调度系统设计［J］. 电力系统自动化，2011，35（1）：1−6.

［9］ 黄杨. 风储联合发电系统多时间尺度有功协调调度方法研究［D］. 北京: 清华大学，2014.

［10］ 国家能源局. 国家能源局关于印发风电场功率预测预报管理暂行办法的通知［S］. 2011.

［11］ GB/T 19963—2011 风电场接入电力系统技术规定［S］. 北京：中国标准出版社，2012.

［12］ 张国强，吴文传，张伯明. 考虑风电接入的有功运行备用协调［J］. 电力系统自动化，2011，35（12）：15−19+46.

［13］ Chow J H, de Mello R W, Cheung K W. Electricity market design: An integrated approach to reliability assurance［C］. Proceedings of the IEEE, 2005, 93（11）：1956−1969.

［14］ 张国强，张伯明，吴文传. 考虑风电接入的协调滚动发电计划［J］. 电力系统自动化，2011，35（19）：18−22.

［15］ 李鹏，黄越辉，许晓艳，等. 风光储联合发电系统调频控制策略研究［J］. 华东电力，2013，41（1）：144−147.

［16］ Restrepo J F, Galiana F D. Secondary reserve dispatch accounting for wind power randomness and spillage.// Proceedings of IEEE Power Engineering Society General Meeting, J une 24−28 , 2007, Tampa, FL, USA: 1−3.

［17］ 张国强，张伯明. 考虑风电接入后二次备用需求的优化潮流算法［J］. 电力系统自动化，2009，33（8）：25−28.

［18］ 陈建华，吴文传，张伯明，等. 消纳大规模风电的热电联产机组滚动调度策略［J］. 电力系统自动化，2013，36（24）：21−27.

［19］ Cohen A I, Yoshimura M. A branch‐and‐bound algorithm for unit commitment. IEEE Transactions on power apparatus and systems, 1983, PAS−102（2）：444−451.

［20］ Raglend I J, Padhy N P. Solutions to practical unit commitment problems with operational, power flow and environmental constraints. // IEEE Power Energy Society General Meeting, 2006.

［21］ Chen H，Cong，T N，Yang W，et al. Progress in electrical energy storage system：A critical review［J］. Progress in Natural Science，2009，19（3）：291−312.

［22］ 袁小明，程时杰，文劲宇. 储能技术在解决大规模风电并网问题中的应用前景分析［J］. 电力系统自动化，2013，37（1）：14−18.

［23］ 国家电网公司"电网新技术前景研究"项目咨询组. 大规模储能技术在电力系统中的应用前景分析［J］. 电力系统自动化，2013，37（1）：3−8.

［24］ 吴云亮，孙元章，徐箭，等. 基于饱和控制理论的储能装置容量配置方法［J］. 中国电机工程学报，2011，31（22）：32−39.

［25］ 张坤，毛承雄，谢俊文，等. 风电场复合储能系统容量配置的优化设计［J］. 中国电机工程学报，2012，32（25）：79−87.

［26］ 严干贵，冯晓东，李军徽，等. 用于松弛调峰瓶颈的储能系统容量配置方法［J］. 中国电机工程学报，2012，32（28）：27−35.

［27］ Garcia-Gonzalez J，De LaMuela R M R，Santos L M; et al. Stochastic joint optimization of wind generation and pumped-storage units in an electricity market［J］. IEEE Transactions on Power Systems，2008，23（2）：460−468.

［28］ Li Q，Choi S S，Yuan Y，et al. On the determination of battery energy storage capacity and short-term power dispatch of a wind farm［J］. IEEE Transactions on Sustainable Energy，2011，2（2）：148−158.

［29］ Duehee L，Joonhyun K，Baldick R. Stochastic optimal control of the storage system to limit ramp rates of wind power output［J］. IEEE Transactions on Smart Grid，2013，4（4）：2256−2265.

［30］ 谢俊文，陆继明，毛承雄，等. 基于变平滑时间常数的电池储能系统优化控制方法［J］. 电力系统自动化，2013，37（1）：96−102.

［31］ 谢石骁，杨莉，李丽娜. 基于机会约束规划的混合储能优化配置方法［J］. 电网技术，2012，36（5）：80−84.

［32］ Lu Qiuyu，Hu Wei，Min Yong，et al. Wide-area coordinated control of large scale energy storage system［C］//IEEE Power System Technology Conference. Auckland. New Zealand：IEEE，2012：1−5.

［33］ Sarrias R，Fernandez L M，Garcia C，et al. Coordinate operation of power sources in a doubly-fed induction generator wind turbine/battery hybrid power system［J］. Journal of Power Sources，2012（205）：354−366.

［34］ 欧阳名三. 独立光伏系统中蓄电池管理的研究［D］. 合肥：合肥工业大学，2004.

第6章

含风储联合运行系统的电力系统
可 靠 性 评 估

电力系统可靠性评估指对电力系统网架结构或设施的动态、静态或者各种性能改进措施的效果是否能够达到规定的可靠性准则进行分析、预计和认定的系列工作。可靠性分析的主要内容包含基于电力系统偶然故障的概率分布及其后果分析,对电力系统持续供电能力准确和快速的评价,找出影响系统可靠性水平的薄弱环节以寻求改善可靠性水平的措施。传统电力系统的可靠性分析包括安全性和充裕性两方面。

安全性又称为动态可靠性,是指电力系统在场景切换后能否承受该扰动的能力,如突然短路或失去系统元件后,电力系统能否回到原来的运行状态或过渡到一个新的稳态运行状态,并不间断向用户提供电能的能力。电力系统稳定性主要检查电力系统在大扰动下(如故障、切机、切负荷、重合闸操作等情况),各发电机组间能否保持同步运行。稳定性是电力系统的规划、设计、运行与控制中都必须考虑的基本问题。

充裕性又称为静态可靠性,是指电力系统维持持续供给用户所需的负荷需求的能力,即主要考查电力系统在各个场景下是否具备足够多的发电容量以满足用户的需求,以及是否具备足够多的输变电设备以保证电能传输的需要。

功率不平衡是威胁电力系统稳定性的主要因素,这在包含诸如风电、太阳能等间歇式电源的系统中显得尤为突出。随着大规模风电的并网,风能的随机性、波动性和难以调度的特点,给电力系统的运行和控制带来了新的问题。大规模开发风电需要提高风电场输出功率的可控性,为此引入储能系统。储能作为平抑风电功率随机性和波动性的一种有效手段,在大规模风电并网系统中,正逐步得到发展和使用。因此,含风储联合系统的电力系统可靠性评估需要结合风电的特性和储能的有效作用,建立合适的评估模型和方法。

本章针对含风储联合系统的电力系统,分别从安全性评估(稳定性分析)和充裕性评估两个方面进行介绍。

安全性方面主要集中于风电并网对常规发电同步稳定性的影响,以及分析储能装置对改善系统稳定性的积极作用。采用一台等效风电机组模拟风电场,利用储能装置所兼具的有功和无功调节能力,设计基于储能原理的电力系统新型稳定器(Power System Stabilizer, PSS),以改善系统阻尼特性。

充裕性方面,由于风电与常规电源相比,具有强随机性的特点,采用常规电源的电力/电量不足期望和电力/电量不足概率等可靠性指标不能直接和准确地反映风电场对电力系统可靠性的影响。因此,需要针对风电并网对系统功率平衡及调峰特性的影响,引入更全面的评价指标进行评估，从多个角度对含风-储联合运行系统的充裕性进行研究和分析，据此评估电网接纳风电能力。

6.1 含风储联合运行系统的电力系统暂态稳定概率评估

长期以来，电力系统的暂态稳定分析一直是采用确定性方法进行的，系统的元件参数、运行条件及干扰方式均已给定，在少数几个给定的条件下进行稳定性分析，难以提供有关系统稳定的、足够的、全面的信息。为了保证系统的稳定性，通常通过人为选定极端运行条件或最严重故障，对所谓的"最坏情况"（Worst Case Scenario）来进行分析，但这样又有可能存在漏洞。因此，电力系统的稳定性一直以来都是一个定性的指标，没有在系统层面上量化系统失去稳定的风险的指标。

Burchett 在 1977 年首先提出了电力系统的稳定性概率分析（Probabilistic Analysis of Stability，PAS），随后，Billinton 等人发表了第一篇关于电力系统暂态稳定概率评估的文章。PAS 通过较全面地模拟系统的各种随机扰动量化系统的稳定性能，以分析其与系统中某些关键参量之间的定量关系。其本质依赖于时域仿真、小干扰稳定分析和潮流计算等传统电力系统分析手段，采用临界故障切除时间（Critical Clearing Time，CCT）评估系统暂态稳定概率。随着模式识别和人工智能技术在 PAS 中的广泛应用，这些方法基本可以不依赖于时域仿真来判断系统的稳定性，对于确定性的电力系统稳定分析是一种良好的补充，但这些方法对于预想的扰动集合依赖性较强，难以给出全面的系统稳定性指标。

相比于确定性暂态稳定分析，概率暂态稳定性分析能够更全面、更深刻地反映电力系统暂态稳定性的实质，而且它给出了一个系统层面的稳定指标，可以用于定量地衡量电力系统的动态稳定性。

6.1.1 暂态稳定概率评估

暂态稳定概率评估根据系统中影响稳定的主要随机因素的统计特性来确定电力系统中的概率稳定性指标，从而为电力系统的规划、设计、运行与控制提供重要的依据。与电力系统充裕度评估类似，电力系统暂态稳定概率评估需要模拟故障事件的概率和后果。然而，这两方面的模拟都比稳态的充裕度评估要复杂得多，涉及故障事件的系统状态的概率不仅取决于故障的位置和类型，而且取决于系统中所经历的扰动序列和继电保护设置，还依赖于故障前的系统状态，这些因素本质上都是随机的，其组合而形成的状态数目具有"维数灾"特点，用解析方法来枚举，必须要作大量的简化，因此，用 Monte Carlo 方法来选择暂态故障的系统状态比解析法要优越得多。根据各种系统状态的概率，可以形成系统失去稳定的概率分布，或产生一个表示系统风险的指标。

电力系统暂态稳定概率评估主要分为 3 步：① 选择故障前系统的运行状态，包括网络拓扑、系统潮流和负荷水平等；② 根据一定的规则选择系统的扰动序列，也就是故障的概率模型，包括故障发生的概率、故障位置的概率、故障类型的概率、重合闸失败的概率和故障清除时间的概率；③ 针对前两步确定的系统故障前状态和扰动序列，进行仿真模拟（时域仿真和 Monte Carlo 模拟），并对结果进行统计，得到系统的稳定概率。

1. 故障事件的概率模型

典型的统计分析表明：由雷击造成的故障仅有 10% 重合闸失败，而其他原因造成的故障导致重合闸失败的概率是 50%。BC Hydro 公司历史数据的统计显示有 82.51% 的故障由雷击导致。根据条件概率的公式，可计算得到发生故障并自动重合闸成功的概率为 0.83（计算式为 $0.825\,1 \times 0.9 + 0.174\,9 \times 0.5 = 0.83$）。

故障的位置为连续型随机变量。通用的方法是将线路分成三段：0%～20% 线路长度为近端，20%～80% 线路长度为中段，80%～100% 线路长度为末端。故障点位于这三段的概率 P_j^L 分别为 0.130 7、0.702 1 和 0.167 2，如表 6-1 所示。假设故障位置在线路各段中满足均匀分布，如图 6-1 所示。

表 6-1　　　　　　　　　　　　线路各段中故障发生概率

故障点位置	发生概率	故障点位置	发生概率
线路近端	0.130 7	线路末端	0.167 2
线路中段	0.702 1		

对于不同故障类型的概率 P_k^f，表 6-2 给出了 BC Hydro 公司与 IEEE 的统计值。故障的清除包括 3 个步骤：故障检测、微机继电保护装置动作和高压开关动作，以外还包括通信时间。故障清除时间的概率密度函数采用两个中心分别为 8 和 15，方差为 4（$\sigma = 2$）的正态分布函数的线性组合来表示，如图 6-2 所示。

$$f(x) = \frac{1}{2\sigma\sqrt{2\pi}}e^{\frac{-(x-8)^2}{2\sigma^2}} + \frac{1}{2\sigma\sqrt{2\pi}}e^{\frac{-(x-15)^2}{2\sigma^2}} \qquad (6-1)$$

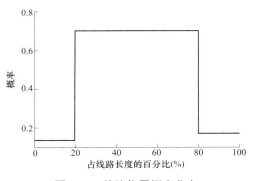

图 6-1　故障位置概率分布

表 6-2　　　　　　　　　　　　不同故障类型的发生概率

故障类型	发生概率（%）	
	BC Hydro 公司统计值	IEEE 统计值
单相接地	88.51	93
两相接地	4.38	2
相间短路	4.01	4
三相短路	1.32	1
未知故障	1.78	0
合计	100	100

2. 计算流程

暂态稳定概率评估的计算流程如图 6-3 所示。将所考虑的随机因素分为两类，以流程中的两层循环结构来计算。

外层循环包括了故障的类型（三相短路、相间短路、两相对地短路、单相对地短路）、故障发生位置的范围（近端、中段和远端），以及重合闸成功与否，采用条件概率的方法，分别计算每一种扰动组合的暂态稳定概率。

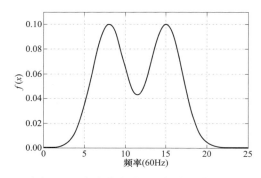

图 6-2 故障清除时间的概率密度函数

内层循环包括精确的故障位置和发电机参数出力等随机因素,采用蒙特卡洛方法进行抽样,每完成一次CCT搜索后通过方差检测精度,达到则输出均值。

对于系统的某个运行方式,同时给定系统受扰序列,采用二分法搜索故障的CCT,其基本的原理如图6-4所示。将搜索得到的CCT代入图6-2中的概率密度函数进行积分,可以得到在当前运行方式下,第 i 条线路第 j 段发生第 k 种扰动下系统稳定的条件概率 P_{ijk}^{s}。另外用下标 m 表示重合闸成功与否,$m=1$ 或 2。

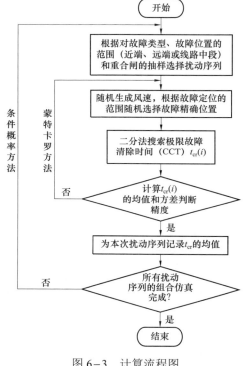

图 6-3 计算流程图

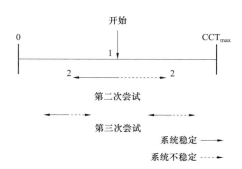

图 6-4 二分法搜索示意图

考虑到风电的随机性,在每次计算条件概率时,对双馈型异步风力发电机(Double Fed Induction Generator,DFIG)等效机的参数、风速时间序列和故障在分段上的精确定位采用蒙特卡洛方法抽样,当 P_{ijkm}^{s} 的方差小于设定值时,得到系统稳定的条件概率 $\overline{P}_{ijkm}^{s}$,反复计算各种故障类型,最终得到系统的稳定概率为

$$P_n^s = \sum_{i=1}^{L}\sum_{j=1}^{3}\sum_{k=1}^{4}\sum_{m=1}^{2}(P_j^L P_k^f P_m^r)\overline{P}_{ijkm}^s \qquad (6\text{-}2)$$

所有的故障共需计算 $3\times L\times4\times2$ 次。

6.1.2 含风储联合运行系统的仿真模型

本节基于4机2区域测试系统搭建含风储联合运行系统的仿真模型。将原系统区域1中的1台常规同步发电机替换成一台风力发电机,在风电场出口处加装固定电容以提高输出的功率因数。采用双馈型异步风力发电机(DFIG)进行建模。在节点6加装超导磁储能(SMES)装置,通过设计控制器提高系统稳定性。改进的4机2区域仿真测试系统如图6-5所示。

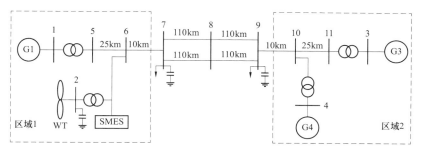

图 6-5　测试系统

定义风电穿透率为测试系统稳态潮流计算结果中风电场的有功出力与区域 1 两台机出力之和的比例。调整风电场的出力，并保证 1 号发电机的出力基本不变，得到表 6-3 所示的若干种典型工况。其中，通过调整固定补偿的电容大小，使得风电场输出的功率因数始终为 1.0。工况 6 为常规的 4 机 2 区域系统的原始潮流。

表 6-3　　　　　　　　　　不同风电穿透率下系统的稳态潮流概览

工况编号	风电场有功出力（p.u.）	稳态穿透率（%）	固定无功补偿（标幺值）	线路传输功率（标幺值）	稳态风速（m/s）	节点电压最大/最小值（标幺值）
1	2.8	28.784 6	0.572 0	−0.151 5	7.032 6	1.03/0.970 6
2	4.2	37.912 2	0.777 9	1.172 4	8.385 9	1.03/0.980 2
3	4.9	41.604 3	0.985 4	1.854 9	8.976 6	1.03/0.982 3
4	5.6	44.819 2	1.272 0	2.552 1	9.528 3	1.03/0.982 6
5	6.3	47.612 1	1.654 2	3.265 9	10.048 5	1.03/0.971 7
6	7	50.020 1	2.154 9	4.000 0	10.542 9	1.03/0.953 8
7	8.4	53.675 8	3.787 5	5.570 2	11.469 0	1.03/0.886 7

下面分别对 DFIG 和 SMES 的数学模型进行建模。

1. 双馈型异步风力发电机建模

在双馈型异步风力发电机（DFIG）中，慢速旋转的风轮通过轴系与快速旋转的发电机转子连接。发电机的定子直接和电网连接，其转子通过两个背靠背的 AC/DC/AC 变频器与电网连接。电网侧的变频器通过平波电抗器和一台变压器与电网进行双向功率交换以维持直流母线上的电容电压恒定。转子侧变频器向转子回路中感应出电压矢量进行励磁，以控制转子的转速。通过转子侧变频器的控制，DFIG 可以实现有功和无功的解耦。

DFIG 模型包括以下模块：气动风轮模块（Windmill aerodynamic）、轴系模块（Drive train）、上层控制策略（Upper-level control）、转子侧变频器模块（Rotor-Side Converter，RSC）、低电压穿越逻辑（Low voltage power logic，LVPL），以及异步发电机的电气和转子运动方程，其结构如图 6-6 所示。气动风轮模块根据风速和风力涡轮机的转速，计算 DFIG 所能够捕获的最大机械功率。轴系模块用于表征风力涡轮机和异步发电机之间的连接。上层控制根据调度指令，以有功/无功指令值的形式提供给 DFIG 相应的控制信号。转子侧变频器模块实际上实现的是电力电子变换功能：将有功/无功指令值通过一定的解耦控制算法转化成异步电机的转子励磁电压，从而控制 DFIG 向电网注入的电流。

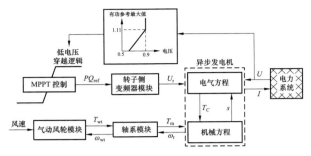

图 6-6 双馈型异步风力发电机模型结构框图

DFIG 的上层控制策略主要包括最大风功率跟踪（Maximum Power Point Tracking，MPPT）和无功电压控制 2 部分。DFIG 的最大功率跟踪如图 6-7 所示。MPPT 控制有两种方式：一种是直接检测风速，通过特性曲线获得对应的最佳叶尖速比，从而控制转速，但风速一般难以精确测量；另一种方式是利用风轮机的功率 – 转速特性曲线获得当前转速下的最佳功率输出。风轮机输出的功率 P_m 可以由式（6-3）得到

$$P_{\mathrm{m}} = c_p(\lambda, \beta) \frac{\rho A}{2} v_{\mathrm{w}}^3$$

$$\lambda = \omega_{\mathrm{M}} R / v_{\mathrm{w}}$$

（6-3）

式中 c_p——功率系数；

ρ——空气密度，g/m^3；

A——风轮叶片的扫风面积，m^2；

v_{w}——风速，m/s；

λ——叶尖速比；

ω_{M}——风轮机的转速；

R——叶片的长度。

功率系数 c_p 是 λ 和桨距角 β 的非线性函数，形式如式（6-4）所示

$$\begin{cases} c_p(\lambda, \beta) = c_1(c_2 / \lambda_i - c_3\beta - c_4)\mathrm{e}^{-c_5/\lambda_i} + c_6\lambda \\ \dfrac{1}{\lambda_i} = \dfrac{1}{\lambda + 0.08\beta} - \dfrac{0.003\,5}{\beta^3 + 1} \end{cases}$$

（6-4）

其中，$c_1 = 0.571\,6$，$c_2 = 116$，$c_3 = 0.4$，$c_4 = 5$，$c_5 = 21$，$c_6 = 0.006\,8$。

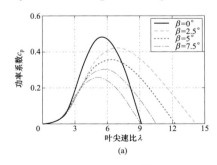
(a)

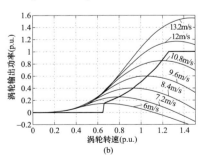
(b)

图 6-7 DFIG 的最大功率跟踪

（a）风电功率特性曲线；（b）最大风能捕获

c_p 表征了风轮机获取风能的最大效率，根据 Betz 理论：$c_{p_{max}} = 0.597$，$c_p - \lambda$ 曲线如图 6-7（a）所示。由式（6-3）和式（6-4）可得不同风速下转速与所捕获的风电功率之间的关系，将他们最大值连起来，就构成了不同风速下最优的转速-风电功率曲线如图 6-7（b）所示。

传动系统是连接风力涡轮机和发电机的装置，由低速传动轴、齿轮箱和高速传动轴组成，通过轴系模块来模拟。DFIG 发电机组的传动轴虽然长度不及汽轮发电机，但其轴刚性系数 K_S 远小于后者，故通常用两质量块模型（two-mass model）来描述，即风轮机和低速轴为一个质量块、发电机转子和高速轴为另一个质量块。图 6-8 中，ω_m 和 ω_r 分别为 2 个质量块的转速，θ_s 为轴系扭转的角度。T_m 和 T_e 是输入的机械转矩和输出的电

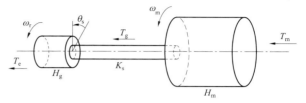

图 6-8　两质量块轴系模型

磁转矩，$T_g = K_s \theta_s - D_s (\omega_r - \omega_m)$ T_g 是作用在 DFIG 转子轴上的机械转矩，则 DFIG 的转子运动方程为

$$
\begin{cases}
2H_m \dfrac{\mathrm{d}\omega_m}{\mathrm{d}t} = T_m - T_g - D_m \omega_m \\[2mm]
2H_g \dfrac{\mathrm{d}\omega_r}{\mathrm{d}t} = T_g - T_e - D_g \omega_r \\[2mm]
\dfrac{\mathrm{d}\theta}{\mathrm{d}t} = \omega_0 (\omega_m - \omega_r)
\end{cases}
\tag{6-5}
$$

式中　D_m、D_e 和 D_s——分别是风轮、发电机转子和轴系扭振系数。

DFIG 中将机械能转化为电能的实际上是一台异步发电机。忽略定子磁链的变化，异步发电机的电气方程用暂态阻抗 $\vec{Z} = R_s + jX'$ 后的暂态电压源 $\vec{E} = e'_d + je'_q$ 表示，写成矢量形式，如式（6-6）所示

$$
p\vec{E} = -js\vec{E}' - \frac{R_r}{L_r} \left[\vec{E}' - j(L_s - X')\vec{I}_s - j\frac{L_m}{R_r}\vec{U}_r \right]
\tag{6-6}
$$

式中　p——微分算子；

　　　s——异步电机的转差；

　R_s、R_r——定子、转子电阻；

　L_s、L_r——定子、转子回路的电抗；

　　　L_m——励磁电抗；

$\vec{U}_r$、$\vec{I}_s$——电压、电流矢量。

磁链方程和定子电压方程以及电磁转矩 T_E 分别由式（6-7）～式（6-9）表示

$$
\begin{cases}
\vec{\psi}_s = L_s \vec{I}_s + L_m \vec{I}_r \\[2mm]
\vec{\psi}_r = L_r \vec{I}_r + L_m \vec{I}_s
\end{cases}
\tag{6-7}
$$

$$
\vec{U}_s = (R_s + jX')\vec{I}_s + E'
\tag{6-8}
$$

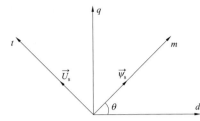

图 6-9　定子磁链定向控制——坐标变换

$$\vec{T}_{E} = (R_s + jX')\vec{I}_s E' \quad (6-9)$$

DFIG 的转子侧变频器通过控制转子的励磁电压以实现有功和无功功率的解耦控制，根据参考坐标系的选取不同，有定子磁链定向控制和定子电压定向控制两种方法。磁链定向控制中，坐标变换如图 6-9 所示。

定义 mt 坐标系，m 轴与 $\vec{\psi}_s$ 重合，由于定子电阻 R_s 很小，$\vec{U}_s = R_s\vec{I}_s + j\vec{\psi}_s \approx j\vec{\psi}_s$。故 t 轴与 $\vec{U}_s$ 重合，dq 轴领先 mt 轴的角度 $\theta = \text{angle}(\vec{\psi}_s)$，且 mt 坐标系

$$u_{ms} = 0, \ u_{ts} = |U_s|; \ \psi_{ms} = |\psi_s|, \ \psi_{ms} = 0 \quad (6-10)$$

异步电机定子侧输出的功率

$$P_s + jQ_s = \vec{U}_s\vec{I}_s^* = -|\vec{U}_s|i_{ts} + j|\vec{U}_s|i_{ms} \quad (6-11)$$

式（6-11）表明通过分别控制 i_{ms} 和 i_{ts}，可以实现 DFIG 有功和无功功率的解耦。将磁链方程式（6-7）中的第 1 式与上式联立解出 i_{ms} 和 i_{ts}

$$i_{ms} = \frac{-i_{mr}L_m + |\psi_s|}{L_s}, \ i_{ts} = -\frac{L_m}{L_s}i_{tr} \quad (6-12)$$

再代入式（6-7）的第 2 式，可得

$$\begin{cases} \psi_{mr} = \left(L_r - \dfrac{L_m^2}{L_s}\right)i_{mr} + \dfrac{L_m}{L_s}|\psi_s| \\ \psi_{tr} = \left(L_r - \dfrac{L_m^2}{L_s}\right)i_{tr} \end{cases} \quad (6-13)$$

代入转子电压方程

$$\begin{cases} u_{mr} = \left[R_r + \left(L_r - \dfrac{L_m^2}{L_s}\right)p\right]i_{mr} - s\left(L_r - \dfrac{L_m^2}{L_s}\right)i_{tr} \\ u_{tr} = \left[R_r + \left(L_r - \dfrac{L_m^2}{L_s}\right)p\right]i_{tr} + \left[\dfrac{sL_m|\psi_s|}{L_s} + s\left(L_r - \dfrac{L_m^2}{L_s}\right)i_{mr}\right] \end{cases} \quad (6-14)$$

式（6-11）～式（6-14）实现了转子侧变频器对 DFIG 注入有功/无功的解耦，其控制框图如图 6-10 所示。

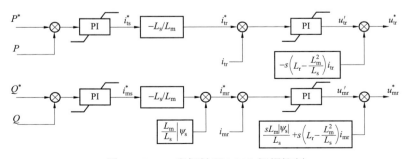

图 6-10　mt 坐标轴下 DFIG 解耦控制

2. 超导磁储能的建模

超导磁储能（SMES）是一种具有优越性能的超导电力装置，历来受到世界各国的高度重视。从现有的电力系统用储能技术来看，SMES 响应速度最快，在提高电能质量和稳定控制方面有良好的应用前景。但为了提高储能密度，SMES 中的超导磁体往往需要工作在较高的磁场下，同时需要大功率双向变流器进行交/直流的能量转换。虽然美、日等国启动并实施了多项研究计划以推动超导技术的发展，SMES 的成本依然是其大规模应用的主要阻碍之一。

SMES 装置一般由超导磁体、功率调节系统、低温系统和监控系统等几个主要部分组成。其中变流器是实现超导磁体和电网之间能量转换的装置，起着控制储能元件与系统之间功率交换的桥梁的作用，也是分析建模的关键。

虽然随着电力电子技术的发展，电流源型变流器（Current Source Converter，CSC）正在被电压源型变流器（Voltage Source Converter，VSC）逐渐取代，但在超导储能领域却是例外。由于超导线圈实际上是一个电流源采用 CSC 的 SMES 具有更简洁的主电路及其控制、更快速的响应以及更低的成本。CSC 型 SMES 的基本结构（图 6-11）中，$S_1 \sim S_6$ 为全控开关器件，交流侧设置滤波电路。滤波电容不仅可以滤去 CSC 输出电流中的高次谐波，同时还可吸收换向时负载电感中积蓄的能量。超导磁体直接与 CSC 的直流侧相连接，可视为一个电流源，时间常数与超导电感 L 的大小相关。忽略输出交流电流的谐波，基于 CSC 的 SMES 可以视为一个幅值与相位均可控的对称三相电流源。由于采用了电力电子设备，交、直流侧电路的时间常数并不相等，但在不计损耗的情况下能量守恒。

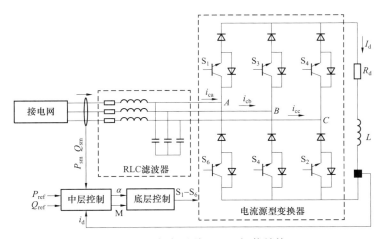

图 6-11 电流源型 SMES 拓扑结构

电压型和电流型 SMES 都能在 P—Q 平面四象限里实时进行有功和无功的解耦控制。CSC 由于在交流侧并有滤波电容，使得它能向电网提供更多的容性无功；VSC 必须经过一组数值较大的电抗器与电网联接，以保证其正常的工作和适当的性能。因此，在相同的有功容量下，其向电网提供容性无功的能力比电流型弱。

超导磁体上的储能 E_{sm} 可以表示为

$$E_{sm} = \frac{1}{2} L I_d^2 \tag{6-15}$$

式中 L——超导线圈的电感大小；

I_d——超导线圈上流经的直流电流。

当磁体电感 L 很大时，直流电流 I_d 的变化率很小。不计变流器损耗时，变流器直流侧的功率和交流侧的功率平衡，于是有

$$U_d I_d = 3 U_a I_a \cos \alpha \qquad (6-16)$$

其中，U_d 为直流侧电压；U_a 和 I_a 分别为交流侧 A 相相电压和相电流的有效值；α 是交流电流与相电压之间的相位角差。通过 PWM 控制，SMES 的输出有功/无功可以表示为

$$\begin{cases} P_{sm} = \dfrac{3}{2} U_{sm} I_{sm} \cos \alpha = \dfrac{3\sqrt{3}}{4} U_{sm} M I_d \cos \alpha \\[3mm] Q_{sm} = \dfrac{3}{2} U_{sm} I_{sm} \sin \alpha = \dfrac{3\sqrt{3}}{4} U_{sm} M I_d \sin \alpha \end{cases} \qquad (6-17)$$

式中 U_{sm}, I_{sm}——变流器交流侧的电压和电流幅值；

α——变流器交流侧的电压和电流的相位角差；

M——变流器的调制比。

将式（6-17）中两式平方后相加，消去相位角 α，可以得到

$$P_{sm}^2 + Q_{sm}^2 = \frac{27}{16} U_s^2 M^2 I_d^2 \qquad (6-18)$$

由式（6-18）知，M-SMES 功率调节的范围与当前时刻的磁体直流电流成正比。忽略变流器、连接变压器和滤波器等功率损耗，在 PQ 坐标系内可以近似为一个圆心在坐标原点的圆，而该圆的半径与流经超导磁体的电流成正比。若给定的参考信号为 P_r、Q_r，则

$$\begin{cases} M = \dfrac{4\sqrt{P_r^2 + Q_r^2}}{3\sqrt{3} U_s I_d} \\[4mm] \alpha = \tan^{-1}\left(\dfrac{Q_r}{P_r}\right) \end{cases} \qquad (6-19)$$

SMES 的响应速度一般在半个周期以内，动态过程可以由两个一阶惯性环节来描述

$$\begin{cases} \dot{M} = \dfrac{1}{T_c} M + u_M \\[4mm] \dot{\alpha} = -\dfrac{1}{T_c} \alpha + u_\alpha \end{cases} \qquad (6-20)$$

时间常数 T_c 的物理含义是监控系统和变流器以及变流器内部的通信时间，以及内环控制动态的时间。SMES 模型如图 6-12 所示。SMES 的外环控制器通常包括两个部分：有功功率输出用于阻尼系统中的功率振荡；无功控制用于维持接入点的电压。对于电流源型变流器，调制比 M 的取值范围为 [0, 1]。所以，只要确定了超导磁体的电感值 L，SMES 的输出功率限幅和储能容量就确定了。

6.1.3 仿真分析

1. 储能系统对传统电力系统稳定性的影响

SMES 具有快速响应特性，可以作为传统电力系统稳定器的补充，进一步提高系统的稳定性。SMES 的功率容量和能量容量统一反映在超导线圈的电感大小上，是含 SMES 的系统

关键参数，系统的稳定性易受其影响。

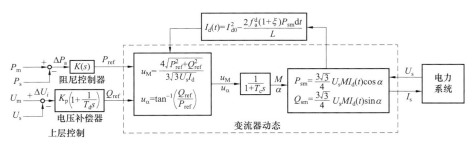

图 6-12 SMES 模型

在 4 机 2 区域测试系统中，将 SMES 加装在 1 号发电机机端。SMES 的控制采用 SMES 鲁棒控制器，该控制器已经经过仿真和电力系统动态模拟实验验证具有很好的动态效果和鲁棒性。常规机组采用经典 PSS 以及 5 阶实用模型。

（1）故障的条件概率计算。表 6-4 列出了部分故障，其条件概率与 SMES 线圈容量之间的关系如图 6-13 所示。从图 6-13 中可以看出，最严重的扰动序列为联络线上距离送端区域 10% 线路长度的三相短路。相同的故障，距离送端区域较近的对于系统扰动较大，如扰动 1 和扰动 5。相比故障的位置，由于采用了双回线路送电，所以系统的稳定性对于重合闸成功与否并不敏感。单相故障在系统中发生的概率最高，但由于其等效的故障对地电抗较大，对于系统的扰动相对较小。

表 6-4   图 6-13 中 故 障 信 息

扰动编号	扰 动 信 息		
	故障点距送端距离（%）	故障类型	重合闸是否成功
1	20	三相短路	是
2	25	两相对地	否
3	5	相间短路	是
4	10	两相对地	是
5	10	三相短路	否

（2）储能容量对系统稳定性的影响。采用 Monte Carlo 模拟和二分法搜索得到所有故障的 CCT，按照式（6-2）计算得到图 6-14 所示系统的稳定性（稳定概率）与 SMES 线圈容量之间的关系。其中，系统失稳的风险定义为 100% 减去稳定概率。

图 6-14 的结果表明：SMES 具有快速响应特性，为电力系统稳定控制提供了新的手段，可以进一步提高系统的稳定性。通过 PSS 和调速器的作用，系统的稳定概率维持在较高的水平，显示在图中 SMES 电感值为 0H 的情况：系统的稳定概率为 99.4%。借助 SMES 的作用，能够将系统的稳定概率提高至 99.9% 以上。且 SMES 的功率容量和能量容量统一反映在超导线圈的电感大小上，是含 SMES 的系统关键参数。系统的稳定概率随着线圈容量的增加而上升。但二者并非线性关系，当 SMES 的容量在 50H 以上时，系统的稳定概率随线圈电感的提

升趋势已经不明显。可见在 4 机 2 区域的测试系统中，节点 6 接入无穷大容量的 SMES 也并不能使该系统达到 100%绝对稳定。

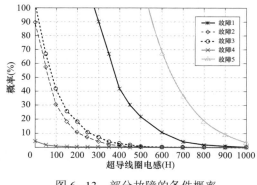

图 6-13　部分故障的条件概率

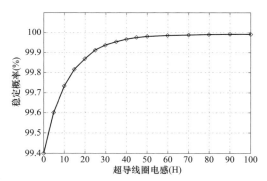

图 6-14　储能容量和系统稳定性之间的关系

2. 含风储联合系统的电力系统暂态稳定概率评估

在图 6-5 所示的含风储系统的电力系统稳定性测试中，将常规的 4 机 2 区域系统中的 2 号发电机替换为基于 DFIG 的风电场等值机和静止无功补偿（SVC）。将 SMES 加装在风电场出口处，其外环控制分别取风电场有功出力和节点电压与稳态值的偏差作为有功、无功外环控制器的输入，采用 PI 调节器进行调节，有功控制环参数为 $k_p = 5.5$，$k_i = 0.5$，无功控制环参数为 $k_p = 15$，$k_i = 1.0$。

（1）风电穿透率变化对系统动态特性的影响。设 0.1s 在节点 7 处发生三相短路故障，0.07s 之后切除线路，再经过 1.0s 重合闸。根据表 6-3 的结果初始化风电穿透率，在不计及储能调控的情况下，采用时域仿真获得不同稳态风电穿透率下系统的动态。

随着风电场出力的增加，3、4 号发电机的出力等分的减小，以此调整系统的潮流。从图 6-15 中可以看出，对于相同的故障条件，高风电穿透率的送端系统对于扰动的承受能力下降，系统更易失稳。由于 DFIG 不如同步机组稳定可控，且它的低电压穿越功能对于系统而言也属于较大的扰动，故在高穿透率下不仅同步机的功角和机端功率振荡得更剧烈，风电场的低电压穿越性能也受到影响，导致有功出力减小，转子加速更明显，DFIG 一旦穿越故障失败，则系统失稳。

（2）储能容量变化对系统动态特性的影响。在节点 7 设置一个三相短路故障，0.23s 后跳开线路，再经过 1s 重合闸。SMES 通过在故障期间无功的注入，支撑接入点（即 DFIG 机端）的电压，能够增加 DFIG 的故障穿越能力，并通过有功注入阻尼系统的振荡。图 6-16 给出不同 SMES 容量下的系统暂态稳定特性。时域仿真结果表明：随着 SMES 容量的增加，在故障期间能够提供给系统更多的有功、无功支撑，控制效果也变得更加理想。

采用 6.1.1 中的概率稳定评估模型，计算含 DFIG 和 SMES 的系统的暂态稳定概率，如图 6-17 所示。大量的时域仿真结果表明，根据风电场穿透率的增加合理增加储能的容量以提高系统的稳定性。系统的稳定概率指标随着风电穿透率的增加而下降，而较大容量的储能装置能增加系统的稳定性。

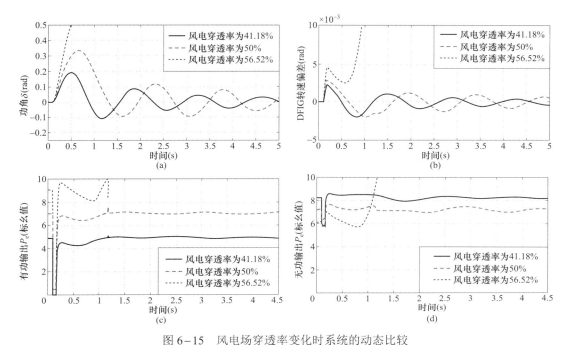

图 6-15　风电场穿透率变化时系统的动态比较

（a）区域 1 常规发电机的功角；（b）DFIG 转速偏差；（c）SMES 有功输出；（d）SMES 无功输出

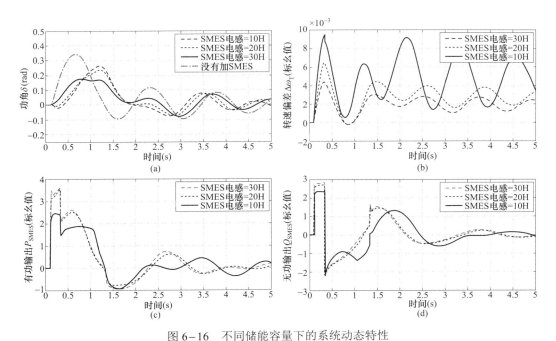

图 6-16　不同储能容量下的系统动态特性

（a）区域 1 常规发电机的功角；（b）DFIG 转速偏差；（c）SMES 有功输出；（d）SMES 无功输出

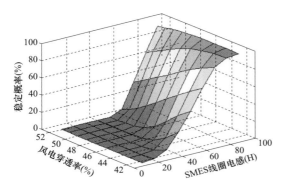

图 6-17 系统稳定性与储能容量（SME 线圈电感）、
风电穿透率之间的定量关系

（3）储能容量的配置分析。限制储能装置大规模应用的主要瓶颈是储能装置的高昂成本。SMES 的成本和储能容量之间的定量关系可以表示为

$$Cost = 0.95 \times [Energy\ (MJ)]^{0.67} \quad (6-21)$$

在图 6-17 所示的三维关系图中，选择风电场穿透率为 30%（对应于表 6-3 中的工况 1），对应的系统稳定概率与 SMES 容量的关系如图 6-18（a）中曲线 1 所示。SMES 成本曲线见图 6-18（a）中曲线 2-6，通过平移成本函数曲线 7 使其与评估得到的暂态稳定概率曲线相切，切点即为最优的储能容量。在图 6-18（b）中得到优化的 SMES 线圈容量为 $L^* = 34.6H$。当 $L < L^*$ 时，储能的投资成本的斜率小于稳定概率曲线，此时宜增加投资，对 SMES 进行扩容；当 $L > L^*$ 时，成本曲线的斜率大于稳定概率曲线，追加的投资成本得不到预想的收益，可以考虑通过其他手段提高系统的稳定性。需要注意的是，这里只提供了基于简单的经济学原理优化配置储能容量的示范。同时假设系统的稳定概率和成本函数在同一坐标尺度下。

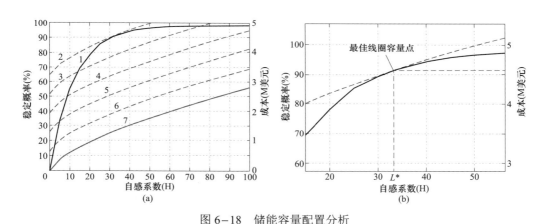

图 6-18　储能容量配置分析
（a）30%风电穿透率下系统稳定概率与储能容量的关系；（b）切点部分曲线放大

6.2　含风储联合运行系统的充裕度评估

电力系统充裕度表现为系统的发电、输电等设备能否满足系统负荷和运行要求，一般采用发电不足概率、发电不足期望两个指标衡量。风电大规模并网以后，电力系统调峰问题变得突出。为了体现风电并网与系统调峰容量不足这一突出矛盾，本节增加了调峰不足概率和调峰不足期望指标量化风电接入容量对系统充裕性的影响程度，据此可用于指导风电接纳能力评估。

6.2.1 评价电力系统充裕度指标的计算方法

1. 电力系统充裕度指标

引入调峰不足概率、调峰不足期望、发电不足概率和发电不足期望 4 个指标量化风电接入容量对系统充裕度的影响程度。下面首先介绍计算这 4 个指标的分级模型，并基于分级模型对指标进行定义。

分级模型如图 6-19 所示，将系统的调峰需求或负荷曲线平均划分为 K 个等级，曲线表示调峰需求或负荷的累积概率分布函数 F，函数 F 由历史的负荷或调峰需求数据通过核估计方法获得，采用 1 年 365 天间隔 15min 共 96×365 点的负荷水平和调峰需求进行统计。L_1、L_2、$\cdots$、L_k、$\cdots$、L_K 分别表示调峰需求/负荷水平，T_k 为第 k 级水平所持续的时间，其数值为所采用的历史数据的总时间长度除以 K，Pr_k 表示第 k 级调峰需求/负荷水平的概率，Pr_k 按式（6-22）进行计算，F^{-1} 为 F 的逆函数

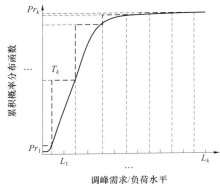

图 6-19 调峰需求/负荷水平分级模型示意图

$$\begin{cases} Pr_1 = F^{-1}\left(\dfrac{L_2 + L_1}{2}\right) \\ Pr_k = F^{-1}\left(\dfrac{L_{k+1} + L_k}{2}\right) - F_L^{-1}\left(\dfrac{L_k + L_{k-1}}{2}\right) \quad k = 2,\cdots,K-1 \\ Pr_K = 1 - F^{-1}\left(\dfrac{L_K + L_{K-1}}{2}\right) \end{cases} \quad (6-22)$$

基于分级模型，采用蒙特卡罗方法分别对第 k 级调峰需求/负荷水平的充裕性指标进行计算，而后再将各级充裕性指标相加得到系统总的充裕性指标，充裕性指标的计算如式（6-23）~式（6-26）所示。

（1）调峰不足概率（Peak-load Regulation Not Enough Probability，PRNEP）为

$$PRNEP = \sum_{k=1}^{K} PRNEP_k \cdot Pr_k \qquad (6-23)$$

（2）调峰不足期望（Peak-load Regulation Not Enough Expectation，PRNEE）为

$$PRNEE = \sum_{k=1}^{K}\left(\frac{T_k}{N_k}\sum_{i=1}^{N_k} P_{RNE,k,i}\right) \qquad (6-24)$$

式（6-23）和式（6-24）中，N_k 为计算第 k 级调峰需求水平的充裕性指标时蒙特卡罗抽样次数，$PRNEP_k$ 为第 k 级调峰需求水平下的调峰不足概率，Pr_k 为第 k 级调峰需求水平的概率；$P_{RNE,k,i}$ 表示第 k 级调峰需求水平下第 i 次抽样中的调峰不足容量。

（3）发电不足概率（Loss Of Load Probability，LOLP）为

$$LOLP = \sum_{k=1}^{K} LOLP_k \cdot Pr_k \qquad (6-25)$$

（4）发电不足期望（Loss Of Energy Expectation，LOEE）为

$$\text{LOEE} = \sum_{k=1}^{K}\left(\frac{T_k}{N_j}\sum_{i=1}^{N_j} L_{\text{LNE},k,i}\right) \qquad (6-26)$$

式（6-25）和式（6-26）中，N_j 为计算第 k 级负荷水平的充裕性指标时蒙特卡罗抽样次数，LOLP_k 为第 k 级负荷水平下的发电不足概率，Pr_k 为第 k 级负荷水平的概率；$L_{\text{LNE},k,i}$ 表示第 k 级负荷水平下第 i 次抽样中的发电不足容量。

计算第 k 级调峰需求水平下/负荷水平的充裕性指标的基础是系统的净负荷和调峰需求。下面介绍风储运行系统的综合净负荷和调峰需求的计算方法。

2. 净负荷的计算

净负荷一般是采用系统负荷减去风电出力得到的。然而，传统的净负荷计算未考虑储能系统。本节介绍一种可计及储能"削峰填谷"作用的净负荷计算方法，它是一种涵盖负荷、风电出力和储能三个方面的综合净负荷的计算方法。

假设规划的风电容量为 P_{wn}、规划的储能容量为 E，系统已有的风电容量为 P_{wn0}，历史风电出力数据为 $P_{\text{wind0},d,t}$，历史负荷曲线为 $P_{\text{load},d,t}$（d 表示天数，$d=1$，2，$\cdots$，D；t 表示时间段，$t=1$，2，$\cdots$，T，以下同），这里 $D=365$，$T=96$，综合净负荷的计算方法如下：

（1）按式（6-27）近似产生风电容量为 P_{wn} 的第 d 天 t 时段的风电功率数据 $P_{\text{wind},d,t}$ 为

$$P_{\text{wind},d,t} = \frac{P_{\text{wind0},d,t}}{P_{\text{wn0}}} P_{\text{wn}} \qquad (6-27)$$

（2）按式（6-28）计算不考虑储能系统时，系统第 d 天第 t 时段的净负荷 $P_{\text{netload},d,t}$ 为

$$P_{\text{netload},d,t} = P_{\text{load},d,t} - P_{\text{wind},d,t} \qquad (6-28)$$

（3）按式（6-29）修正净负荷曲线，得到储能容量为 E 时系统第 d 天第 t 时段的综合净负荷。

如图 6-20 所示，假设第 d 天净负荷曲线（负荷曲线减去风电功率曲线）低谷值为 $P_{\text{min},d}$，将储能 E 应用于低谷附近的 r 个时段（r 取经验值，这里选取 $r=5$），如阴影部分所示。此时，净负荷的低谷值则从 $P_{\text{min},d}$ 提高到 $P'_{\text{min},d}$，从而降低该日净负荷的峰谷差。修正后净负荷低谷值 $P'_{\text{min},d}$ 由式（6-29）计算，其中 $\Delta t = 15\text{min}$

$$\sum_{t_1=1}^{r}(P'_{\text{min},d} - P_{\text{netload},d,t_1})\Delta t = E \qquad (6-29)$$

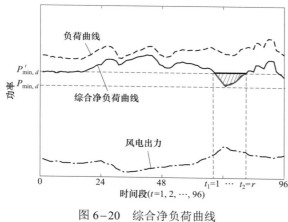

图 6-20　综合净负荷曲线

此时得到的净负荷考虑了负荷、风电和储能三个方面，且近似等效认为储能通过集中作用于负荷的低谷值改善系统峰谷差特性。利用储能修正后的净负荷曲线称为综合净负荷曲线。

3. 调峰需求的计算

系统第 d 天第 t 时段的调峰需求 $L_{\text{peakreq},d,t}$ 等于该时段的综合净负荷值与当天综合净负荷最小值 $P'_{\text{min},d}$ 的差值，如式（6-30）所示

$$L_{\text{peakreq},d,t} = P_{\text{comload},d,t} - P'_{\text{min},d} \tag{6-30}$$

系统具有的调峰容量 P_{reserve} 按式（6-31）进行计算

$$P_{\text{reserve}} = \sum (P_{G\text{max}} - P_{G\text{min}}) \tag{6-31}$$

式（6-30）和式（6-31）中，$P_{\text{comload},d,t}$ 为第 d 天第 t 时段综合净负荷；$P'_{\text{min},d}$ 表示第 d 天的综合净负荷低谷值；$P_{G\text{max}}$ 为系统运行发电机组的最大技术出力总和；$P_{G\text{min}}$ 为系统运行发电机组的最小技术出力总和。

至此，可计算得到系统每天各个时段的综合净负荷和调峰需求。基于此结果，采用分级模型，可计算得到系统的充裕性指标，从而对系统的充裕度进行评估。

4. 基于非序贯蒙特卡罗法的充裕性指标计算

在系统的风电容量和储能容量给定的条件下，基于非序贯贯蒙特卡罗方法评估系统充裕性水平的基本思路：首先估计综合净负荷和调峰需求的累积概率分布函数，基于此结果建立综合净负荷分级水平和调峰需求分级水平。分别统计每一分级水平下的充裕性指标，最后将所有分级水平的充裕性指标进行求和，即得到系统的充裕性指标。具体步骤如下：

（1）输入所生成的风电场风功率序列，常规机组强迫停运率和机组调峰容量以及负荷时序曲线等系统原始数据；

（2）建立综合净负荷分级水平和调峰需求分级水平；

（3）从 $k=1$ 开始，对第 k 级水平进行充裕性评估；

（4）对常规机组进行概率抽样；

① 根据发电机状态，计算可调容量 R_G 以及系统总的调峰容量 P_{reserve} 为

$$R_G = P_{G\text{max}} - P_{G\text{min}} \tag{6-32}$$

$$P_{\text{reserse}} = \sum R_G \tag{6-33}$$

式中　$P_{G\text{max}}$ ——发电机组的最大技术出力总和，MW；

　　　$P_{G\text{min}}$ ——发电机组的最小技术出力总和，MW。

比较第 k 级的调峰需求水平和系统总的调峰容量的大小，判断系统第 i 次抽样中是否会发生调峰不足，并计算调峰不足的容量。

② 根据发电机状态及其最大技术出力，计算系统机组的可用容量 P_G 为

$$P_G = \sum P_{G\text{max}} \tag{6-34}$$

比较第 k 级的负荷水平和系统总的容量，判断系统第 i 次抽样中是否会发生发电不足，并计算发电不足的容量。

③ 假设第 k 级充裕性指标的计算过程中，抽样总数为 N_k 次，则按照式（6-35）～式（6-38）计算第 k 级的充裕性指标

$$\text{PRNEP}_k = \frac{1}{N_k} \sum_{i=1}^{N_k} I_i \tag{6-35}$$

$$\text{PRNEE}_k = \frac{T_k}{N_k} \sum_{i=1}^{N_k} P_{\text{RNE},i} \tag{6-36}$$

$$\text{LOLP}_k = \frac{1}{N_k} \sum_{i=1}^{N_k} J_i \tag{6-37}$$

$$\text{LOEE}_k = \frac{T_k}{N_k} \sum_{i=1}^{N_k} L_{\text{LNE},i} \qquad (6\text{--}38)$$

式（6–35）～式（6–38）中　I_i 表示第 i 次抽样中调峰容量是否充足，$I_i = 0$ 表示调峰容量不足，$I_i = 1$ 表示调峰容量充足；$P_{\text{RNE},i}$ 为调峰不足的容量，$P_{\text{RNE},i} = 0$；J_i 表示第 i 次抽样中发电容量是否充足，$J_i = 0$ 表示发电容量不足，$J_i = 1$ 表示发电容量充足；$L_{\text{LNE},i}$ 为发电不足的容量，$L_{\text{LNE},i} = 0$。

④ 按式（6–39）判断第 k 级是否结束模拟

$$\frac{\sigma(X)}{\sqrt{N_k} E(X)} < 0.05 \qquad (6\text{--}39)$$

式中　X——PRNEP_k 或 LOLP_k；

$E(X)$——X 的均值；

$\sigma(X)$——X 的标准差。

若不满足式（6–39），则返回①，继续对本级水平进行模拟；若式（6–39）满足，$k = k + 1$，若 $k < K$，则进行下一级的模拟，否则继续第（4）步。

（5）综合各分级的充裕性指标，从而得到系统的整体充裕性指标：由式（6–23）～式（6–26），将所有分级水平的充裕性指标分别进行累加。

综上，基于非序贯蒙特卡罗法的充裕性指标计算流程如图 6–21 所示。

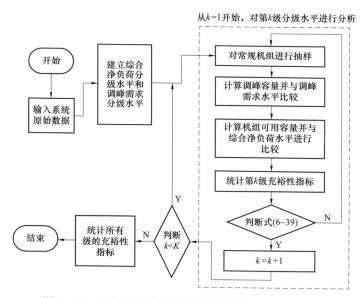

图 6–21　基于非序贯蒙特卡罗法计算充裕性指标流程

6.2.2　含风储联合运行系统充裕度评估模型与方法

含风储联合运行系统充裕度评估的基本思想：设置系统不同的风电接纳容量和储能容量的组合，称每一种组合为一个情景；采用非序贯蒙特卡罗法，分别计算不同的情景下系统的充裕性指标，从而得到与情景数量相同的（风电容量、储能容量、充裕性指标）向量样本；采用双线性插值方法拟合所得的向量样本，得到风电容量、储能容量、充裕性指标的函数关系，如图 6-22 所示。基于此函数关系，给定充裕性水平和系统所需配置的储能容量，即可计算得到系统可接纳风电的容量；同理，给定充裕性水平和系统接纳风电的容量，亦可计算得到所需要的储能容量。

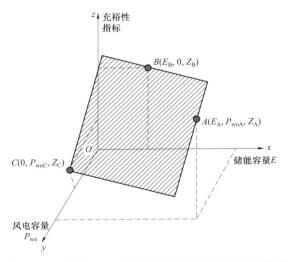

图 6-22 中，x 轴表示储能容量，y 轴表示系统风电容量，z 轴表示充裕性指标。点 A 为风电容量、储能容量、充裕性指标关系平面上的任意一点，其具有两方面含义：

一方面，表示在充裕性指标为 Z_A，系统接纳风电能力为 P_{wnA} 的条件下，系统需配置储能容量为 E_A；

另一方面，表示在充裕性指标为 Z_A，系统储能容量为 E_A 的条件下，系统可接纳风电的能力为 P_{wnA}。

图 6-22 可接纳风电容量及需配置的储能容量分析图

特别地，当点位于 xOz 平面时，如点 B（E_B，0，Z_B）表示在未考虑风电的情景下，充裕性指标与储能容量之间的关系；当点位于 yOz 平面时，如点 C（0，P_{wnC}，Z_C）则表示在未考虑储能系统的情景下，充裕性指标与风电接纳容量之间的关系。

可见，通过此函数关系，可以方便地获得在满足给定充裕性指标的条件下，系统所需要的储能容量或可接纳的风电能力。下面介绍情景的设置以及关系函数的拟合方法。

1. 情景的设置

令 ΔE 和 ΔP 分别为储能容量和风电容量的基本单位，则储能容量可能的取值为 $E = 0$，ΔE，$2\Delta E$，$3\Delta E$，…，$m\Delta E$；风电容量可能的取值为 $P_{wn} = 0$，ΔP，$2\Delta P$，$3\Delta P$，…，$n\Delta P$，m 和 n 分别限定了最大储能容量和最大风电容量的取值。ΔE 和 ΔP 可根据计算精度的要求选取，m 和 n 的大小则根据实际系统规划负荷容量的大小选取。综合考虑计算速度和精度，这里 m 和 n 取为 100。

组合储能容量和风电容量的大小，可得如表 6-5 所示的 4 种系统：

系统 1：$E = 0$，$P_{wn} = 0$ 表示常规系统，即未考虑风电和储能的系统；

系统 2：$E = 0$，$P_{wn} \neq 0$ 表示未计及储能的风电系统；

系统 3：$E \neq 0$，$P_{wn} = 0$ 表示含不同储能容量的常规系统；

系统 4：$E \neq 0$，$P_{wn} \neq 0$ 表示同时含风电、储能的系统。

表 6-5 多 情 景 设 置 的 组 合

储能容量	风 电 容 量					
0	0	ΔP	$2\Delta P$	$3\Delta P$	…	$n\Delta P$
ΔE	0	ΔP	$2\Delta P$	$3\Delta P$	…	$n\Delta P$
$2\Delta E$	0	ΔP	$2\Delta P$	$3\Delta P$	…	$n\Delta P$
$3\Delta E$	0	ΔP	$2\Delta P$	$3\Delta P$	…	$n\Delta P$
…	0	…	…	…	…	…
$m\Delta E$	0	ΔP	$2\Delta P$	$3\Delta P$	…	$n\Delta P$

2. 风电容量、储能容量与充裕性指标的关系

采用非序贯蒙特卡罗法计算表 6-5 中所有情景的充裕性指标值，得到风电容量、储能容量和充裕性指标的一系列离散样本点。基于所得离散样本点，一方面，当给定充裕性指标后，已知系统储能容量，可利用插值的方法评估系统可以接纳的风电容量；另一方面，当给定充裕性指标后，已知系统的风电容量，亦可以利用插值的方法评估系统所需的储能容量。

插值就是根据这些已知的离散点来估计未知点值的方法。最近邻点法（Nearest Neighbor，NN）是最简易的一种插值方法，其基本思想是采用与待插值点距离最近的 1 个历史点作为输出结果。此算法虽然计算简单，但其直接取某个历史点作为输出结果，特别是当历史点与待插值的点距离较大的情况下，误差较大。因此，本节采用双线性插值（Bilinear Interpolation Theory，BIT）的方法，双线性插值是由两个变量的插值函数的线性插值的乘积，其核心思想是在两个方向上分别进行一次线性插值，这种插值方法本质上不是线性的，而是非线性的。双线性插值选取离待求点最近的 4 个点进行内插值。与最近邻点法相比，双线性插值算法具有比最近邻点法更好的连续性和精确性。

首先利用双线性插值法对所得的（风电容量、储能容量、充裕性指标）向量样本进行拟合得到三者的函数关系。基于所得函数关系式，可评估得到给定充裕性指标下，系统所需的

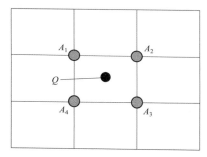

图 6-23 双线性插值格网示意图

储能容量或可接纳的风电容量。将给定充裕性指标、储能容量评估风电容量或给定充裕性指标、可接纳风电容量评估储能容量看作一个插值的过程，待评估的点称为插值点。如图 6-23 所示，点 Q 为插值点，在历史样本点中寻找与插值点 Q 最接近的 4 个点。假设 $A_1 \sim A_4$ 为已知样本中与插值点最靠近的 4 个点：A_1（E_{A1}，P_{wnA1}，Z_{A1}）、A_2（E_{A2}，P_{wnA2}，Z_{A2}）、A_3（E_{A3}，P_{wnA3}，Z_{A3}）、A_4（E_{A4}，P_{wnA4}，Z_{A4}），下面介绍双线性插值求插值点的基本过程。

储能容量 E、风电容量 P_{wn}、充裕性指标 Z 的双线性插值函数形如式（6-40），其中，a、b、c、e 为待定系数

$$Z = (a \cdot E + b)(c \cdot P_{wn} + e) \qquad (6-40)$$

将与插值点最靠近的点 $A_1 \sim A_4$ 坐标值分别代入式（6-40）的变量 E、P_{wn} 和 Z 中，则得到 4 个方程，联立求解可得 4 个待定系数 a、b、c、e 的值，从而得到反映插值点风电容量、储能容量、充裕性水平三者关系的数学表达。此时，若给定充裕性指标、储能容量，将其代入式（6-40），即可求解得系统可接纳的风电容量；若给定充裕性指标、风电容量，代入式（6-40），则可获得系统所需配置的储能容量。

6.2.3 算例分析

将上述方法应用于对含有风电-储能联合运行的算例系统进行充裕度的评估。算例中调峰机组有水电机组和火电机组，其中火电容量为 17 008MW，水电容量为 644.56MW，按式（6-32）和式（6-33）计算得到系统的总调峰容量为 5919.56MW。风电功率采用 1 年的风电功率实际数据，风电最大出力为 4372.25MW。假设机组的强迫停运率为 0.05。

1. 风电对电网峰谷差的影响分析

（1）基于核估计的峰谷差统计。电力系统日负荷曲线描述了一天 24h 的负荷变化情况。

负荷曲线中的最大值称为日最大负荷 P_{max}，即峰荷。最小值称为日最小负荷 P_{min}，即谷荷。系统的日调峰需求表现为峰荷与谷荷之间的差值，即峰谷差 P_{mn}。

不考虑风电时，系统的峰谷差 $P_{mn} = P_{max} - P_{min}$；考虑风电时，将风电当作负的负荷，在原负荷曲线上减去风电，所得曲线称为净负荷曲线，系统日净负荷曲线最大值为净负荷峰荷 P'_{max}，最小值称为净负荷谷荷 P'_{min}，此时系统的峰谷差 $P'_{mn} = P'_{max} - P'_{min}$，如图 6–24 所示。从图 6–24 中可以看出，考虑风电后系统的峰谷差变大，从而需要增加系统的调峰需求。

电网峰谷差特性分析是系统调峰能力研究中的重要工作，基于历史数据的统计是一种直接可靠的分析系统峰谷差特性的方法。常见的统计问题中，需要由样本去估计总体的概率分布密度，常用的估计方法有参数法和非参数法。参数法是假定总体服从某种已知的分布，即密度函数的形式是已知的，需要由样本估计其中的参数，这种方法依赖于事先对总体分布的假设，而做出这种假设往往是非常困难

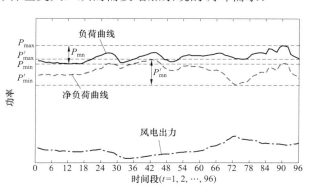

图 6–24　系统峰谷差示意图

的。非参数法则不存在这样的"假设"困难。核密度估计是非参数密度估计法中较为常见的一种，本节采用核估计理论，分别统计考虑风电以及不考虑风电两种情况下峰谷差的累积概率分布函数，并基于此对峰谷差特性进行分析。

设 X_1，X_2，$\cdots$，X_n 是取自一元连续总体（设 X_1，X_2，$\cdots$，X_n 表示历史的调峰需求数据）的样本，在任意点 x 处的总体密度函数 $f(x)$ 和累积概率分布函数 $F(x)$ 的核密度估计定义为

$$\hat{f}(x) = \frac{1}{nh}\sum_{i=1}^{n}K\left(\frac{x-X_i}{h}\right) \tag{6-41}$$

$$\hat{F}(x) = \frac{1}{n}\sum_{i=1}^{n}K\left(\frac{x-X_i}{h}\right) \tag{6-42}$$

$$K\left(\frac{x-X_i}{h}\right) = \frac{1}{\sqrt{2\pi}}\exp\left(-\frac{1}{2}\times\left(\frac{x-X_i}{h}\right)^2\right) \tag{6-43}$$

$$h = 1.06Sn^{-0.2} \tag{6-44}$$

式中　$K(\quad)$——核函数（kernel function）；

　　　　h——窗宽；

　　　　S——样本标准差；

　　　　n——样本总数。

为了保证 $\hat{f}(x)$ 作为密度函数估计的合理性，要求核函数 $K(\quad)$ 满足

$$K(x) \geq 0, \int_x^{\infty}K(x) = 1 \tag{6-45}$$

即要求核函数 $K(\quad)$ 是某个分布的密度函数。

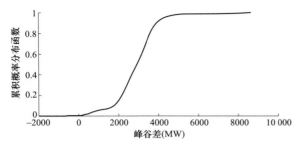

图6-25　不考虑风电系统峰谷差的累积概率分布函数

（2）辽宁电网峰谷差统计。

1）不考虑风电的电网峰谷差统计。基于电网的负荷数据样本，按照系统负荷峰谷差的定义方法，对电网的负荷峰谷差进行统计分析。基于式（6-41）～式（6-45）核估计方法，估计和拟合的系统峰谷差的累积概率分布函数如图6-25所示。

根据图6-25所得的累积概率分布函数，取不同的概率水平 a 下系统可能出现的峰谷差，得到如表6-6所示的数据。

表6-6　　　　　　　　不考虑风电时不同概率 a 下系统对应的峰谷差

概率 a	0.80	0.85	0.90	0.95	0.98	0.99
系统峰谷差（MW）	3891.7	3992.1	4121.6	4315.9	4642.8	5002.4

从表6-6可以看出：不考虑风电时，系统峰谷差小于5002.4MW的概率为0.99，可以理解为系统可能发生的最大峰谷差数值为5002.4MW。

为了进一步直观地了解系统峰谷差变化情况，图6-26给出了系统峰谷差变化趋势图。从图中可以看出，在置信度为0.8～0.95区间内，系统的峰谷差缓慢增大；在置信度为0.95～1区间内，系统的峰谷差陡增，增加幅度明显大于0.8～0.95区间。可见，为了保证系统高置信度水平下的调峰需求，系统需配置较多的调峰容量。

2）考虑风电时电网峰谷差统计。基于电网的负荷和风电功率数据样本，按照净负荷峰谷差的定义方法，对电网净负荷的峰谷差进行统计分析。基于核估计方法，估计和拟合得到系统净负荷峰谷差的累积概率分布函数，如图6-27所示。

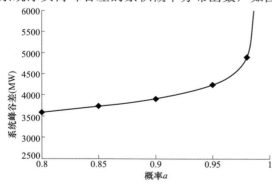

图6-26　考虑风电系统所需的峰谷差变化趋势图

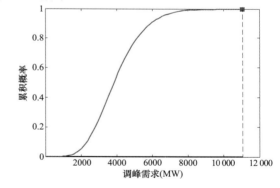

图6-27　考虑风电系统峰谷差的累积概率分布函数

根据图6-27所得的累积概率分布函数，考虑风电不同概率 a 下系统对应的峰谷差如表6-7所示。

表6-7　　　　　　　　考虑风电不同概率 a 下系统对应的峰谷差

概率 a	0.80	0.85	0.90	0.95	0.98	0.99
峰谷差（MW）	5145.5	5483.5	5910.5	6581.7	7348.5	7821.6

从表 6-7 可以看出：考虑风电后，系统峰谷差小于 7821.6MW 的概率为 0.99，可以理解为系统可能发生的最大峰谷差数值为 7821.6MW。

对比表 6-6 和表 6-7 可得，考虑风电后，系统的峰谷差增大。

为了进一步直观地了解系统所需的日调峰需求变化情况，作出考虑与不考虑风电时电网系统所需的峰谷差变化趋势图，如图 6-28 所示。

从图 6-28 中可以看出，考虑风电时，随着概率水平的增大，电网呈现的峰谷差提高。在置信度为 0.8～0.98 区间内，系统调峰需求的比例缓慢增大，当概率达到 0.98 后系统的峰谷差开始大幅度增大，增加幅度明显大于 0.8～0.98 区间。可见，为了保证系统高置信度水平下的调峰需求，系统需配置较多的调峰容量；且通过对比可知，考虑风电后，系统的峰谷差明显大于未考虑风电时的情况，系统的调峰压力增大。

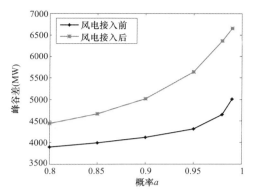

图 6-28　系统所需的峰谷差变化趋势对比

通过分析可知，风电接入该系统使得电力系统的峰谷差需求增大。因此，有必要结合电力系统电源结构、负荷水平和负荷特性，对电力系统可接纳的风电容量进行评估，指导风电的合理接入，保证电力系统安全稳定运行。

2. 辽宁电网充裕性评估

（1）不考虑储能系统的系统充裕性评估。采用电网的负荷及风电功率数据实际样本值，对该电网各个时段的调峰需求情况进行统计分析，假设将系统调峰需求和负荷水平均分为 7 个等级，利用核估计得到不同风电并网容量下调峰需求分级水平和综合净负荷分级水平情况，如表 6-8 和表 6-9 所示，此处仅列举表中 3 种风电并网容量的分级情况。

表 6-8　　　　　不同风电并网容量下调峰需求水平分级情况　　　　　单位：MW

风电并网容量	L_1	L_2	L_3	L_4	L_5	L_6	L_7
2000	498.6	1495.8	2493.1	3490.3	4487.5	5484.7	6481.9
4000	496.3	1488.9	2481.4	3473.9	4466.5	5459.0	6451.6
6000	623.6	1870.8	3118.0	4365.2	5612.5	6859.7	8106.9

表 6-9　　　　　不同风电并网容量下负荷水平分级情况　　　　　单位：MW

风电并网容量	L_1	L_2	L_3	L_4	L_5	L_6	L_7
2000	1688.9	5066.8	8444.6	11 823	15 200	18 578	21 956
4000	1685.7	5057.0	8428.4	11 800	15 171	18 542	21 914
6000	1685.3	5055.8	8426.4	11 797	15 168	18 538	21 909

根据表 6-8 和表 6-9 分级模型进行充裕性指标计算，在不同风电并网容量下，该电网系统充裕性指标的计算结果如图 6-29 和图 6-30 所示。

由图 6-29 和图 6-30 可知，风电场接入电网后，随着系统中风电容量的增加，系统的发电充裕性指标逐渐减小，而系统的调峰充裕性指标却不断增大，即增加风电可以在一定程度上改善系统发电充裕性,同时却给系统的调峰带来了更大的压力,使得调峰压力更为凸显。

由图 6-29 可知,当风电接入容量为 3530MW 时,系统的发电不足概率与调峰不足概率相等,为 0.26%。当风电接入容量小于 3530MW 时,调峰不足概率小于发电不足概率,系统发电不足的问题比较明显。当风电接入容量大于 3530MW 时,系统的调峰不足问题较明显。

由图 6-29 可知,当风电接入容量为 34 743.7MW 时,系统的发电不足期望与调峰不足期望相等,为 251 460MWh/年。当风电接入容量小于 34 743.7MW 时,调峰不足期望小于发电不足期望,系统发电不足的问题比较明显。当风电接入容量大于 34 743.7MW 时,调峰不足期望小于发电不足期望,系统的调峰不足问题较明显。

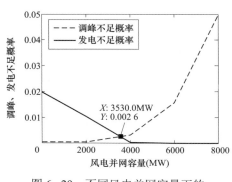

图 6-29 不同风电并网容量下的
系统 PRNEP 和 LOLP

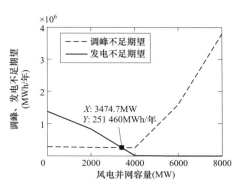

图 6-30 不同风电并网容量下的
系统 PRNEE 和 LOEE

表 6-10 对比了考虑了不同充裕性指标的系统接纳风电能力(调峰不足概率不大于 1.3%,调峰不足期望不大于 1 000 000MWh/年,发电不足概率不大于 0.01%,发电不足期望不大于 10MWh/年)。由表 6-10 可知,若单独考虑发电充裕性指标,所得的风电接纳能力偏大,当按此风电容量接入系统,则增加系统调峰压力,导致电网为了全额接纳风电,将可能迫使部分火电机组启停调峰,严重影响火电调峰机组运行的安全经济性。所提评估风电接纳能力的方法,要综合考虑发电充裕性和调峰充裕性,使所得风电容量接入系统更为可靠、安全、经济且客观合理。

表 6-10 不含储能情景下系统的风电接纳能力

充裕性指标	风电接纳能力	
	风电接纳能力(MW)	占负荷百分比(%)
考虑调峰充裕性	3288	12.7
考虑发电充裕性	3851	14.9
综合考虑 2 种指标	3288	12.7

(2)考虑储能的系统充裕性评估。在系统其他参数不变的情况下,以等步长、5MWh 增加扩展储能系统容量,对具有不同储能容量的系统充裕性进行研究。图 6-31 和图 6-32 分别是 PRNEP、PRNEE 与储能容量和风电容量的关系图。

由图 6-31 和图 6-32 可知,随着风电并网容量的增大,系统的 PRNEP、PRNEE 不断增大，说明随着风电并网规模的增大，系统的调峰压力越来越大；加入储能系统（ESS）后，随着储能容量的增大，系统 PRNEP、PRNEE 不断减小，表明加入 ESS 有利于改善系统调峰情况。从图 6-31 和图 6-32 的调峰充裕性指标与风电容量与储能容量的三维图形中可知，当设置充裕性指标的阈值时，可以方便地得到满足一定充裕性指标的风电最大接入容量及其储能容量。

图 6-33 和图 6-34 为不同风电并网容量、不同储能容量下的充裕性指标计算结果。图 6-33 和图 6-34 中，当储能容量和风电并网容量在交线 1、2 处时，表示此时的调峰充裕性指标等于发电充裕性指标。从图中可以看出，在该风电-储能算例系统中，当风电容量小于 5000MW 时，发电充裕性指标和调峰充裕性指标均较小，其中，发电充裕性指标略大于调峰充裕性指标，此时，仅考虑发电充裕性指标或调峰充裕性指标均可；而当风电接入容量大于 5000MW 时，调峰需求急剧增大，此时需要综合考虑发电充裕性指标和调峰充裕性指标评价系统充裕性。

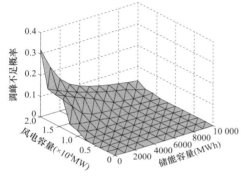

图 6-31　不同风电并网容量、
不同储能容量下的 PRNEP

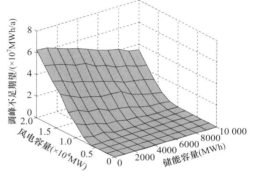

图 6-32　不同风电并网容量、
不同储能容量下的 PRNEE

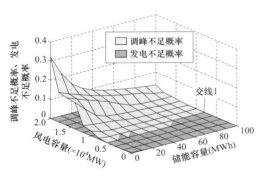

图 6-33　不同风电并网容量、不同储能
容量下的 PRNEP 和 LOLP

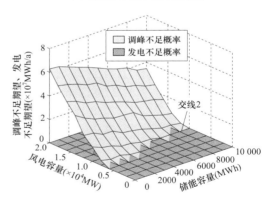

图 6-34　不同风电并网容量、不同储能
容量下的 PRNEE 和 LOEE

6.3　小　　结

本章分别从安全性和充裕性两方面对含风储联合运行系统的可靠性进行评估。

在安全性方面，介绍了一种结合 Monte Carlo 模拟、条件概率和二分法的电力系统的概率稳定评估方法。搭建含风电场和功率型储能装置的电力系统仿真系统，研究储能容量对系统稳定性的影响。仿真表明，在含风电和储能的系统中，系统的稳定概率随着风电场穿透率的增加而下降。随着风电场规模的增加，需要配备更大容量的储能装置以提高系统的稳定性。以超导磁储能装置为例，结合其成本函数，提出了一种满足暂态稳定约束的储能容量优化配置方法。

在充裕性方面，介绍了一种计及充裕性指标的系统接纳风电能力的评估方法，通过模拟计算不同风电容量、储能容量下系统的调峰不足概率、调峰不足期望、发电不足概率及发电不足期望 4 种充裕性指标，评估给定风电接入容量和储能容量下，电力系统的充裕性。此外，介绍了一种含风电、储能系统的综合净负荷及调峰需求的实用计算方法，计算充裕性水平、可接纳风电容量、储能容量的关系曲线，为风电、储能的规划设计和调度提供参考依据。

参 考 文 献

[1] Billinton R，Kuruganty P R S. A Probabilistic Index for Transient Stability [J]. IEEE Transactions on Power Apparatus and Systems，1980，PAS-99（1）：195-206.

[2] Billinton R，Kuruganty P R S. Probabilistic assessment of transient stability in a practical multimachine system [J]. Power Apparatus and Systems，IEEE Transactions on，1981，PAS-100（7）：3634-3641.

[3] 程林，郭永基. 暂态能量函数法用于可靠性安全性评估 [J]. 清华大学学报（自然科学版）2001，41（3）：5-8.

[4] McCalley J，Asgarpoor S，Bertling L，Billinion R，et al. Probabilistic security assessment for power system operations [C]. proceedings of the Power Engineering Society General Meeting，2004 IEEE，2004.

[5] Ni M，McCalley J D，Vittal V，Tayyib T. Online risk-based security assessment [J]. Power Systems，IEEE Transactions on，2003，18（1）：258-265.

[6] Kim H，Singh C. Power system probabilistic security assessment using Bayes classifier [J]. Electric Power Systems Research，2005，74（1）：157-165.

[7] 吕泉，王伟，韩水，等. 基于调峰能力分析的电网弃风情况评估方法 [J]. 电网技术，2013，37（7）：1887-1894.

[8] 孙荣富，张涛，梁吉. 电网接纳风电能力的评估及应用 [J]. 电力系统自动化，2011，35（4）：70-76.

[9] 程林，孙元章，郑望其，等. 超大规模发输电系统可靠性充裕度评估及其应用 [J]. 电力系统自动化，2004，28（11）：75-78.

[10] 张硕，李庚银，周明. 基于序贯蒙特卡罗仿真的发输电系统充裕度评估算法 [J]. 中国电力，2009，42（7）：10-14.

[11] 孙荣富，程林，孙元章. 基于恶劣气候条件的停运率建模及电网充裕度评估 [J]. 电力系统自动化，2009，33（13）：7-12.

[12] 张文亮，丘明，来小康. 储能技术在电力系统中的应用 [J]. 电网技术，2008，32（7）：1-9.

[13] 贾宏新，张宇. 储能技术在风力发电系统中的应用 [J]. 可再生能源，2009，27（6）：10-15.

[14] 何仰赞，温增银，汪馥英，等. 电力系统分析 [M]. 华中工学院出版社，1985.

[15] 李文沅，卢继平. 暂态稳定概率评估的蒙特卡罗方法 [J]. 中国电机工程学报，2005，25（10）：18-23.

[16] Burchett R C, Heydt G T. Probabilistic methods for power system dynamic stability studies [J]. IEEE Transactions on Power Apparatus and Systems, 1978, PAS−97 (3): 695−702.

[17] 鞠平, 马大强. 电力系统的概率稳定性分析 [J]. 电力系统自动化, 1990, 30 (3): 18−23.

[18] 鞠平, 吴耕扬, 李扬. 电力系统概率稳定的基本定理及算法 [J]. 中国电机工程学报, 1991, 11 (6): 17−26.

[19] Aboreshaid S, Billinton R, Fotuhi-Firuzabad M. Probabilistic transient stability studies using the method of bisection [J]. IEEE Transactions on Power Systems, 1996, 11 (4): 1990−1995.

[20] 卢锦玲, 朱永利, 赵洪山, 等. 提升型贝叶斯分类器在电力系统暂态稳定评估中的应用 [J]. 电工技术学报, 2009, 24 (5): 177−182.

[21] 王晨炜, 靳希. 支持向量机动态训练算法电力系统暂态稳定评估 [J]. 电力系统及其自动化学报, 2009, 21 (2): 31−34.

[22] 叶圣永, 王晓茹, 刘志刚, 等. 电力系统暂态稳定概率评估方法 [J]. 电网技术, 2009, 33 (6): 19−23.

[23] 刘新东, 江全元, 曹一家, 等. 基于风险理论和模糊推理的电力系统暂态安全风险评估 [J]. 电力自动化设备, 2009, 29 (2): 15−20.

[24] 王小璐, 甘德强, 王锡凡. 电力系统概率暂态稳定性的分析 [J]. 中国电力, 1994, 10 (4): 32−36.

[25] Vaahedi E, Li W, Chia T, et al. Large scale probabilistic transient stability assessment using BC Hydro's on-line tool [J]. IEEE Transactions on Power Systems, 2000, 15 (2): 661−667.

[26] Esztergalyos, Chmn J. Single phase tripping and auto reclosing of transmission lines—IEEE Committee Report [J]. IEEE Transactions on Power Delivery, 1992, 7 (1): 182−192.

[27] 马祎炜, 俞俊杰, 吴国祥, 等. 双馈风力发电系统最大功率点跟踪控制策略 [J]. 电工技术学报, 2009, 24 (4): 202−208.

[28] 叶杭冶. 风力发电机组的控制技术 [M]. 北京: 机械工业出版社, 2002.

[29] 田春筝, 李琼林, 宋晓凯. 风电场建模及其对接入电网稳定性的影响分析 [J]. 电力系统保护与控制, 2009, 37 (19): 46−51.

[30] 刘其辉, 贺益康, 张建华. 交流励磁变速恒频风力发电机的运行控制及建模仿真 [J]. 中国电机工程学报, 2006, 26 (5): 43−50.

[31] 李辉, 杨顺昌, 廖勇. 并网双馈发电机电网电压定向励磁控制的研究 [J]. 中国电机工程学报, 2003, 23 (8): 160−163.

[32] Chen H, Cong T N, Yang W, et al. Progress in electrical energy storage system: A critical review [J]. Progress in Natural Science, 2009, 19 (3): 291−312.

[33] 戴银明, 王秋良, 王厚生, 等. 高电流密度超导储能磁体的研制 [J]. 中国电机工程学报, 2009 (9): 124−128.

[34] Tixador P. Development of superconducting power devices in Europe [J]. Physica C: Superconductivity, 2010, 470 (20): 971−979.

[35] Tixador P, Bellin B, Deleglise M, et al. Design of a 800 kJ HTS SMES [J]. IEEE Transactions on Applied Superconductivity, 2005, 15 (2): 1907−1910.

[36] Zhu J, Yuan W, Coombs T A, et al. Simulation and experiment of a YBCO SMES prototype in voltage sag compensation [J]. Physica C: Superconductivity, 2011, 471 (5−6): 199−204.

［37］ Kim R，Kim G H，Kim K M，et al. Operational characteristic analysis of conduction cooling HTS SMES for Real Time Digital Simulator based power quality enhancement simulation ［J］. Physica C：Superconductivity，2010，470（20）：1695－1702.

［38］ Iglesias J，Acero J，Bautista A. Comparative study and simulation of optimal converter topologies for SMES systems ［J］. IEEE Transactions on Applied Superconductivity，1995，5（2）：254－257.

［39］ Iglesias J，Bautista A，Visiers M. Experimental and simulated results of a SMES fed by a current source inverter ［J］. IEEE Transactions on Applied Superconductivity，1997，7（2）：861－864.

［40］ Nomura S，Shintomi T，Akita S，et al. Technical and cost evaluation on SMES for electric power compensation ［J］. IEEE Transactions on Applied Superconductivity，2010，20（3）：1373－1378.

［41］ Green M A，Strauss B P. The Cost of Superconducting Magnets as a Function of Stored Energy and Design Magnetic Induction Times the Field Volume ［J］. IEEE Transactions on Applied Superconductivity，2008，18（2）：248－251.

［42］ Nomura S，Shintomi T，S. Akita，et al. Technical and cost evaluation on SMES for electric power compensation ［J］. IEEE Transactions on Applied Superconductivity，2010，20（3）：1373－1378.

［43］ Green M A，Strauss B P. The Cost of Superconducting Magnets as a Function of Stored Energy and Design Magnetic Induction Times the Field Volume ［J］. IEEE Transactions on Applied Superconductivity，2008，18（2）：248－251.

［44］ 韦艳华，张世英. Copula 理论及其金融分析上的应用［M］. 北京：中国环境科学出版社，2008：10－23.

［45］ 李志林，朱庆. 数学高程模型 ［M］. 武汉：武汉大学出版社，2003：125－139.

第**7**章

利用储能提高风电调度入网规模的
经 济 性 评 价

影响储能技术在电力领域规模化应用的主要因素包括储能系统规模、技术水平、安全性及经济性。考虑到当前储能系统的容量达到兆瓦级/兆瓦时的级别，满足兆瓦/兆瓦时级下的安全性，循环寿命达到 5000 次及以上，充放电效率达到 80% 及以上，储能系统的高成本成为限制其大规模应用的关键因素，从而有必要研究储能应用的容量配置问题，进而评估储能项目运营的经济性。储能系统的应用研究主要包括两个层次：在规划前期，根据储能系统应用方向配置储能系统容量，并进行经济性评估；在储能系统运行过程中，根据储能系统应用目标，研究储能系统在线优化控制问题。在规划前期，储能系统参与调峰的容量配置及经济性问题对储能产业的发展意义重大。

7.1 储能系统容量配置的技术经济评价指标

7.1.1 总成本分析

储能系统的总成本可以简单考虑为三个部分的累加：功率变化部分、设备容量部分和电站自身成本，即 $Cost_{total} = Cost_{pcs} + Cost_{storage} + Cost_{Bop}$。

对于大部分储能系统来说，功率转换部分的成本正比于额定功率，即 $Cost_{pcs} = \text{Unit}Cost_{pcs} \times P$（元），其中 P 为储能系统额定功率。

储能系统容量部分的成本正比于存储电能容量的能力（$E = Pt$，t 为放电时间），即 $Cost_{storage} = \text{Unit}Cost_{storage} \times E$（元）。但是储能存储单元受限于机械特性或电压限制，不会完全放电，因此应该考虑系统功率变换的效率 η，即 $Cost_{storage} = \text{Unit}Cost_{storage} \, E/\eta$（元）。此外，某些储能技术的单位容量成本与存储能力非线性变化，如 SMES 的单位成本正比于 $E^{2/3}$。具有快速响应、瞬时放电能力的储能技术，如铅酸蓄电池、锂离子电池以及飞轮，因为不可能在脉冲时间内释放所有电能，因此，单位容量成本的计算时间不是放电时间，而是取一段时间。

7.1.2 全寿命成本分析

全寿命成本分析方法考虑了储能效率、元件更新频率和运行因数，表示为年平均成本 LAC。该指标表征电力系统运营单位每年需要支付给储能电站的费用，包括偿还债务的部分和考虑年利率增长的成本部分。该指标的"平均化"体现在假定贴现率、增长率和通货膨胀率的情况下估算未来的成本费用。因此该经济评价指标能够反映储能电站在设置的寿命周期内的平均成本，较总投资成本指标而言更为详细和具体。

年平均成本 LAC 计算式定义为：

LAC = 考虑利率的储能设备投资成本 + 固定运行维护平均成本 + 元件更换年平均成本 + 储能容量和运行维护的机动平均成本。

LAC 的数学表达为

$$LAC = FCR \times TCC + OMf \times Lom + ARC \times Lom+$$
$$[OMv \times Lom + UCg \times HR \times 10^{-6} \times Lg + UCe \times (1/\eta)L_e]\, DH_0 \tag{7-1}$$

式中　FCR——固定年率（1/年）；

TCC——折算单位输出功率的总投资成本，元/kW；

ARC——储能电站元件更换年成本，元/年；

OMf——固定运行和维护年成本，元/年；

Lom——运行和维护成本的均匀系数（贴现率 i 和储能系统平均寿命 y 的函数）；

OMv——机动运行和维护年成本，元/年；

UCg——耗用单位天然气的成本，元/MBtu；

HR——受热率，Btu/kWh；

Lg——耗用天然气成本的均匀系数（贴现率 i 和储能系统平均寿命 y 的函数）；

UCe——储能系统注入单位电能的成本，元/kWh；

η——电能转换效率，kW；

L_e——储能充电的均匀系数（贴现率 i 和储能系统平均寿命 y 的函数）；

D——每年运行天数，d/年；

H_0——每天运行小时数，h/d。

则需求收益 RR（元/kWh）= LAC（元/kW·年）/ [H_0（h/d）× D（d/年）]。

均匀系数根据假设的贴现率和均匀寿命将当前和未来成本折算为年成本，以方便计算和比较。均匀系数与成本恢复系数类似，但是相比而言增加了对增长率和通货膨胀率的考虑。

折算单位输出功率的总投资成本

$$TCC = Cost_{total}/P \quad （元/kW）$$

固定年率

$$FCR \,（1/年）= \frac{i(1+i)^y}{(1+i)^y - 1}$$

运行和维护成本的均匀系数

$$Lom = [(1+i)^{-r} + (1+i)^{-2r} + \cdots] \times FCR$$

式中　r——储能元件更换频率；

i——贴现率，1/年；

y——储能系统均匀寿命，年。

7.1.3　灵敏度分析

全寿命成本分析为了便于比较，假设了统一的期望偿还年限，但是对于不同的储能技术，假设值可能偏长或偏短，对年均值、元件更换周期和投资利率的计算有较大影响，因此可以研究成本分析中的参数灵敏度。

考虑灵敏度的参数包括充电价格、天然气价格、不同应用下的储能平均寿命、固定贴现率下储能寿命、利率。储能系统的寿命对成本分析的影响包括两方面：一是减少了假设的储能系统寿命，需要相应提高利率，才能保证总投资在规定的年限内收回成本；二是对于需要频繁更新储能元件或更新成本较高的储能技术，需要减小或不考虑元件更新成本，否则估计可能过于保守。

全寿命成本分析补充了总投资成本分析不能提供的详细信息，而成本参数灵敏度分析可以反映成本参数对储能技术经济性能的影响能力。

7.1.4 贴现折算分析

储能系统服务年限、贴现率和通货膨胀率可以反映在一个指标中，即净现系数 PW。PW 指标以简单的数学形式反映给定未来年限内收益或支付成本折算到当年的现值，是一个更加综合的指标。

假设储能系统的服务年限为 n，货币年通货膨胀率为 e，年贴现率为 d，年份为 i，则 PW 计算式为

$$PW = \sum_{i=1}^{n} \frac{(1+e)^{i-(n/2)}}{(1+d)^{i-(n/2)}} \qquad (7-2)$$

7.2 风电储能电站运行效益分析

本节从储能系统提高电网安全运行的作用、储能系统提高风电接纳产生的社会经济效益和风电场产生的经济效益等三个方面进行阐述。

7.2.1 储能系统提高电网安全运行的意义

储能系统通过功率变换装置及时进行有功/无功功率吞吐，可以保持电力系统内部瞬时功率的平衡，避免负荷与发电之间出现较大的功率不平衡，维持电力系统电压、频率和功角的稳定，提高供电可靠性；可以改善电能质量，满足用户的多种电力需求，减少因电网可靠性或电能质量带来的损失；可以利用峰谷电价有效平衡负荷峰谷，实现储能的经济性，提高综合效益；可以协助电力系统在灾变事故后重新启动与快速恢复，提高电力系统的自愈能力。

1. 提高电能质量和供电可靠性的应用

在中低压系统（35kV 及以下），储能装置可以提供各种电能质量服务，提高供电可靠性，包括：

（1）电压暂降补偿。这是储能装置的一个主要应用场合，也是近年来的研究热点。电压暂降补偿指补偿电压，达到抑制外部电力系统的电压闪变对精密装置的影响。有文献记载在意大利建设的储能装置能够在 1s 内释放 1MW 的电力，起到电压暂降补偿的作用。

（2）平滑可再生电源的出力波动和闪变抑制。电能输出不稳定是风能等新能源实现大规模开发利用的一个瓶颈。全钒液流储能电池主要用于存储可再生能源发电，将不稳定的风能、太阳能转变为稳定的电力供应源平滑输出。全钒液流储能电池已被证实是最适合风能发电平滑输出的储能技术，该系统使用寿命是铅酸电池的 5 倍以上，而且材料回收简单，不会对环境造成污染，电解液安全性也更高。

2. 增强电力系统安全运行稳定性的应用

从增强电力系统安全运行稳定性和提高供电电能质量的角度分析，分布式储能系统具有更大的优势，按照电力系统运行的要求来布置储能装置，可以得到更好的控制效果。分布式储能系统有三种方式帮助实现对用户可靠性供电：

（1）在关键时刻辅助供电或者传输电能；

（2）将供电负荷需求从峰值时刻转移至负荷低谷时刻；

（3）在强制停电或者供电中断的情况下向用户提供电能。

3. 抑制低频振荡和暂态稳定提高电网稳定性

用较小容量的储能装置就可用于电力系统稳定性控制，如抑制低频振荡和暂态稳定等。目前研究较多的是动态稳定控制（小扰动低频振荡控制）、暂态稳定控制、频率控制、快速功率响应、黑启动等。

大规模风电并网造成的频率骤降成为近年来大范围内发生的事件。我国在甘肃酒泉与张家口相继发生风电场大规模脱网事故，造成了我国局部电网频率的较大跌落。电池储能系统具有快速响应、精确跟踪的特点，使得其比传统调频手段高效，有助于提高系统稳定性。

4. 提高系统的调频效率

电池储能系统具有自动化程度高、增减负荷灵活、对负荷随机和瞬间变化可做出快速反应等优点，能保证电网周期稳定，很好地起到调频作用。其通过与常规调频机组的调速器、现有自动发电控制系统有效结合，参与电网的一、二次调频，维持系统频率于标准范围之内，可成为提高电力系统对可再生能源的接纳能力、并减少旋转备用容量需求的有效途径。国外的大量研究表明，储能系统几乎能够即时跟踪区域控制误差，而发电机的响应则很慢，有时会违背区域控制误差。

假定燃煤机组进行调频时的爬坡速率为3%额定功率/min，则大约需要30多分钟才能够使燃煤机组从零功率输出到满发功率。设电网功率突然下降，在接下来的10min需要并入电网25MW的功率，即在接下来的10min，需要从所有调频机组那里获得每分钟2.5MW的功率增长速率。如果只有燃煤机组以3%额定功率/min的爬坡速率进行调频，则需要83.3MW的燃煤机组才能满足调频需要。相反，25MW的电池储能能够在20 ms内提供25MW的功率。

因而，25MW的电池储能系统的调频效果相当于83.3MW的燃煤机组所具有的。由此可知，电池储能系统的调频效率是燃煤机组的3.3倍左右。

5. 减少系统旋转备用容量需求

电池储能系统在参与电力调频的应用中，由于响应快速、运行灵活可使其具有减少调频旋转备用容量，减少区域控制误差校正所需的调控容量。

7.2.2 储能系统提高风电接纳产生的效益

1. 减少电力系统投资和运行费用

电池储能系统在参与电力调频的应用中，不仅具有节省电力系统投资和运行费用，降低单位煤耗，达到节约燃料消耗等静态效益；而且由于响应快速、运行灵活可使其具有减少调频旋转备用容量，减少区域控制误差校正所需的调控容量，减少因所需调频容量减少而使额外间接成本（维修、寿命）降低等动态效益。另外，电池储能系统减少了电网燃料消耗，也就相应减少了污染物排放及其治理费用，不仅自身清洁生产，而且具有一定的环境效益。

2. 提高风电接纳水平

储能系统在负荷低谷时刻充电，负荷高峰时刻放电，以平抑上述峰、谷负荷，提升低谷负荷，有效减小负荷峰谷差，使电网有能力接纳更多容量的风电。

图 7-1 为储能系统对负荷削峰填谷示意图，图中曲线为日负荷持续出力曲线：

由图 7-1 可知储能系统与提高电网消纳风电之间的对应关系为

$$\Delta P_{\text{wind}} = f_1[E, P(t)] \qquad (7-3)$$

辽宁电网 2012 年 4 月 20 日实际负荷曲线如图 7-2（a）所示，将负荷曲线重新排列得到如图 7-2（b）所示的曲线。

依据电网 96 点负荷曲线，负荷高峰时期每 15min 的负荷差为 27MW，超过了储能系统容量范围。若储能系统能够实现多次充放电，则该储能系统在理想情况下在负荷高峰时段能够减少的负荷为 5MW，低谷时刻能够提高的负荷为 5MW。

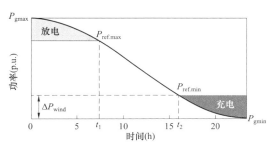

图 7-1　日负荷持续出力曲线

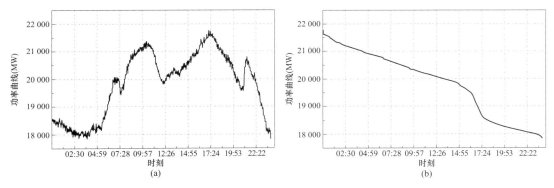

图 7-2　实际负荷曲线（2012 年 4 月 20 日）
（a）按时间顺序排列；（b）按大小排列

在高峰时段储能系统能够使全网火电少发 10MWh 的电量。在低谷时段储能系统能够使提高的负荷为 5MW，能够多接纳风电电量为 10MWh。

2012 年度辽宁电网共限电 200d，限电容量最大为 69 167MWh，限电最小容量为 15MWh。其限电情况如表 7-1 所示。

表 7-1　　　　　　　　　　　　　辽宁电网 2012 年限电情况

月份	月限电天数	月限电量（MWh）	月份	月限电天数	月限电量（MWh）
1	28	119 265.564	7	5	14 772.250
2	29	259 412.665	8	7	31 249.110
3	26	166 160.045	9	3	15 033.900
4	25	155 311.965	10	18	51 102.363
5	10	18 782.600	11	21	197 721.493
6	3	10 045.750	12	25	152 467.225

可见，如果将储能项目用于电网调峰，则每年能够利用天数为200d。

利用储能系统对负荷进行削峰填谷，可有效抬高低谷负荷，使电网留出更多的向下调节空间，使电网能够在负荷低谷时段消纳更多的风电容量。储能系统提高的低谷时段电网多接纳的风电电量如下式所示

$$E_{P_{\text{wind}}} = \int_n \int_1^{365} \int_{t_1}^{t_2} f_{P_{\text{wind}}}(t) \mathrm{d}t \mathrm{d}t \mathrm{d}t \tag{7-4}$$

式中　　t_1，t_2——负荷低谷时间段；

　　　　n——储能系统寿命，年；

　　　　$E_{P_{\text{wind}}}$——储能系统在寿命期限内使电网多接纳的风电电量，MWh；

　　　　$f_{P_{\text{wind}}}(t)$——t时刻多接纳的风电功率。

卧牛石储能项目容量为5MW×2h；可见将卧牛石储能用于电网调峰应用，年利用天数为200天，整个电网利用卧牛石储能能够多接纳风电电量$E_{P_{\text{wind}}}$为2000MWh。

3. 产生节煤效益和环境效益

储能系统通过提高风电接纳能力给社会带来的效益包括节煤效益和环境效益。

其中节煤效益指多接纳风力发电不需要消耗传统一次能源，使储能系统间接节省了一次能源煤的消耗。储能系统带来的节煤效益如下式所示

$$R = C_{\text{w}} E_{P_{\text{wind}}} \tag{7-5}$$

式中　　C_{w}——风电代替火电所带来的生产单位电能节煤效益；

　　　　R——储能系统期限内的节煤效益。

火电厂每发1kWh电成本预计为0.35元/kWh，考虑储能项目放电效率约为0.86，则卧牛石储能项目每年产生的节煤效益为60.2万元。

风电是一种清洁能源，储能系统使电网低谷时刻多接纳风电，从而减少了部分高耗能火电机组对外界污染物的排放量，主要是减少一氧化碳、碳氢化合物和二氧化碳的排放量，改善了环境。

储能系统带来的环境效益如式（7-6）所示

$$T = C_{\text{f}} E_{P_{\text{wind}}} \tag{7-6}$$

式中　　C_{f}——风力发电替代火电机组生产单位电能的环境收益；

　　　　T——储能系统的环境效益。

对于火力发电，其产生的环境污染治理成本约为0.5元/kWh，则储能项目多接纳的风电电量的环境经济效益约为86万元。

可见，若将卧牛石储能项目用于全网调峰，则产生的社会经济效益为146.2万元/年。

4. 产生经济效益

储能系统对于风电场产生的经济效益可以分为三个部分：一部分为由于多接纳风电带来的经济效益；一部分为储能装置纳入"两个细则"考核，有偿调峰补偿带来的经济效益；一部分为若电网实行峰谷电价，储能系统往往运行在负荷低谷时段低价充电，负荷高峰时段高价放电，赚取峰谷上网电价差来获利。前两部分各经济效益分析如下。

（1）多接纳风电带来的经济效益。卧牛石风电场2012年限电情况如表7-2所示。

表 7-2   卧牛石风电场 2012 年限电情况

停 机 原 因	次数	损失电量（kWh）	停 机 原 因	次数	损失电量（kWh）
低谷调峰	177	29 043 949	龙康变端口电压限制到 10MW	2	178 000
调度调峰	2	216 000	网络构架	4	285 000
调度限负荷	29	2 155 000	未限电天数	177	0
功率调节	1	42 000			

卧牛石风电场 2012 年度共限电 188 天，其中低谷调峰 177 次，非低谷调峰 38 次。卧牛石风电场限电总量为 3192 万 kWh，其中低谷调峰限电 2904 万 kWh，其他调峰限电为 287 万 kWh，通过统计可知每次限电电量均超过 10MWh。

卧牛石风电场低谷限电次数为 177 次，以风电上网电价 0.7 元为标准，考虑储能的放电效率，储能项目由于电网调峰限电给该风电场带来的直接经济效益为 106.5 万元。

卧牛石风电场除调峰外其他原因限电次数为 38 次，以风电上网电价 0.7 元为标准，考虑储能的放电效率，储能项目由于电网调峰限电给该风电场带来的直接经济效益为 22.88 万元。

卧牛石风电场储能项目应用于本风电场的限电产生的直接经济效益为 129.38 万元。

（2）有偿调峰补偿带来的经济效益。目前，东北电监局印发的《东北区域发电厂并网运行管理实施细则》、《东北区域并网发电厂辅助服务管理实施细则》（简称《两个细则》）仅适用于火电、水电、风电等常规机组，如果将卧牛石储能装置纳入《两个细则》考核，需要征得东北电监局同意，具体补偿条款也需要重新制定，此处仅参照火电机组进行预估。

1）如果将储能装置当作负电源，从装置开始储能时刻起计算补偿电量，则每天储能一次的补偿费用为 0.5 元/kWh× 5MW × 2h（实际运行中按照实际储能电量计算）= 5000 元。

2）如果参照火电机组关于有偿调峰的标准规定，为储能装置设定一个开始补偿的标准（如达到额定储能的 40%时开始补偿），则每天储能一次的补偿费用为 0.5 元/kWh× 5MW × 2h × 0.6（实际运行中按实际储能电量计算）=3000 元。

每年按 200 天计算，将以上两种情况按 50%加权，一年得到补偿费用为（500 × 0.5 + 3000 × 0.5）× 200 = 80 万元。

3）峰谷上网电价差带来的经济效益。目前，辽宁电网未实行峰谷电价政策，因此该部分的获利暂时不考虑。

4）减少无功补偿装置节约的设备费用。现有风电场均需安装无功补偿装置，如该风电场安装有储能系统，则可以利用储能系统的逆变系统实现无功补偿，可节约采购无功补偿设备的费用，大约 150 万元。

综合考虑 1）到 4）可见，有偿调峰补偿带来的经济效益为 359.38 万元。

7.3 基于风电功率预测提高风电接入规模的方法及其经济性评价

7.3.1 基于区间预测和储能系统的风电运行控制

风力发电作为非水可再生能源中最具经济发展前景的发电方式，与传统的化石类能源相比，具有无能源消耗、无排放和无污染的优良特性，其战略地位正逐步上升为一种替代能源乃至主导能源。近年来，我国风电装机容量快速增长，已经规划并建设了8个大规模风电基地。因此，大规模风电并网运行已经成为我国风电发展的重要特点。

然而，受到自然界不可控的随机风能驱动，风电功率具有强烈的间歇性和随机波动性，虽然学者们已经对风电功率预测做了大量的研究工作，仍难以获取准确的预测结果。

在风电发展的初期，风电占电网总发电比例较小，风电的接入对电网运行影响很小。大规模风电基地接入电网后，风电装机容量占总装机的比例将大幅度增加，将风电纳入调度计划的同时势必给电力系统的调度运行带来风险，极端情况下甚至会威胁电网的安全运行。

由于风电功率的不可准确预测性，为不影响电网安全运行，电网调度员在安排运行方式时通常按最保守的方式确定风电调度入网容量，这导致已联网风电机组大量弃风或新建风电机组不能并网运行。目前，为了解决风电功率预测存在的不确定性问题，国内外学者已经将风电功率预测领域由以往的点预测扩展至区间预测和概率预测范畴。

事实上，风电功率预测属于未然事件，其预测误差不可避免。储能系统（Energy Storage System，ESS）具有动态吸收能量并适时释放的特点，可实现对功率和能量的时间迁移，能有效弥补风电功率预测误差不可避免的缺点，降低基于风电功率预测的风电调度风险，保障电网的安全运行。目前，国内外学者针对储能系统在电力系统中的应用开展了广泛研究，并取得了一些研究成果。这些研究主要聚焦于风电场输出功率平滑及其控制策略设计方面。目前，学术界对利用储能系统配合风电功率预测进行风电调度决策及其经济性评估等方面的研究还比较少。针对风电功率预测精度低，传统的调度方法导致风电大量弃风的问题，提出利用储能系统应对调度风险，提高风电调度入网规模；构建了相应的经济性评估模型，分不同的概率区间预测场景，评估了利用储能系统提高风电接纳规模的可行性，为利用储能系统提高风电调度入网规模提供了决策依据。

1. 风电调度的基本原理

为了实现最大规模接纳风电，风电调度原则是使得调度入网的风电可发功率能够最大限度地利用电网可利用空间又不危及电网的安全。由于风电功率的不确定性，电网的调度人员往往依据风电装机容量和风电功率预测来调度风电功率。为了确定未来时段的风电调度入网规模，一个重要条件是获知该日各时段风电最大功率的预测值 $P_{\text{forecast}}^{*\max}$，并将其与电网的可利用空间 P_k^{space} 匹配得到风电调度入网容量 C_k^{disp}。相应的风电调度入网容量计算公式如式（7-7）所示

$$C_k^{\text{disp}} = \frac{C_{\text{Base}}^*}{P_{\text{forecast}}^{*\max}} \times P_k^{\text{space}} \qquad (7-7)$$

式中　C_k^{disp}——第 k 个调度时段风电的调度入网容量，MW；

　　　C_{Base}^*——用于进行风电功率预测的基准装机容量，MW；

　　　$P_{forecast}^{*max}$——未来调度时段风电功率最大出力预测值，MW；

　　　P_k^{space}——对应调度时段的电网可利用空间，MW。

图 7-3 给出了风电调度入网示意图。

图 7-3 中，$P_{wind}^{forecast}$ 表示调度时段的风电功率预测值，$P_{forecast}^{max}$ 为相应的风电功率预测的最大值，P^{space} 表示电网的可利用空间，计算公式见式（7-8）

$$P^{space} = P_{max}^{space} - P_{min}^{space} \qquad (7-8)$$

事实上，在目前的技术水平下，风电功率的预测误差比较大，很难保证风电功率预测值的准确性。当出现实际风电功率值大于预测的风电功率值时，可能会导致风电调度入网规模大于电网的接纳极限，危及电网的安全运行。

为了保障电网安全，通常按风电功率的预测值加上最大预测误差得到风电功率的一个 100% 概率预测区间，并据此来调度安排风电的入网容量，相应的风电调度入网示意图如图 7-4 所示。

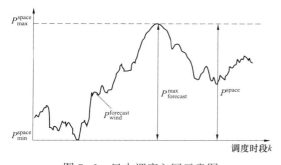

图 7-3　风电调度入网示意图

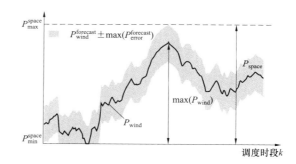

图 7-4　基于 100% 概率区间的风电调度示意图

图 7-4 中，P_{wind} 表示调度日的风电功率实际值；$\max(P_{error}^{forecast})$ 表示风电功率的最大预测误差值；$\max(P_{wind})$ 表示调度时段风电实际最大出力值。由图可知，基于 100% 概率预测区间的风电调度是一种以经济性换取安全性的调度策略，其不足是部分电网可用空间被预留应对风电功率预测误差风险，从而导致宝贵的电网空间未被充分利用。

2. 基于风电功率区间预测的调度决策

事实上风电功率最大预测误差的幅度往往比较大，且出现的概率极低，这导致基于 100% 概率预测区间的风电调度决策在极大程度上劣化了风电对电网调度空间的利用水平。如果以更小的概率预测区间 α（$0 \leqslant \alpha < 1$）进行风电调度决策，并以储能系统应对存在的 $1-\alpha$ 调度风险，则能实现保障电网安全的同时提高风电的调度入网规模。

风电功率的概率预测区间可以由经验分布函数获得，其具体实现方法如下：

设 $\Omega(j)$ 表示 t 时刻之前的最近 n 个预测误差值的集合，设集合 $\Omega(j)$ 中各元素的概率为 $1/n$，则 $\Omega(j)$ 的经验分布函数 $\hat{F}_t(\xi)$ 可以描述如下

$$\hat{F}_t(\xi) = \frac{1}{n} Num\{e_i \leqslant \xi \,|\, e_i \in \Omega(j), i = 1, 2 \cdots, n\} \qquad (7-9)$$

其中，函数 *Num* 用于求取集合 $\Omega(j)$ 中满足给定条件的元素数量，ξ 为预测误差的一个随机变量。

$\hat{G}_t(q)$ 为经验分布函数 $\hat{F}_t(\xi)$ 的反函数，则真实值的一个 α 概率预测区间为

$$[P_{t|t+k}^{\mathrm{real}} + \hat{G}_t(\alpha_1), P_{t|t+k}^{\mathrm{real}} + \hat{G}_t(\alpha_2)] \qquad (7-10)$$

其中，$\alpha_1 = (1-\alpha)/2$，$\alpha_2 = 1 - (1-\alpha)/2$，若采用 100% 的概率区间，相应的 $\alpha_1 = 0$，$\alpha_2 = 1$。

因此，基于 α（$0 \leqslant \alpha < 1$）概率预测区间的风电调度入网规模可计算如下

$$C_k^{\mathrm{sp,pre}} = \frac{C_{\mathrm{Base}}^{*}}{\overline{P}_{\mathrm{forecast}}^{*\max}(\alpha)} \times P_k^{\mathrm{space}} \qquad (7-11)$$

$$\mathrm{s.t.} \quad P_k^{\mathrm{space}} \leqslant C_k^{\mathrm{sp,pre}} \leqslant C_{\Sigma,\mathrm{w}}$$

式（7-11）中，$\overline{P}_k^{*\mathrm{forcast}}(\alpha)$ 表示风电功率 α 概率区间预测的上限值，式中约束条件限定调度入网风电装机容量 $C_k^{\mathrm{sp,pre}}$ 大于调度时段的电网可利用空间 P_k^{space}，小于风电总装机容量 $C_{\Sigma,\mathrm{w}}$。

3. 利用储能系统应对风电调度风险的基本原理

利用储能系统应对风电调度风险的实质：当调度入网的风电可发功率 P_{wind} 超过电网的安全运行限度 P_{limit} 时对储能系统充电，以保障电网的安全运行。其控制示意图如图 7-5 所示。

图 7-6 给出了利用储能系统应对风电调度风险示意图。

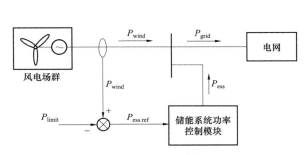

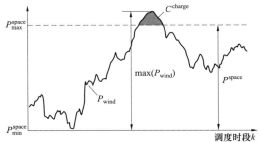

图 7-5　储能系统控制示意图　　　　图 7-6　利用储能系统应对风电调度风险示意图

图 7-6 中，C^{charge} 表示储能系统的充电能量，即当调度入网的风电可发功率突破电网的安全运行极限（电网空间）时，利用储能系统进行充电控制以确保电网的安全运行。由图 7-6 可知，纳入储能系统后，在某些大出力时段风电对电网空间的利用率达到 100%，实现了风电对电网空间的有效利用。

7.3.2　储能系统容量配置及其经济性评价

1. 储能系统容量计算方法

由上文可知，利用储能系统提高风电的调度入网规模的实质是利用储能系统应对因风电功率预测误差导致风电调度入网容量超过系统安全运行极限的风险。因此，对储能系统的控制策略可以描述为：在每一个调度运行周期内，当调度入网的风电可发功率突破电网空间时储能系统充电，小于电网空间时储能系统放电。

相应的储能系统充放电控制策略如下

$$\begin{cases} E_k^{\text{charge}} = E_0 + \sum_{i=1}^{N}(P_{\text{ref}}^i \times \Delta T \times \eta_{\text{charge}}) \\ E_k^{\text{discharge}} = E_0 + \sum_{i=1}^{N}(P_{\text{ref}}^i \times \Delta T / \eta_{\text{discharge}}) \end{cases} \qquad (7-12)$$

$$P_{\text{ref}}^i = P_{\text{real}}^i - P_k^{\text{space}} \qquad (7-13)$$

式中 E_k^{charge}，$E_k^{\text{discharge}}$，E_0——储能系统充电能量、放电能量以及初始荷电状态，MWh；

N——每一个调度时段储能系统总控制周期；

ΔT——储能系统的基本控制周期，其与采样时间间隔有关；

η_{charge}、$\eta_{\text{discharge}}$——储能系统的充、放电效率；

P_{ref}^i——i 时刻储能系统充电功率参考值。

当 P_{ref}^i 大于 0 时，表示第 i 个控制周期下的风电功率实际值 P_{real}^i 大于调度日第 k 个调度时段的电网可利用空间 P_k^{space}，此时所安排的调度方案会危及电网安全，对储能系统进行充电；反之，当 P_{ref}^i 小于 0 时可令储能系统放电。

计算所有调度日各调度时段的储能系统最大充电容量得到所需配备的储能系统容量为

$$C_{\text{w}} = \max\left(\bigcup_{n=1}^{N}\{E\}_{k,\text{day\_}N}\right) \qquad (7-14)$$

式中 N——参与计算的调度日总数；

C_{w}——所需配备的储能系统容量。

2. 储能系统运行效益

（1）电量效益。将储能系统纳入风电调度计划中会给电力系统带来两个方面的电量效益：一方面其相对于考虑最大预测误差的调度方法提高了风电的调度入网规模，这提高了风电的发电效益；另一方面，储能系统本身通过存储调度运行过程中因风电越过电网安全运行极限部分电能带来储能效益。

在储能系统的运行寿命周期内，因配置储能系统带来的多接纳风电发电量计算如下

$$E_{P_{\text{wind}}} = \sum_{i=1}^{365n}\sum_{j=1}^{K}\int_0^T f_{P_{\text{wind}}}(t)\,\mathrm{d}t \qquad (7-15)$$

式中 $E_{P_{\text{wind}}}$——在储能系统寿命周期内多接纳的风电发电量，MWh；

n——储能系统的运行寿命，年；

K——每一个调度日的风电调度时间段；

T——每一个调度时段的时间间隔，h。

$f_{P_{\text{wind}}}(t)$ 为 t 时刻相对于考虑最大预测误差的调度方案多接纳的风电功率值，其计算方法如下

$$f_{P_{\text{wind}}}(t) = [(C_{\text{dis\_}k}^{\text{Ess}}(\alpha) - C_{\text{dis\_}k}^{\text{conserve}})]P_{\text{wind}}^* \qquad (7-16)$$

式中 $C_{\text{dis\_}k}^{\text{Ess}}(\alpha)$——第 k 个调度时段下考虑风电功率 α 概率区间预测水平下的风电调度入网规模；

$C_{\text{dis\_}k}^{\text{conserve}}$——考虑风电最大预测误差的保守调度方案下的风电调度入网规模；

P_{wind}^*——调度时段实际风电出力标幺值。

同样，储能系统的充电电量可计算如下

$$E_{Ess} = \sum_{i=1}^{365n} \sum_{j=1}^{K} E_{day\_i}(j) \qquad (7-17)$$

式中　$E_{day\_i}(j)$——第 i 个调度日，第 j 个调度时段的储能系统充电能量值，其可以按式（7-11）进行计算。

因此，利用储能提高风电调度入网规模的电量效益为

$$R(E) = C_w E_{P_{wind}} + C_E E_{ESS} \qquad (7-18)$$

式中　C_w、C_E——风电、储能电量入网电价，元/（MWh）。

（2）环境效益。利用储能系统提高风电接纳规模的环境效益具体表现为：促进新能源开发利用及储能系统本身充电能量带来的减排效益，见式（7-19）

$$T(E) = C_f \times (E_{P_{wind}} + E_{ESS}) \qquad (7-19)$$

式中　E——储能系统的容量，MWh；

　　　C_f——火电机组生产单位电能的排放成本。

3. 储能系统的收益

综合考虑储能系统及风电的电量效益、环境效益、储能系统自身的投资以及储能系统的运行维护费用，则储能系统的收益可由式（7-20）计算

$$S(E) = R(E) + T(E) - EQ - EMn \qquad (7-20)$$

式中　S——储能系统的收益，元；

　　　E——储能系统的容量配置，MWh；

　　　Q——储能系统的容量价格，元/kWh；

　　　M——储能系统的维护费用，元/MWh；

　　　n——储能系统运行年限，年。

7.3.3　算例分析

实际运行中，当考虑电网具体网架结构时，电网空间瓶颈往往表现在电网的部分输电元件上，如某风火捆绑外送输电断面上输送功率的限制。本算例就是取自这样一个实例。

1. 算例条件

图 7-7 为某省 4000MW 装机容量风电场群与装机 2000MW 常规电源捆绑集中外送至主网示意图，其中风电送出断面的传输极限为 3500MW。

选取不同的概率预测区间预测，进行 20 天风电调度计算，每一个调度日按 24 个调度时段进行计算；考虑到火电机组的出力计划可以根据日前调度计划获得，因此可计算出各个调度时段的风电可利用电网空间，如图 7-8 所示。

图 7-9 所示为 20 个调度日各调度时段的风电功率最大出力预测值（$\alpha = 0$）及其真实值。图 7-10 所示为 20 个调度日各调度时段风电功率预测（$\alpha = 0$）误差值。

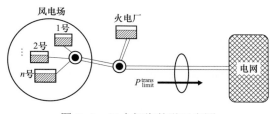

图 7-7　风火捆绑外送示意图

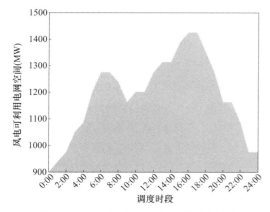

图 7-8　各个调度时段的可利用电网空间

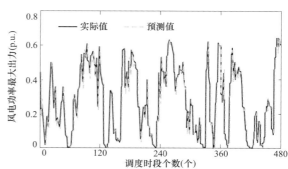

图 7-9　20 个调度日各调度时段风电功率最大出力

由图 7-10 可知，20 个调度日内风电功率的最大预测误差较大，约为 0.35p.u.。但是出现较大预测误差的概率极小，预测误差绝大多数情况下集中在 0.2p.u.甚至更小范围内。

为了定量评估利用储能系统提高风电接纳规模的可行性，算例给定的计算条件如下：

（1）储能系统的造价按 6300 元/kWh 计算，储能系统维护费用按 10 000 元/（MWh·年）计算；

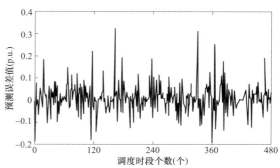

图 7-10　20 个调度日各调度时段风电功率预测误差值

（2）风电以及储能系统的上网电价按 600 元/MWh 计算，风电的环境效益 C_f 按 230 元/MWh 计算，储能系统的充放电效率为 90%；

（3）储能系统的基本控制周期 ΔT=5min，考虑到电池充放电深度对其运行寿命影响存在差异性，储能系统运行年限按文献[12]的方法计算；

（4）假设在储能系统运行年限内风电的出力特性与 20 个调度日一致。

2. 概率预测区间对风电调度入网容量及储能系统容量的影响分析

为了评估不同的概率预测区间对风电调度入网规模及储能系统容量配置的影响，这里选取风电功率 0%概率预测区间（点预测）、50%概率预测区间以及 100%概率预测区间进行对比。

图 7-11 所示为各调度时段下风电调度入网容量，图 7-12 所示为相应的储能系统充电功率累积曲线。其中，累积曲线表示储能系统充电容量大于某一数值的调度时段。以图 7-12 中点 A 为例，其表示采用 0%概率区

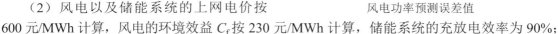
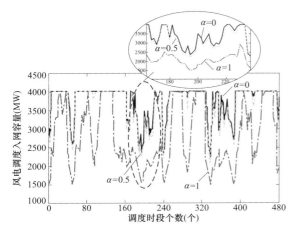

图 7-11　各调度时段风电调度入网容量

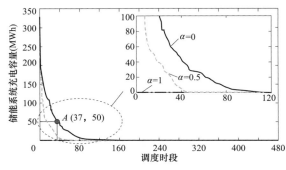

图 7-12 储能系统充电容量累积曲线

间预测（点预测）安排风电调度入网容量时，在 480 个调度时段内储能系统的充电容量大于 50MWh 的调度时段为 37 个。

由图 7-11、图 7-12 可知，当风电功率预测的概率区间为 100%时，无需配置储能系统容量，但是在各个时段的风电调度入网容量较小；当风电功率预测的概率区间降至 50%时，风电的调度入网规模得到了明显提高，此时需要配置约 220MWh 的储能系统容量；当风电功率预测的概率区间降至 0%（点预测）时，虽然风电调度入网容量相对于 50%概率区间预测有所提高，但是提高的幅度并不明显，然而所需配备的储能容量却从 220MWh 增加至 327MWh，增幅显著。

此外，由储能系统充电容量累积曲线可以看出，$\alpha=0$ 时的累积曲线完全处于 $\alpha=0.5$ 时的上方，且 $\alpha=0$ 时储能系统充电容量大于 0 的时段为 120 个明显大于 $\alpha=0.5$ 时的 43 个，说明储能系统的充放电容量与充放电次数随着 α 的增大而减小。其主要原因是由于采用的概率预测区间越大其涵盖的风电功率预测误差范围及概率越大，所需储能系统应对的调度风险程度及其概率越小，相应的所需配置的储能系统容量及其动作次数越小。

3. 储能系统的经济性评价

为了评估利用储能系统提高风电调度入网规模的可行性，下面以风电平均调度入网容量、储能系统容量配置、风电的发电量为评估指标，评估基于不同的概率预测区间的风电调度决策对风电调度入网规模及其经济性的影响。

图 7-13～图 7-15 分别给出基于不同的风电功率概率预测区间的风电调度决策所需配置的储能系统的容量、风电平均调度入网容量以及储能系统经济效益。

由图 7-13～图 7-15 可知，风电的平均调度入网容量以及储能系统容量随着风电功率概率预测区间的增大而减小，储能系统的经济效益随着风电功率概率预测区间先增大后减小。这说明，并不是为系统配置更大储能容量以实现更大程度上提高风电调度入网规模会使得整体经济性更优。

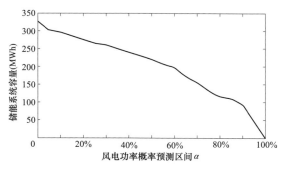

图 7-13　不同概率预测区间下的储能系统容量

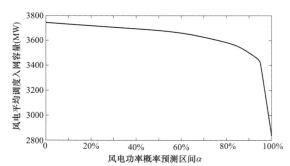

图 7-14　不同概率预测区间下风电平均调度入网容量

图 7-16 给出了不同风电功率概率预测区间下的储能系统的运行寿命。

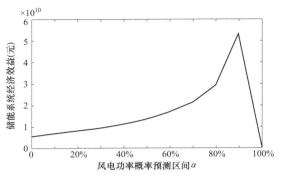 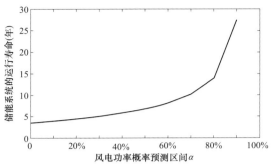

图 7-15　不同概率预测区间下的储能系统经济效益　图 7-16　不同概率预测区间下的储能系统运行寿命

由图 7-16 可知，储能系统的运行年限随着风电功率概率预测区间的增大而增大，当采用 0%概率预测区间时储能系统的运行寿命为 3.41 年，采用 90%概率预测区间时储能系统的运行寿命为 27.5 年。这主要是由于在不同的风电功率概率预测区间下，储能系统的充放电次数和充放电深度会存在显著差异——采用 90%概率预测区间进行调度决策时，储能系统仅需应对 10%概率的调度风险，其充放电次数少，运行寿命长；相反，当采用 0%概率预测区间进行调度决策时存在 100%概率的调度风险，此时储能系统需要频繁动作，相应的运行寿命变短。

表 7-3 给出了 20 个调度日利用储能系统应对不同风电调度风险的评估指标，具体包括：储能系统容量、风电的平均调度入网容量、风电的总发电量以及整体经济效益。

表 7-3　　　　　　　　利用储能系统应对不同风电调度风险的评估指标

风电调度风险 $1-\alpha$	储能系统容量 （MWh）	平均入网容量 （MW）	风电总发电量 （10^5MWh）	经济效益 （亿元）
0	0	2772	1.982	0
0.1	94	3483	3.386	536
0.2	116	3568	3.53	295
0.3	155	3611	3.602	215
0.4	198	3646	3.661	168
0.5	220	3666	3.693	135
0.6	241	3680	3.716	114
0.7	262	3695	3.737	93.8
0.8	274	3705	3.752	81.6
0.9	296	3717	3.767	70.4
1.0	327	3731	3.786	55.3

由表 7-3 可知，风电平均调度入网规模随风电调度风险的增大而增大（即以运行安全性为代价换取更大风电入网规模），所需配置的储能容量也随之增大，整体经济性却随之先增大后减小。上述结果表明，利用储能系统提高风电调度入网规模的经济性与调度风险密切相

关，且调度风险与总体经济性之间存在最优契合点——当风电的调度风险为10%时，总体收益最优，为536亿元。此时仅需配置94MWh的储能容量，而风电的平均调度入网规模相对于传统的调度方法（调度风险为0）提高了711MW。

此外，由表7-3可知，传统的调度方法（调度风险为0）虽然无需为系统配置储能容量，但是风电的调度入网规模最小，总经济收益最小，为0；而纳入储能系统后，即使在收益最小场景下其经济收益也达到了55.3亿元。说明将储能系统纳入风电调度决策，应对风电功率预测误差带来的调度风险在经济上是可行的。

7.4　小　　结

本节针对风电功率预测精度低，传统的调度方法导致风电大量弃风的问题，提出利用储能系统应对调度风险，提高风电调度入网规模。综合考虑风电及储能系统的电量效益、环境效益以及储能系统的一次投资，构建了相应的经济性评估模型，分不同的调度风险场景评估了利用储能系统提高风电接纳规模的可行性。

20个调度日的算例计算结果表明：利用储能系统应对基于风电功率预测的风电调度决策风险，提高风电调度入网规模在经济上是可行的，且当利用储能系统应对10%左右的风电调度风险时总体经济效益最优。

参　考　文　献

［1］修晓青，李建林，惠东. 用于电网削峰填谷的储能系统容量配置及经济性评估［J］. 电力建设，2013，2：1-5.

［2］黄燕婷. 先进储能技术的发展态势——访中国科学院大连化学物理研究所研究员张华民［J］. 高科技与产业化，2011，6：44-47.

［3］苏虎，栗君，吴玉光，等. 储能电池系统经济价值的评估［J］. 上海电力学院学报，2013，4：315-320.

［4］颜志敏，王承民，衣涛，等. 储能应用规划和效益评估的研究综述［J］. 华东电力，2013，8：1732-1740.

［5］曾鸣，邹晖，周飞，等. 基于SFE模型的风力发电与储能设备结合的经济效益分析［J］. 华东电力，2013，8：1718-1722.

［6］世界风能协会（word wind energy association，WWEA）2010年度世界风能发展［EB/OL］. http//www.wwindea.org/home/images/stories/Pdfs /Word wind energy report 10_c. pdf，2011.

［7］KARINIOTAKIS G N，STAVRAKAKIS G S，NOGARET EF. W ind power forecasting using advanced neural networks models［J］. IEEE Trans on Energy Conversion，1996，11（4）：762-767.

［8］范高锋，王伟胜，刘纯，等. 基于人工神经网络的风电功率预测［J］. 中国电机工程学报，2008，28（34）：118-123.

［9］冯双磊，王伟胜，刘纯，等. 风电场功率预测物理方法研究［J］. 中国电机工程学报. 2010，30（2）：1-6.

［10］PINSON. Estimation of the uncertainty in wind power forecasting［D］. Paris. France：Ecole des Mines de Paris. 2006.

[11] 王彩霞，鲁宗相，乔颖，等. 基于非参数回归模型的短期风电功率预测 [J]. 电力系统自动化，2010，34（16）：78-82.

[12] Pinson P，Juban J，Kariniotakisg N. On the quality and Value of probabilistic forecast of Wind generation [C]. //Proceedings of the 9th International Conference on Probabilistic Methods Applied to Power System. June 11-15，2006，Stockholm，sweden：7P.

[13] Kyung S K，McKenzie K J，Liu Y L，et al. A study on applications of energy storage for the wind power operation in power systems [A]. IEEE Power Engineering Society General Meeting [C]. Montréal Québec，Canada，2006，1-5.

[14] 袁小明，程时杰，文劲宇. 储能技术在解决大规模风电并网问题中的应用前景分析 [J]. 电力系统自动化，2013，37（1）：14-18.

[15] 张步涵，曾杰，毛承雄. 电池储能系统在改善并网风电场电能质量和稳定性中的应用 [J]. 电网技术，2006，30（5）：54-58.

[16] 张坤，毛承雄，谢俊文，等. 风电场复合储能系统容量配置的优化设计 [J]. 中国电机工程学报，2012，32（25）：79-88.

[17] 严干贵，朱星旭，李军徽，等. 内蕴运行寿命测算的混合储能系统控制策略设计 [J]. 电力系统自动化，2013，37（1）：110-114.

[18] 于芃，周玮，孙辉，等. 用于风电功率平抑的混合储能系统及其控制系统设计 [J]. 中国电机工程学报，2011，31（17）：127-133.

[19] 张野，郭力，贾宏杰，等. 基于电池荷电状态和可变滤波时间常数的储能控制方法 [J]. 电力系统自动化，2012，36（6）：34-39.

[20] 洪海生，江全元，严玉婷. 实时平抑风电场功率波动的电池储能系统优化控制方法 [J]. 电力系统自动化，2013，37（1）：103-109.

[21] 谢毓广，江晓东. 储能系统对含风电的机组组合问题影响分析 [J]. 电力系统自动化，2011，35（5）：19-24.

[22] 严干贵，冯晓东，李军徽，等. 用于松弛调峰瓶颈的储能系统容量配置方法 [J]. 中国电机工程学报，2012，32（28）：27-35.

[23] 严干贵，刘嘉，崔杨，等. 利用储能提高风电调度入网规模的经济性评价 [J]. 中国电机工程学报，2013，33（22）：45-52+9.

[24] MU Gang，CUI Yang，LIU Jia，et al. Source-Grid Coordinated Dispatch Method for Transmission Constrained Grid with Surplus Wind Generators [J]. Automation of Electric Power Systems，2013，37（6）：24-29.

索　引